VISIONEN DER THERESE NEUMANN

„. . . bestimmt zum Falle und zum Aufstehen vieler im Volke Gottes und zu einem Zeichen, dem widersprochen wird“ (Lk 2,34)

MEINER LEBENSGEFÄHRTIN

„Ich preise dich, Vater, Herr des Himmels und der Erde, daß du dies vor Weisen und Klugen verborgen, Kleinen aber geoffenbart hast! Ja, Vater, so war es wohlgefällig vor dir." (Mt 11,25,26)

VISIONEN
DER THERESE NEUMANN

NACH PROTOKOLLEN
AKUSTISCHEN AUFZEICHNUNGEN
UND AUGENZEUGENBERICHTEN

VON
JOHANNES STEINER

ERSTER TEIL:
LICHTVISIONEN
LEBEN JESU UND MARIAE

SCHNELL & STEINER · MÜNCHEN UND ZÜRICH

In Beachtung der Dekrete des Papstes Urban erklärt der Verfasser, daß er für die in der Veröffentlichung gegebenen Berichte, namentlich die von Offenbarungen, Gnadenerweisen und außerordentlichen Ereignissen, unter Beanspruchung der Glaubwürdigkeit, die einem wahrheitsliebenden Zeugen zukommt, das Endurteil über Person und Ereignisse dem kirchlichen Lehramt und dem Apostolischen Stuhle überläßt.

Mit kirchlicher Druckerlaubnis, München, den 5. April 1973

GV Nr. 2304/4

Dr. Gerhard Gruber, Generalvikar

ISBN 3 7954 0151 8 LEINEN
ISBN 3 7954 0156 9 KARTON

VERLAG SCHNELL & STEINER, MÜNCHEN 21 · GESAMTHERSTELLUNG IN DER OFFIZIN DES VERLAGES IN D-8595 WALDSASSEN/OBERPFALZ

EINSTELLUNG ZU KONNERSREUTH

Pfarrer Joseph Naber, Seelsorger der Mystikerin Therese Neumann von 1909 bis zu ihrem Tode am 18. 9. 1962, formulierte seine Haltung ihr gegenüber, die er sein ganzes, langes Leben lang streng eingehalten hat, so: „Mein Standpunkt war von Anfang an: Bei diesen außerordentlichen Ereignissen genau darauf obacht geben, ob nicht irgendetwas gegen die kirchliche Lehre oder Sitte Verstoßendes sich zeige. Wenn ja, dann sofort unerbittlich einschreiten; wenn nicht, dann den Dingen einfach ihren Lauf lassen, damit man nicht mit seiner vermeintlichen Klugheit schließlich störend in die Pläne Gottes eingreift."

Leopold Witt, Pfarrer der Nachbargemeinde Münchenreuth, der als erster umfassend über die Ereignisse der ersten Jahre in Konnersreuth schon 1928 berichtet hat (vgl. Literaturangaben im Anhang, a. a. O. Bd. I, S. 67), schrieb so: „Am allerverkehrtesten handeln diejenigen Büchergelehrten, welche mit einer vorgefaßten Meinung an Therese herantreten und denken, unbedingt so wie bei dieser und jener Anderen, welche sie ebenfalls mißverstehen, müsse es nun auch bei Therese gewesen sein. Die echte Mystik muß aber mehr oder minder originell sein. So reich wie das Blühen in der Natur muß auch jener Garten Gottes sein, welcher die Menschenseelen sind. Pfarrer Naber will der individuellen Freiheit seines Beichtkindes in keiner Weise nahetreten, er will es nicht nach Schema F schablonisieren. Sein Beichtkind selbst wäre aber auch ein viel zu hartes Gestein, als daß es sich nach Belieben modeln ließe. ‚Der Mensch kann doch nur annehmen', meint Therese selbst, ‚was er vor seinem eigenen Gewissen für recht hält. Und ich könnte und möchte nicht anders werden, als Gott mich haben will'."

Der geschulte Historiker Staatsarchivrat Dr. Fritz Gerlich, damals (1926) Chefredakteur der „Münchner Neuesten Nachrichten", der die in der „Einkehr", einer Beilage dieser Zeitung, veröffentlichten Berichte seines Redaktionsmitgliedes Erwein Freiherr von Aretin als unmöglich, unglaubwürdig und damit das Ansehen des Blattes schädigend beurteilte, wollte in Konnersreuth selbst sich umsehen und gründlich prüfen, ob nicht Täuschung oder gar Betrug vorliege, weil das Bild nicht mit seiner bisherigen Weltanschauung in Einklang zu bringen war. Er schreibt (1929, Bd. I, S. XIII): „Ich kam nach Konnersreuth als Mann von fast fünfundvierzig Jahren, der seit seinem zwanzigsten Lebensjahre sich am öffentlichen Leben seines Vaterlandes tätig beteiligt und schließlich auch manche Gedanken über die Natur, die uns umgibt und von der wir ein Teil sind, ferner über Sinn und Zweck des Lebens gemacht hatte, so daß ich sagen konnte, ich hatte mir eine Weltanschauung errungen. In dieser Weltanschauung hat manches, was ich bei Therese Neumann erlebte oder erforschte, keinen Platz. Das war für mich ein Grund mehr, recht lange und so vorsichtig und mißtrauisch wie möglich diese Geschehnisse zu prüfen. Ich lege im folgenden das Ergebnis dieser Prüfung vor. Wie meine Weltanschauung sich damit abzufinden vermag, steht hier nicht zur Erörterung. Hier handelt es sich um die Tatsachen des Lebens der Therese Neumann. Wissenschaftliches Forschen – sogenannte objektive oder neutrale Wissenschaft – hat meines Erachtens sich nur von einem einzigen Gedanken leiten zu lassen, und der heißt für jede Weltanschauung: ‚Du sollst nicht falsch Zeugnis reden'."

Sein Eintreten für die erkannte Wahrheit hat ihn dann, ermuntert durch Ekstaseworte von Konnersreuth, zum Kampf gegen das aufziehende „Dritte Reich" getrieben, den er in der von ihm und Erich Fürst Waldburg-Zeil gegründeten Wochenzeitung „Der gerade Weg" schonungslos, schonungslos auch gegen sich selbst, führte und am 9. März 1933 mit „Schutzhaft" und am 30. Juni 1934 mit seiner Ermordung in Dachau zu büßen hatte, Ereignisse, von denen unsere heutige Generation nur noch dunkel weiß, weshalb sie der Verfasser dieses Buches, seinerzeit Gerlichs Verlagsleiter der genannten Zeitung, zu dessen Gedächtnis und Ehre in das Bewußtsein der Mitwelt zurückrufen wollte.

In solcher ehrfürchtig-kritischer Haltung, wie sie in den drei Zitaten zum Ausdruck kommt, hat auch der Verfasser mehr als dreißig Jahre lang die Geschehnisse um Therese Neumann in Freundschaft zu ihrer Familie und zu Mitgliedern des von Gegnern dann so benannten „Konnersreuther Kreises", dem er auch das 1946 von ihm herausgegebene Buch „Gerlich-Naab, Prophetien wider das Dritte Reich" gewidmet hat, beobachtet und miterlebt, und in dieser Haltung ist auch dieses neue Buch, das dem bereits 1963 erschienenen „Lebensbild der Therese Neumann nach authentischen Berichten, Tagebüchern und Dokumenten" nunmehr, zehn Jahre nach dem Tode der Stigmatisierten, folgt, zusammengetragen. Es kann nicht nochmals eine Biographie der Therese Neumann bieten, für welche auf das vorgenannte, in mehrere Sprachen übersetzte Buch verwiesen sei. Es wird sich auf das Thema „Visionen" beschränken, wenn auch gelegentlich biographische Notizen oder Erläuterungen des Zusammenhanges wegen einzufügen sind.

Wenn 10 Jahre nach Th. Neumanns Tod ein Autor* und seine Ausdeuter und willigen Nachbeter, die ebenso wie er selbst – obwohl er bei seinem Alter mindestens 30 Jahre lang dazu Gelegenheit gehabt hätte – nie zu Lebzeiten der Therese Neumann in Konnersreuth gewesen

* Hanauer Jos., Konnersreuth als Testfall, München 1972

und deshalb zu keiner Zeugen-Aussage berechtigt sind, aufgrund von einseitig ausgewählten Archivakten und alten, längst widerlegten Angriffen Stellung gegen Konnersreuth beziehen und heute die tote Therese Neumann und ihre Eltern und Geschwister als Betrüger hinstellen und auch den frommen, toten Pfarrer Naber als Betrugshelfer einbeziehen, soll dieses Buch erneut dazu beitragen, die Wahrheit über Konnersreuth zu finden und die gnadenhafte Sendung, die uns mit Therese Neumann im vorhinein als Auffangschild gegen den Ansturm eines zum Materialismus hindrängenden, religionsauflösenden Rationalismus von Gott geschenkt wurde – so sieht es der Verfasser nach seinem Erleben und seiner Überzeugung –, mit gebührendem Dank anzunehmen.

Waldsassen, Weihnachten 1972

JOHANNES STEINER

VISIONEN

Visionen sind optische Sinneseindrücke, die ein Seher in ekstatischem Zustand empfängt, wobei er gewöhnlich mit seinen körperlichen Augen und Bewegungen so mitgeht, als ob er dem Ablauf der von ihm gesehenen Handlung folgen wollte, obwohl seine Sehnerven doch eigentlich nichts anderes als die wirklich vor den Augen befindliche Umgebung dem Gehirn melden könnten. Insofern unterscheidet sich die Vision vom Traum, einer visionellen Sinneswahrnehmung im Schlafzustand, bei welcher die körperlichen Augen in der Regel geschlossen, also nicht auf irgendwelche den Sehnerv beeindruckenden Gegenstände gerichtet sind. Halluzinationen, die ähnlich lebhafte Eindrücke wie die Visionen hervorrufen können, unterscheiden sich wiederum von der Vision dadurch, daß sie entweder durch krankhafte körperliche Dispositionen (Gehirnerkrankungen) oder durch Einbringung von bestimmten Reizstoffen in den Körper – sei es durch Einnahme, Inhalation, Einreibung oder Injektion – künstlich hervorgerufen werden, während von Vision nur dann zu sprechen ist, wenn sich diese ohne irgendwelches Zutun des Empfängers einstellt und ihrem Charakter nach offensichtlich auf Erleuchtung zurückgeht. Verbunden mit der Vision ist in vielen Fällen auch die Audition (vom lateinischen Wort audire = hören abgeleitet), in welcher der Empfänger auch die Geräusche, besonders die Gespräche, der geschauten Handlung aufnimmt, sei es, daß zu ihm selbst gesprochen wird oder daß er Personen untereinander im Gespräch oder zu einer Gruppe sprechend hört. Oftmals – und das trifft für unseren Fall Therese Neumann zu – sind auch andere Sinne an der Vision beteiligt, etwa der Geruch, wenn z. B. eine Salbe ausgegossen wird, oder das Gefühl für warm und

kalt, wenn die Vision in eine sonnendurchstrahlte Gegend führt, oder auch für körperliche Berührung durch eine geschaute Person (z. B. bei Antonius von Padua, der das göttliche Kind visionell in die Arme nehmen darf und dabei seine Gestalt und körperliche Wärme fühlt).
Visionen sind von verschiedener Qualität und verschiedener Intensität. Der Verfasser hat keineswegs die Absicht und fühlt sich auch nicht dazu berufen, in den Meinungsaustausch über die Theorien der sehr vielschichtigen Formen von Visionen einzutreten. Er will im Gegenteil nur mit einem historischen Bericht über den konkreten Fall „Visionen in Konnersreuth" zur Einordnung dieser Geschehnisse in die bisher bekannten Formen des Auftretens oder zur Ergänzung des Wissens hierüber durch Berufene beitragen. Für den nicht sachkundigen Leser seien jedoch einige Grundzüge der Unterscheidung angegeben.

In Anlehnung an Augustinus und an Thomas von Aquin teilt Tanquerey* die Visionen in drei Gruppen:

1. Visiones corporales, körperliche Schauungen, bei denen der Gegenstand der Vision körperlich anwesend und in der Regel auch allen Anwesenden sichtbar ist.
2. Visiones imaginativae, einbildliche Schauungen – keineswegs eingebildete, wie also Halluzinationen –, bei denen der Visionär Personen und Handlungen sieht, auch hört. Er kann seine mystischen Erlebnisse dann mündlich oder schriftlich für andere wiedergeben.
3. Visiones intellectuales, rein intellektuelle Visionen, die geistige Einsichten gewähren oder unklare Erkenntnisse ausleuchten.

Auf die ganze Problematik der Unterscheidung, nament-

* Grundriß der aszetischen und mystischen Theologie, in deutsch bei Desclee, Paris 1935, S. 1030/31

lich der ersten und zweiten Gruppe, aber auch auf die vielen Gefahren von Täuschung, von psychischen Störungen und natürlichen Erklärungsmöglichkeiten weist Karl Rahner mit vielen erläuternden Beispielen* hin und kommt zum Ergebnis: „Es wird wohl nicht *grundsätzlich* zu bestreiten sein, daß es (auch ganz abgesehen von den ‚Erscheinungen' des Auferstandenen vor den Aposteln) körperliche Visionen geben könne; man wird aber wohl selten im Einzelfall tatsächlich eine solche stringent nachweisen können. Im allgemeinen wird es sich bei echten Visionen um einbildliche handeln ..."
Dem gegenüber ist die Frage aufzuwerfen, ob eine Vision Christi, die nicht durch sein neues Kommen auf die Erde entsteht, aus diesem Gedanken heraus unbedingt eine nur imaginative sein kann. Spricht nicht das oben erwähnte Beispiel des hl. Antonius dagegen? Auch von Elisabeth von Schönau wird berichtet, sie behaupte, in ihren Visionen die Wirklichkeit selbst zu sehen. Bei Therese Neumann kommt es vor – wir werden das in der Beschreibung der einzelnen Visionen erleben – daß sie persönlich „der Heiland gut anschaut" und sie dabei die Stigmata empfängt, daß sie durch persönliche Berührung durch die Gottesmutter während einer Vision von den Folgen eines Schlaganfalles plötzlich voll geheilt wird (Mariae assumptio). Corporale oder imaginative Visionen?

In der Hl. Schrift des Alten Testamentes sind Visionen zahlreich berichtet. Von den Büchern Mosis angefangen (brennender Dornbusch, aus dem Gott seinen Namen verkündet: „Ich bin der ICHBIN") über die Propheten bis zu Johannes dem Täufer zieht sich die Kette in das Neue Testament mit der Erscheinung des Engels Gabriel bei der Verkündigung an Maria (zugleich Audition und Be-

* Karl Rahner, Visionen und Prophezeiungen, Freiburg 1958, 3. Auflage, S. 31 ff., Zitat aus S. 41

Visionen verbunden sind, auf ernstzunehmende Zeugnisse zurückgehen, die nicht nur vereinzelt vorliegen, sondern von einer Vielfalt von glaubwürdigen Personen bestätigt werden. Zu diesen besonderen Gnadengaben des Hl. Geistes – Charismen oder nach dem griechischen Plural Charismata genannt – die durchaus nicht alle zugleich vorkommen müssen, zählen folgende:

1. Stigmatisation: Aufprägung der Wundmale Christi in vorübergehender oder dauernder Form als nichtabheilende tiefgehende Male, in der Regel an Händen, Füßen und in der Herzgegend.

2. Nahrungslosigkeit: Entbundensein vom Bedürfnis nach Speise und Trank und trotzdem Erhaltung des Lebens über lange Zeit.

3. Hierognosie: Der Begnadete erkennt oder fühlt, ob ihm vorgelegte Reliquien echt, berührt oder gefälscht sind, ob eine Person oder eine Sache Weihen empfangen hat, ob ihm jemand, den er nicht sieht, einen Segen gibt.

4. Kardiognosie: Der Mystiker durchschaut das Innere dessen, der mit ihm spricht oder ihm schreibt. Er erkennt die Gedanken und Absichten des Partners, bevor dieser sie äußert.

5. Bilokation: Während der Mystiker sich an einem bestimmten Orte befindet, erscheint er jemand oder einer Gruppe an einem anderen, oft weit entfernten Ort.

6. Elevation, auch Levitation genannt: Der Begnadete wird im Gebet oder in der Vision oder im geistlichen Gespräch der Schwerkraft enthoben und schwebt im visionär-ekstatischen Zustand frei über dem Boden.

7. Mystische Erlebnisse mit der Eucharistie, mit Engeln, mit Armen Seelen.

Viele dieser Charismen wird der Leser feststellen können, wenn er Gelegenheit findet, die Lebensbilder bekannter Mystiker einzusehen. Ich nenne nur einige: Polycarp von Smyrna, Benedikt von Nursia, Franziskus von Assisi, Hildegard von Bingen, Gertrud die Große (Helfta), Margarete Ebner (Maria-Medingen), Angela von Foligno, Katharina von Siena, Theresia von Avila, Johannes vom Kreuz, Nikolaus von Flüe, Marguérita Marie Alacoque, Anna Maria Lindmayr (München), Anna Katharina Emmerich, Theresia von Lisieux, Gemma Galgani von Lucca, Anna Schäfer (Mindelstetten), Jean Vianney von Ars, Padre Pio (San Giovanni Rotondo).
Eine der ergiebigsten Quellen hierfür ist nach wie vor das Standardwerk von Joseph von Görres, Die christliche Mystik (Regensburg, 1837). Grundlegend und auf der Forschungshöhe unserer Zeit stehend unterrichtet das Buch von Ernst Benz, Die Vision, Erfahrungsformen und Bilderwelt (Stuttgart, 1969). Der Schönheit der Darstellung wegen zitiere ich nachfolgend auch einen Absatz aus Walter Nigg (Große Heilige, Zürich 1952, S. 255): „Johannes vom Kreuz unterhielt sich einst mit Theresia von Jesu über die Dreieinigkeit. Mitten in der Unterhaltung fühlte er, wie seine Seele von einer göttlichen Entrückung überwältigt wurde. Er versuchte, sich noch schnell am Stuhl festzuklammern, aber die Gewalt der Ekstase war zu stark, und er schwebte samt dem Stuhl in die Höhe. Zu gleicher Zeit wurde auch Theresia von der Verzückung ergriffen und schwebte innerhalb des Gitters kniend in die Luft. Eine daherkommende Nonne sah bestürzt das wunderbare Ereignis, das wohl die ungewöhnlichste Begegnung zweier Menschen in der ganzen christlichen Literatur genannt werden kann. Über ein solches phantastisches Vorkommnis schüttelt man unwillkürlich den Kopf, mutet es doch dem modernen Betrachter allzuviel zu. Was war dies für ein Mensch..."

Man konnte in diesem Zustand mit ihr sprechen und erhielt auf Fragen Antwort; Pfarrer Naber, ihr heimatlicher Seelsorger, fragte auch oft Ergänzendes zu dem, was sie in den Visionen geschaut hatte und im gewöhnlichen Zustand aus eigenem Wissen nicht zu beantworten vermochte. Das wird uns später wiederholt begegnen.

3. Der Zustand des „Gebetes der Ruhe", ein Zustand, in welchem die Seele, vereinigt mit Gott, alles Zeitgefühl verliert. Er ist in der Weihnachts- und Osteroktav während der hl. Messe von der Wandlung bis zur Kommunion eingetreten, während welcher Zeit Theres den Heiland als kleines Kind, bzw. als Auferstandenen schaute und in diesem seligen Anschauen fast regungslos mit geschlossenen Augen in ihrem Betstuhl lehnte.
4. Der Zustand der „Verzückung" über die Größe und Macht Gottes überkam sie gelegentlich beim Anblick besonders überwältigender Naturschönheit z. B. einem farbenprächtigen Sonnenuntergang, oder auch beim Anhören einer Predigt über die Liebe und Güte des Heilandes. Er äußerte sich in ruhigem Schauen, wobei sie mit über der Brust gekreuzten Händen selig lächelnd dastand oder saß, „sie könne dann, sagte sie hernach, nicht mehr denken, sondern sie fühle nur noch die Größe und Macht Gottes" (lt. Tagebuch Naber).

Ein besonderer, ich möchte sagen halbekstatischer Zustand, der aber gerade für unsere Visionen wichtig ist, war „der kindliche Zustand der Eingenommenheit" nach oder zwischen Visionen. In diesem Zustand konnte man sie über Inhalt und Ablauf des eben Geschauten befragen, während sie im gewöhnlichen Zustand nicht gerne davon sprach. Aber es standen ihr in diesem Zustand die üblichen Begriffe nicht zur Verfügung. Sie mußte erst um

Viele dieser Charismen wird der Leser feststellen können, wenn er Gelegenheit findet, die Lebensbilder bekannter Mystiker einzusehen. Ich nenne nur einige: Polycarp von Smyrna, Benedikt von Nursia, Franziskus von Assisi, Hildegard von Bingen, Gertrud die Große (Helfta), Margarete Ebner (Maria-Medingen), Angela von Foligno, Katharina von Siena, Theresia von Avila, Johannes vom Kreuz, Nikolaus von Flüe, Marguérita Marie Alacoque, Anna Maria Lindmayr (München), Anna Katharina Emmerich, Theresia von Lisieux, Gemma Galgani von Lucca, Anna Schäfer (Mindelstetten), Jean Vianney von Ars, Padre Pio (San Giovanni Rotondo).
Eine der ergiebigsten Quellen hierfür ist nach wie vor das Standardwerk von Joseph von Görres, Die christliche Mystik (Regensburg, 1837). Grundlegend und auf der Forschungshöhe unserer Zeit stehend unterrichtet das Buch von Ernst Benz, Die Vision, Erfahrungsformen und Bilderwelt (Stuttgart, 1969). Der Schönheit der Darstellung wegen zitiere ich nachfolgend auch einen Absatz aus Walter Nigg (Große Heilige, Zürich 1952, S. 255): „Johannes vom Kreuz unterhielt sich einst mit Theresia von Jesu über die Dreieinigkeit. Mitten in der Unterhaltung fühlte er, wie seine Seele von einer göttlichen Entrückung überwältigt wurde. Er versuchte, sich noch schnell am Stuhl festzuklammern, aber die Gewalt der Ekstase war zu stark, und er schwebte samt dem Stuhl in die Höhe. Zu gleicher Zeit wurde auch Theresia von der Verzückung ergriffen und schwebte innerhalb des Gitters kniend in die Luft. Eine daherkommende Nonne sah bestürzt das wunderbare Ereignis, das wohl die ungewöhnlichste Begegnung zweier Menschen in der ganzen christlichen Literatur genannt werden kann. Über ein solches phantastisches Vorkommnis schüttelt man unwillkürlich den Kopf, mutet es doch dem modernen Betrachter allzuviel zu. Was war dies für ein Mensch..."

Gehen wir nun von dieser Mystikerreihe zur Quelle unseres Buches, zu Theres Neumann über*: Geboren in der Nacht vom Karfreitag auf Karsamstag 1898 in Konnersreuth als erstes von elf Kindern der Schneiderseheleute Ferdinand und Anna Neumann ist sie in ärmlichsten Verhältnissen aufgewachsen und muß, obwohl sie gerne Missionsschwester würde, nach Beginn des ersten Weltkrieges sich als bäuerliche Dienstmagd verpflichten. Bei einem Brand im März 1918 verunglückt sie: Sie verrenkt sich das Rückgrat. Sie wird in der Folge unsicher, stürzt, Lähmung tritt ein, ein Jahr nach dem Unglück auch noch völlige Erblindung. Sie erträgt alles in größter Geduld – ebenso wie ihre Eltern – und in innerer Reifung. Vom Vater hatte sie, aus dem Krieg mitgebracht, ein Bildchen der Karmelitin Theresia vom Kinde Jesu (Lisieux) erhalten, das bei ihr große Sympathie und Verehrung für diese Seele auslöste. Am 29. April 1923, dem Tage an dem die „Kleine Theresia" seliggesprochen wird, wird sie nun plötzlich von der Blindheit geheilt; an deren Heiligsprechungstag zwei Jahre später, am 17. Mai 1925, erfolgt während einer Lichtvision auch plötzlich die Heilung von der Lähmung. Am 4. März 1926 setzen Passionsvisionen ein, während deren sie die Wundmale Christi empfängt: Zuerst das Stigma der Herzwunde, das sie geheim hält, und an den nächsten beiden Freitagen auch die Stigmata an den Händen und Füßen. Die Visionen setzten sich auch nach der Fastenzeit fort. Von der Tabor-Vision an (Fest der Verklärung Christi, 6. August 1926) datiert der Beginn ihrer Nahrungslosigkeit, die bis zum Ende ihres Lebens am 18. September 1962 andauert. Dutzende von eidlichen Erklärungen, die in Regensburg

* Ausführliche Biographie siehe „Theres Neumann von Konnersreuth, ein Lebensbild nach authentischen Berichten, Tagebüchern und Dokumenten" von Johannes Steiner, München 1963, 6. Auflage 1971.

vorliegen, erhärten diesen Sachverhalt. Zu den von ihr empfangenen Audio-Visionen, bei denen auch der Geruchs- und der Gefühlssinn beteiligt sind, kommen die anderen oben angeführten Charismen der Hierognosie, der Kardiognosie, der Bilokation, der Elevation und der verschiedenen mystischen Beziehungen, von denen die eucharistischen die für das ganze Geschehen fundamentalsten sind, weil durch die tägliche hl. Kommunion, die sie ihr ganzes Leben lang pflegte, ihre Lebenskraft aufrecht erhalten wurde. Über ihr Wirken und ihre Werke zu sprechen, ist nicht Aufgabe dieses Buches, in welchem nur über ihre Visionen berichtet werden soll.
Dagegen ist es zum Verständnis des Geschehens um diese Visionen erforderlich, noch kurz ein Wort über die Bewußtseinszustände der Therese Neumann anzufügen.

Ihr gewöhnlicher Zustand war der eines jeden intelligenten Erdenbürgers, hier speziell charakterisiert durch eine von Jugend auf gewohnte und geübte religiöse Haltung, im guten Sinne fromm, aber auch mit menschlichen Schwächen – die sie bekämpfte – behaftet, besonders der eines jähen Wesens, womit sie aufdringliche Besucher oft genug verletzte, aber dafür mit umso größerem Mitgefühl und aufrichtiger Hilfsbereitschaft, wo sie wahre Not sah.

Der ekstatische Zustand hatte verschiedene Formen:

1. Der Zustand visionären Schauens, der stets als Raptus einzetzte, deckt sich mit dem, was oben allgemein darüber ausgeführt ist (vollständige geistige Abwesenheit vom tatsächlichen Aufenthaltsort und Unempfindlichkeit gegen das Geschehen um sie).

2. Im so genannten „erhobenen Ruhezustand", der nach fast jeder hl. Kommunion, aber auch zur Stärkung zwischen den Leidensekstasen auftrat, hatte sie das Gefühl in Glückseligkeit mit Christus vereinigt zu sein.

Man konnte in diesem Zustand mit ihr sprechen und erhielt auf Fragen Antwort; Pfarrer Naber, ihr heimatlicher Seelsorger, fragte auch oft Ergänzendes zu dem, was sie in den Visionen geschaut hatte und im gewöhnlichen Zustand aus eigenem Wissen nicht zu beantworten vermochte. Das wird uns später wiederholt begegnen.

3. Der Zustand des „Gebetes der Ruhe", ein Zustand, in welchem die Seele, vereinigt mit Gott, alles Zeitgefühl verliert. Er ist in der Weihnachts- und Osteroktav während der hl. Messe von der Wandlung bis zur Kommunion eingetreten, während welcher Zeit Theres den Heiland als kleines Kind, bzw. als Auferstandenen schaute und in diesem seligen Anschauen fast regungslos mit geschlossenen Augen in ihrem Betstuhl lehnte.

4. Der Zustand der „Verzückung" über die Größe und Macht Gottes überkam sie gelegentlich beim Anblick besonders überwältigender Naturschönheit z. B. einem farbenprächtigen Sonnenuntergang, oder auch beim Anhören einer Predigt über die Liebe und Güte des Heilandes. Er äußerte sich in ruhigem Schauen, wobei sie mit über der Brust gekreuzten Händen selig lächelnd dastand oder saß, „sie könne dann, sagte sie hernach, nicht mehr denken, sondern sie fühle nur noch die Größe und Macht Gottes" (lt. Tagebuch Naber).

Ein besonderer, ich möchte sagen halbekstatischer Zustand, der aber gerade für unsere Visionen wichtig ist, war „der kindliche Zustand der Eingenommenheit" nach oder zwischen Visionen. In diesem Zustand konnte man sie über Inhalt und Ablauf des eben Geschauten befragen, während sie im gewöhnlichen Zustand nicht gerne davon sprach. Aber es standen ihr in diesem Zustand die üblichen Begriffe nicht zur Verfügung. Sie mußte erst um

Ausdrücke für die Dinge ringen und gab ihnen dann treffende Bezeichnungen, und sie charakterisierte die Personen, die sie geschaut hatte, nach ihren Handlungen. Sie erkannte jedoch diese Personen und Orte bei späteren anderen Visionen wieder und gab ihnen dann dieselben Bezeichnungen, die sie ihnen beim ersten Mal beigelegt hatte. Alle unsere Visionsberichte gehen auf die Erzählungen in diesem Zustand, nur gelegentlich ergänzt durch Nachfragen im erhobenen Ruhezustand oder auch im gewöhnlichen Zustand, zurück.

*

Grundsätzlich ist nun noch die Frage nach der Möglichkeit einer wahren Darstellung des Vergangenen in Visionen zu stellen. Möglich ist diese Reproduktion des Gewesenen nur in einer theistischen Weltanschauung. Für den atheistischen Materialismus, dem daran gelegen sein muß, jede Mystik auf natürliche Weise zu erklären und jedes Wunder auszuschließen, um seine Berechtigung überhaupt nachzuweisen, gibt es auch keinen objektiven Rückgriff auf Tatsachen-Bestände. Wenn man sagt, daß durch Spiraldrehungen der Gehirnatome die Gedanken gebildet würden, statt anzunehmen, daß umgekehrt die Gedanken die Gehirnzellen zu entsprechenden Reaktionen zwingen, ist es „undenkbar", ohne Anreiz durch ein höheres Wesen, also ohne Erleuchtung Gewesenes wiederzugeben, wenn man nicht in Phantasie schwelgen oder „eingespeicherte" Fakten aus dem „Computer" Gehirn herausholen will. Der theologisch denkende Mensch aber kommt zu folgender Erkenntnis: Vergangenheit existiert nur für unser augenblickliches Dasein im Erdenleben, in welchem die Zeit als vierte Dimension eine Rolle spielt. In der Weite des Weltalls dagegen schwebt alles noch irgendwo als Gegenwart im Raum. Sterne, die 2000 Lichtjahre von uns entfernt sind, sind noch lange nicht die äußersten des Kosmos. Da Licht von ihnen zu uns 2 000 Jahre braucht, sehen wir also, soweit wir mit unseren im Verhältnis zu solchen Distanzen schwachen Instrumenten überhaupt irgend etwas erkennen können, die Prozesse, die dort vor 2 000 Jahren abgelaufen sind. Und von dort aus sähe man umgekehrt das, was sich bei uns vor 2 000 Jahren ereignete. Für Gott, der in seiner unendlichen Vollkommenheit oder vollkommenen Unendlichkeit weder zeitliche noch räumliche Begrenzung und Beengung kennt, dessen Wahrnehmungsfähigkeit auch keiner Instrumente bedarf, um alles zu erfassen, gibt es also nicht das geringste Hindernis auch heute noch jede Vergangenheit als Gegenwart zu schauen. Thomas von Aquin lehrt, daß Gott nicht in der Zeit lebt und daß er infolgedessen die ganze menschliche Geschichte und überhaupt die des Weltalls in ihrer Aktualität sieht. Auch das, was für uns zur Vergangenheit oder Zukunft gehört, schaut er alles zugleich (I q. 14 a. 13).

Ich will versuchen diese etwas schwierig einzusehende Fähigkeit unter Einbeziehung menschlicher Vorstellungskraft begreifbar zu machen. Nehmen wir an, Gott begäbe sich, was er ohne jeden Zeitaufwand könnte, an einen Ort im Kosmos, der etwas über 100 Lichtjahre von uns entfernt ist, dann sähe er mit seinen keiner Hilfsmittel bedürftigen geistigen Augen den deutsch-französischen Krieg vor sich abrollen; wenn er „im nächsten Moment" sich auf einen 1 000 Lichtjahre entfernten Stern versetzt, „sieht" er in unserer Gegend die Anfänge des Heiligen Römischen Reiches Deutscher Nation unter Kaiser Otto dem Großen und läßt die Seherin Roswitha von Gandersheim einiges aus Vergangenheit und Zukunft schauen. Und wenn er schließlich sich auf nahezu 2 000 Lichtjahre entfernte, sähe er Tod und Auferstehung seines Mensch gewordenen Sohnes und, noch weiter „zurückfahrend" des-

sen Geburtsstunde zu Bethlehem. So wie nun für Gott alles noch vorhanden ist, und zwar noch unvergleichlich vollkommener, als es hier begreiflich zu machen versucht ist, nämlich alles zugleich und ohne örtliche Bindung, so kann er auch gütevoll diese Geschehnisse durch geistiges Übertragen und Schauenlassen bei auserwählten Geschöpfen zu deren und deren Umwelt Erbauung jederzeit reproduzieren. Inwieweit der „Seher" dann das Geschaute zu erfassen, zu ordnen, auszulesen und wiederzugeben vermag, hängt von seiner individuellen Begabung ab.
Dieser Gedankengang ließ allerdings nur eine einigermaßen vorstellbare Erklärung für Gottes Fähigkeit zu, alle Vergangenheit zu überblicken. Unsere Denkkraft und unser Vorstellungsvermögen reichen nicht aus, und der Mangel an meßbaren Größen verstattet es uns, das Wissen Gottes um alle Zukunft zu erklären. Hier kann uns nur der theologische Gedanke von der unendlichen Vollkommenheit Gottes retten. Er, das ewige und vollkommene geistige Wesen, für das Zeit und Raum nicht existieren, kennt aus dieser unbegrenzten Vollkommenheit heraus genauso wie das Vergangene alles Kommende, das er im Schöpfungsplan bei seinem Wort „Es werde" vom Anfang bis zum Ende der Zeiten voraussieht.
Thomas von Aquin formuliert in klarem Denken diese Fähigkeit Gottes folgendermaßen: „In seipsis quidem futura cognosci non possunt nisi a Deo, cui etiam sunt praesentia, dum in cursu rerum sunt futura, inquantum eius aeternus intuitus simul fertur supra totum temporis cursum (I q. 86 a. 4) In sich selbst ist die Zukunft (für Geschöpfe) nicht erkennbar, es sei denn durch Gott, dem alles schon Gegenwart ist, was im Laufe der Geschichte als Zukunft herankommt, weil seine ewige Einsicht *zugleich* sich über den *ganzen* Ablauf der Zeit erstreckt). Aus diesem Wissen läßt Gott gelegentlich auch diesen oder jenen der Seher in einem begrenzten Umfang und, um nicht

zu sehr in die seinen geistigen Geschöpfen mitgegebene Freiheit des Entscheidens einzugreifen, in meistens nicht allzu klaren Gesichten teilzunehmen. Und er gibt sogar Erleuchtungen ein, deren Voraussagen hernach nicht eintreten, weil durch sie nur eine Änderung der Gesinnung geweckt werden sollte. Als Beispiel diene Jonas, der sich „blamiert" sieht, weil Gott einen dem Propheten eingegebenen und von ihm vorausgesagten Beschluß, nämlich den der Vernichtung von Ninive, unter dem Eindruck der Bußgesinnung der Bewohner nicht ausführt. In unseren Tagen könnte man an die Warnungen von Fatima denken.
Man schließe aber aus diesem Versuch, die „ewige Gegenwart Gottes", sein *„Ich bin"*, anschaulicher zu machen, durchaus nicht darauf, daß der Verfasser geschichtliche Visionen etwa als ein Zurückversetztwerden des Visionärs in die Vergangenheit gesehen wissen möchte, sie erscheinen ihm im Gegenteil als ein Hineinverbundenwerden in die zeitlose göttliche Ewigkeit und damit als eine Auszeichnung und ein Emporgehobensein in die Nähe Gottes.

Mit diesen Ausführungen soll nichts über die Zuverlässigkeit oder Unzuverlässigkeit von Visionen gesagt sein, nichts über ihre historische Treue oder Vollkommenheit. Denn, fängt man über bestimmte Themen zu forschen an, so ist man zunächst überrascht, daß Visionen über das gleiche Thema nicht bei allen Mystikern und in allen Fakten übereinstimmen. Allzu leicht ist man dann geneigt, entweder Visionen überhaupt als historisches Beweismaterial zu verwerfen oder dem einen der Seher aus irgendwelchen Gründen, die seinen Vorzug zu rechtfertigen scheinen, Gewicht beizulegen und den anderen abzulehnen. Keine dieser Verhaltensweisen ist richtig. Mit wachsender Vertiefung lernt man, beim Vergleich von Visionen über dasselbe Thema verschiedene Faktoren zu be-

rücksichtigen, die wohl Vorsicht, aber keinesfalls Nichtbeachtung nahelegen.
Der erste und wichtigste davon ist der: Gott ist nicht gehalten, in den Visionen den historischen Ablauf exakt und restlos wiederzugeben. Er schenkt in den meisten Fällen diese Schauungen nur zur persönlichen Erbauung des Visionärs, wenn er auch damit zugleich eine Belebung und Vertiefung des Glaubens der Umwelt im Sinne haben mag. Er läßt sie wohl auch nicht oder nicht weit über die Fassungskraft des Begnadeten oder den Forschungsstand der Zeit hinausgehen. Man darf also daraus, daß in den Visionen oft auch legendäre Ereignisse geschaut werden, nicht schon sofort auf den nicht göttlichen Ursprung der Visionen schließen*. Aus denselben Gründen sind wohl auch Stigmatisierungen, soweit sie hinzukommen, in Form und Körperlage mitunter stark voneinander abweichend.
Zum Zweiten ist an den scholastischen Grundsatz zu denken: Alles, was von Gott her kommt, wird von dem Schauenden oder eine Eingebung Vernehmenden „per modum recipientis" (durch die Eigenart des Empfangenden) aufgenommen und seiner Art und Ausdrucksfähigkeit gemäß wiedergegeben. Es ist auch denkbar, daß Bewußtseinsinhalte, die im Gedächtnis des Aufnehmenden eingespeichert sind oder die vielleicht von Erbanlagen her geahnt werden – die Forschung auf dem Gebiet der sogenannten Tiefenpsychologie untersucht auch solche Momente – sich in das Aufgenommene mit hineinblenden. Die Wahrnehmungen gehen also gewissermaßen durch ein subjektives Sieb. Wir können uns das vielleicht am besten vorstellen, wenn wir an die oft große Diskrepanz von Zeugenaussagen über ein und denselben Vor-

* Vgl. Hermann Lais, Eusebius Amort und seine Lehre über die Privatoffenbarungen, Freibg. Theol. Studien, Heft 58, Freiburg 1941, Seite 52–55.

gang, z. B. einen Unfall, denken. Wie weit gehen die Darstellungen manchmal auseinander! Nicht nur je nach dem örtlichen Standpunkt, sondern auch je nach Ein- und Ausdrucksfähigkeit eines Zeugen, obwohl an dessen echtem Bestreben, die Wahrheit zu sagen, nicht zu zweifeln ist.
Ein dritter, oft noch mehr ins Gewicht fallender Faktor ist der, daß die Berichterstatter nicht restlos genau sich an das Vernommene halten, sei es aus Leichtfertigkeit, sei es aus Unvermögen, oder daß sie erst später aus dem Gedächtnis Gehörtes und Gesehenes niederschreiben und dabei schon leichte Veränderungen der Fakten in ihren Bericht bringen. Für Fritz Gerlich z. B. war es ein großes Anliegen, daß die von Brentano aufgezeichneten Visionen der Anna Katharina Emmerich in manchen Punkten nicht mit denen der Theres Neumann übereinstimmten. Brentano war ein Dichter und man spürt an seiner Sprache und seiner Ausdrucksform, daß vieles zur Erbauung des Lesers subjektiv dargestellt und ausgeschmückt ist. Gerlich hat sich mit dem Versuch einer Synthese Emmerich/Konnersreuth noch in der „Schutzhaft" intensiv beschäftigt und stand immer wieder vor der Frage: Ist das nun Vision A. K. Emmerich oder – in bester Absicht – zugefügtes Beiwerk Brentanos? Umsomehr hat er uns, seinen damals jüngeren Mitarbeitern, historische Genauigkeit eingeschärft. Von solchen Erfahrungen und Erkenntnissen zur Verantwortung gerufen, habe ich mich bei der Darstellung der nachfolgenden Visionen und auch in der Wiedergabe der sonstigen Berichte der größtmöglichen Originaltreue und Wahrheitsliebe befleißigt, um zum mindesten den dritten der aufgeführten Faktoren nach bestem Vermögen auszuschließen.
Zu unserem Spezialfall Theres Neumann sei noch bemerkt: Theres Neumann, das einfache Bauernmädchen, hatte, als bei ihr die Visionen das erste Mal auftraten, noch nicht viel gelesen. Von den Kreuzwegbildern in der

Kirche her hatte sie völlig andere Vorstellungen von Umgebung, Gewandung und Handlung der Personen, als es sich hernach aus ihren Visionsschilderungen ergab*. Diese waren, soweit sie kontrolliert werden können, z. B. in der Anlage von Jerusalem, in der Kleidung der damaligen Zeit, in Einrichtungsgegenständen, so treffend, daß dadurch auch die Schilderung des Geschehensablaufes an Wahrscheinlichkeit gewinnt. Dazu kommt, daß Therese die Visionen nicht etwa ein einziges Mal hatte, sondern diese, wie schon erwähnt, sich alljährlich, die der Passion beinahe allwöchentlich wiederholten und stets, das ganze Leben hindurch, den gleichen Ablauf zeigten. Diese Tatsachen mögen, nachdem wir oben die Unsicherheitsfaktoren bei Visionen aufzeigten, nun für den Spezialfall eine gewisse Berechtigung der Annahme historischer Treue vieler Visionen unterstreichen. Wenn die exegetische Forschung da und dort zu sicheren andersartigen Erkenntnissen kommen sollte, ist die Abweichung nicht vom Verfasser zu vertreten, dem sein Gewissen gebot, alles so darzustellen, wie es die Quellen bringen.

*

P. Dr. Carl Sträter SJ, der Bischöfliche Beauftragte zur Erforschung des Lebens der Therese Neumann, ergänzt die speziellen Ausführungen wie folgt: „Weil Gott in seiner Ewigkeit alles Geschehen zugleich sieht, kann man es nicht als unmöglich betrachten, daß Gott einen Menschen auf besondere Weise an dieser göttlichen Erkenntnis teilnehmen läßt, z. B. diesen Menschen das Leiden Christi in seiner Aktualität (nicht bloß in Bildern) schauen und

* Gerlich meinte einmal, als er mit Therese in der Kirche war, sie werde wohl das Leiden ungefähr so sehen, wie es auf den Kreuzwegstationen dargestellt sei, worauf sie antwortete: „O mei, Herr Doktor, da gleicht sich gar nix, am ehesten noch die Soldaten (Gerlich I S. 170).

miterleben läßt. Ich halte die Visionen der Therese Neumann für wesentlich übernatürlich und meine deshalb, daß es nicht möglich ist, die Möglichkeit einer solchen Schauung positiv zu beweisen; es genügt, darauf hinzuweisen, daß niemand die Unmöglichkeit beweisen kann. Da Therese aber, als ihr Visionen zuteil wurden, in ihrer Seele schon Gedanken, Vorstellungen und Eindrücke hatte, ist die Möglichkeit gegeben, daß diese subjektiven Elemente in die Schauungen mit hineinspielen. Es ist dann nicht immer (vielleicht meistens nicht) die Möglichkeit gegeben, die subjektiven Elemente sauber von den objektiven zu trennen; aber das ist auch nicht notwendig. Solche Gnaden werden nicht gegeben, um die historische Wissenschaft zu fördern.

Es frägt sich, ob man auf diese Weise auch erklären kann, daß verschiedene Visionen einen stärker objektiven Eindruck machen als andere. Vielleicht könnte man sagen: Wo die göttliche Einwirkung stärker war, traten die subjektiven Elemente mehr zurück. Und der göttliche Einfluß war am stärksten, als die Resl ganz in das zentrale Erlösungsgeheimnis des Leidens des Herrn hineingenommen wurde."

QUELLEN DIESES BUCHES

Zuverlässigkeit und Genauigkeit, welche beide dieses Buch gewährleisten will, lassen es als geboten erscheinen, bei jeder Vision die Quellen anzugeben. Um dabei nicht zu umfänglich zu werden, bedarf es eines Vereinfachungsschlüssels in Form von Abkürzungen, die im Folgenden bei jeder der aufgeführten Quellen verzeichnet sind.

1) Urquelle aller Texte ist durchwegs Therese Neumann selbst, deren Aussagen im erhobenen Ruhezustand, im Zustand der Eingenommenheit oder im normalen Wachzustand durch Aufzeichnungen festgehalten sind. Über alle in der Konnersreuth-Literatur und in Tagebüchern vorhandenen Aufzeichnungen hinaus wurde aber eine ganze Reihe von Gesprächen und Befragungen unmittelbar nach den Visionen von dem Bruder Ferdinand Neumann auf Wachsmatrizen – Tonbandgeräte gab es damals noch nicht – aufgenommen, die dann später auf Tonbänder überspielt wurden. Da der Inhalt aller Visionen auf die Aussagen der Therese Neumann selbst zurückgeht, braucht sie als Quelle nicht eigens bei jeder Vision genannt zu werden. Ich habe größten Wert darauf gelegt, nachzuprüfen, ob alles, was die Quellen aufgeschrieben haben, unmittelbare Aussagen der Therese Neumann sind, und habe grundsätzlich alle Drittberichte ausgeschlossen.

2) Neben Therese Neumann ist die wichtigste Quelle ihr Seelsorger Pfarrer Naber, der den Inhalt der von ihm erfragten Schauungen in den Jahren 1928–1932 in zwei Tagebüchern festgehalten hat. Er hat sie dem Ver-

fasser im Oktober 1962 zu beliebiger Verwendung überlassen und erlaubt, sie zu fotokopieren. Vor seinem Tod wurden sie ihm zurückgegeben. Sie sind bis jetzt nicht veröffentlicht, wurden aber vom Verfasser nach Seitenzahlen durchnumeriert und sind nach diesen Seitenzahlen mit N 1, (Seite)... und N 2... angegeben. Vor dieser Zeit hatte Pfarrer Naber die Visionen auf Einzelblättern aufgezeichnet, die aber vermutlich bei dem Brand anläßlich der Beschießung von Konnersreuth bei Kriegsausgang verlorengegangen sind. Jedoch hatte sie vorher Dr. Gerlich benützen und für seine Biographie verwenden dürfen, weshalb uns der Inhalt verblieben ist.

3) Wie soeben erwähnt, ist also bis 1929 die weiterhin ergiebigste Quelle das zweibändige Werk von Dr. Fritz Gerlich, „Die Stigmatisierte Therese Neumann von Konnersreuth", erschienen bei Kösel in München 1929. Gerlich hatte sich das Copyright für dieses Buch selbst vorbehalten, und es wurde nach dem Kriege von Frau Sophie Gerlich, nachdem der Urverleger erklärt hatte, er wolle es nicht wieder auflegen, dem Verfasser übereignet. Er ist also in der Lage, daraus unbeschränkt zu zitieren. Quellenabkürzung G 1 und G 2.

4) Etwas früher kam bei Angerer in Waldsassen, ebenfalls in zwei Teilen, das Werk von Leopold Witt, „Konnersreuth im Lichte der Religion und Wissenschaft" heraus. Auch darin sind Angaben über die Visionen enthalten. Es handelt sich jedoch meist nur um ungefähre Inhaltsangaben. Wo Details vorkommen, wurden diese vom Verfasser überprüft, ob sie mit den Aussagen der oben genannten Quellen übereinstimmen. Als Quellenangabe ist der Buchstabe W verwendet (W 1, W 2).

5) Dr. Franz X. Mayr, Professor für Chemie, Biologie und Geologie an der Philosophisch-Theologischen Hochschule Eichstätt, hat ebenfalls eine Reihe von Visionen in Konnersreuth selbst miterlebt und Aufzeichnungen darüber geführt. Er hat sie gütigerweise für diese Arbeit dem Verfasser zur Verfügung gestellt. Es sind darin einige Visionen beschrieben, die weder bei Naber, noch bei Gerlich zu finden sind. Wo Aufzeichnungen von ihm verwendet sind oder zur Ergänzung anderer Berichte dienten, ist der Name Mayr angegeben.

6) Für die Zeit nach 1930 bringt Anni Spiegl in ihrem 1963 erschienenen, durchaus persönlich geschriebenen kleinen Buch „Leben und Sterben der Therese Neumann von Konnersreuth" Mitteilungen über Visionen, die in manchen Zügen Ergänzendes bringen oder Vergessenes in der Erinnerung wachrufen.

7) Was man sonst in der reichen Konnersreuth-Literatur an Visionsberichten findet, ist, von einigen Ausnahmen abgesehen, zumeist dritte, d. h. von den vorgenannten übernommene und damit keine ursprüngliche Quelle. Zu den Ausnahmen zähle ich – unter ausdrücklicher Beschränkung auf das Gebiet Visionen – diejenigen, die selbst in Konnersreuth Visionen erlebt und darüber berichtet haben, u. a. Erwein von Aretin, München, Kardinal Kaspar, Prag, Kaplan Fahsel, Berlin, Dr. med. Hynek, Prag, P. Odo Staudinger, Salzburg, Erzbischof Teodorowicz, Lemberg, Fürsterzbischof Waitz, Salzburg. Soweit aus diesen Quellen zitiert wird, sind sie, wie auch die Quellen 5 und 6, mit vollem Verfassernamen angegeben.

8) Hervorragende Quelle ersten Ranges sind, wie schon oben erwähnt, die nach den Visionen von Ferdinand Neumann aufgenommenen Gespräche, meistens zwi-

schen Theres Neumann und Pfarrer Naber, gelegentlich auch mit Einschaltung anderer anwesender Personen, in welchen der Inhalt des jeweils Geschauten in mühseliger Kleinarbeit erfragt wird. Meine Aufgabe als Verfasser war es, aus diesen oft stundenlangen und immer wieder auf alle möglichen Gebiete abschweifenden Befragungen – denn Resl wollte immer nur vom Heiland und den ihm jeweils nahestehenden Personen reden und alles andere als nebensächlich weglassen – jedes wichtige neue Faktum festzuhalten. Die Aufgabe ist dadurch erschwert, daß seinerzeit für die Aufnahmen nur leichtverletzliche Wachsplatten und eine unzulängliche Aufzeichnungsmechanik zur Verfügung standen. Dadurch hat häufig das Geräusch der laufenden Maschine sehr störend das gesprochene Wort überlagert. Es kommt erschwerend hinzu, daß sich die Unterhaltung im Stift- und Egerländer Dialekt, einer besonders derben Abart der Oberpfälzer Sprechweise, abwickelt, was sie für einen Nicht-Altbayern zumeist unverständlich machen würde. Da ich in jenem Zipfel der Oberpfalz beheimatet bin, wo diese mit Ober- und Niederbayern zusammenstößt, macht er mir keine besonderen Schwierigkeiten. In den Fällen, in denen die aus den Wachsmatrizen auf Tonbänder übertragenen Gespräche als Quelle benutzt oder mitbenutzt sind, ist die Angabe mit TB bezeichnet.

9) In den dreißig Jahren meiner Verbundenheit mit Konnersreuth habe ich selbst eine erhebliche Anzahl von Visionen dort miterlebt und davon Aufzeichnungen gemacht, oder, wo sie bereits bei Gerlich zu finden waren, mit Randbemerkungen unmittelbar beim Erleben oder nach Gesprächen mit Therese Neumann hierüber ergänzt. Für solche Fälle ist als Abkürzung der Buchstabe V = Verfasser verwendet.

10) Die christliche Lehre hat ihre Wurzel in der Heiligen Schrift. Alle postumen Aussagen müssen deshalb, wenn sie den Stempel der Echtheit tragen und als Erleuchtung angesehen sein wollen, im Einklang mit ihr stehen. Aus diesem Grunde ist es nicht nur unbedingt zu empfehlen, sondern erscheint auch wesentlich, zur Lektüre dieses Buches eine gute Ausgabe des Neuen Testamentes mit heranzuziehen und zu jeder Vision die entsprechende und jeweils am Kopf zitierte Stelle daraus nachzulesen. Dann erst werden die bei den Visionen angegebenen Hinweise auf ein wechselseitiges Gespräch der geschauten Personen oder auf das Mienenspiel und auf die Affektbewegungen und -handlungen der Visionärin voll verständlich und eindringlich.

*

Bei der Prüfung des Manuskriptes auf seine sachliche Richtigkeit waren mir die schon genannten Mitzeugen vieler Visionen, Prälat Prof. Dr. Franz X. Mayr, Fräulein Anni Spiegl und Theresens Bruder Ferdinand Neumann, dem ich auch wiederum einen großen Teil des Bildmaterials verdanke, behilflich. Für die Durchsicht des Ganzen nach dem Satz und, damit verbunden, auch für das Mitlesen der Korrekturen und für manchen Hinweis, der sich daraus ergab, darf ich mich bei den Herren Prof. P. Dr. Carl Sträter SJ und P. Ulrich Veh OFMCap herzlich bedanken.

KINDHEITS-
HEILUNGS-
STIGMATISATIONS-
VISIONEN

erlebte Therese Neumann, unbewußt, daß dies eine außerordentliche Erscheinung sei, schon als Kind. Sie hat davon aber niemand in ihrer Familie und keinem der Biographen – wohl einmal anläßlich einer Fegfeuer-Vision Pfarrer Naber, der aber auch darüber geschwiegen hat – etwas erzählt, und es wäre vielleicht nie weiter bekannt geworden, wenn sie nicht kirchlich unter Eid über ihr Leben vernommen worden wäre. Die Vorgeschichte dazu ist folgende. Therese war wohl auf Verlangen des Bischöflichen Ordinariates Regensburg im Juli 1927 fünfzehn Tage lang physisch bezüglich der Nahrungslosigkeit und Gewichtsverhältnisse streng Tag und Nacht überwacht worden, wobei auch die Stigmata untersucht und sogar fotografiert wurden. Aber eine damals angekündigte kirchliche Untersuchung und Einvernahme hat nicht stattgefunden. So mußte Kardinal Faulhaber, als ich mit ihm 1949 bei einem Besuch aus anderem Anlaß (vgl. Steiner, Theres Neumann, 6. Auflage S. 67) auch über Konnersreuth sprach, die Befürchtung äußern, es könnte einst von Historikern dem Bayerischen Episkopat zur Last gelegt werden, man hätte sich nicht genügend um die Klärung der Konnersreuther Fragen bemüht. Das bedrücke ihn etwas. Wie man nun aus den Akten ersieht, war diese Befürchtung teilweise unbegründet. In Eichstätt, das für Therese Neumann zur zweiten Heimat geworden war, haben in weiser Voraussicht zwei Bischöfe kirchliche Untersuchungen vornehmen lassen.
1942 gab Bischof Michael Rackl einer Kommission den Auftrag, die dort als Haushälterin von Hochschulprofessor F. X. Wutz wirkende Schwester Ottilie Neumann unter Eid über Vorkommnisse bei und mit ihrer Schwester Therese zu vernehmen und darüber ein amtliches Protokoll anzufertigen, das vorliegt. Und im Januar 1953, als

Therese Neumann wieder in der Weihnachtsfestzeit länger in Eichstätt weilte, beauftragte der damalige Bischof Josef Schröffer, jetzt Erzbischof in Rom, nach Einverständniserklärung der Therese Neumann eine Kommission von zwei geistlichen Hochschulprofessoren, sie zu einem Termin zu laden und unter strengem Eid einzuvernehmen. Die beiden Professoren leisteten zuvor voreinander in der kanonisch üblichen Form den Eid über treue und gewissenhafte Auftragsführung und nahmen dann Therese Neumann in der für kirchliche Einvernahmen üblichen Form vor einem Kruzifix und zwei brennenden Kerzen den Eid über wahrheitsgemäße Aussage zu den an sie zu stellenden Fragen ab. Ich führe das an, um auf den großen Ernst des Vorganges und auf die Bedeutung hinzuweisen, die damit den Aussagen einer streng gläubigen und religiösen Person wie Therese Neumann zukommt.

Unter den der Einzuvernehmenden vorher unbekannten Fragen befindet sich eine, die zur Offenlegung der ersten Vision der Therese Neumann führte. Ich gebe exakt den Wortlaut von Frage und Antwort, soweit diese die Vision betrifft, wieder.

Frage: Traten bei Ihnen außergewöhnliche Erscheinungen schon in der Jugend auf? Wann? Welche?

Antwort: Bei meiner ersten hl. Kommunion sah ich, als mir der Priester (Pfarrer Ebel) die hl. Hostie reichte, nicht die Hostie, nicht den Priester, sondern das verklärte Jesuskind; ich sah dies aber damals nicht als etwas Außergewöhnliches an, sondern meinte, das sei bei allen Leuten bei diesem Anlaß so. Pfarrer Ebel, dem mein Verhalten bei der hl. Kommunion aufgefallen war, deutete es als Zerstreutheit, machte mir anderntags Vorhalt und strafte mich vor allen Kindern. Seit der Erstkommunion (Frühjahr 1909) erwachte in mir die Liebe zum Heiland im Sakrament und das Verlangen nach öfterer Kommunion. Da dieses Verlangen gemäß der strengeren Praxis der damaligen Zeit nicht gestillt wurde – Pfarrer Ebel ließ uns Kinder nur vierteljährlich kommunizieren –, so haben wir Kinder den Heiland im Sakrament nur besucht und die geistliche Kommunion erweckt. Bei solchen Besuchen kam es, als ich an der Kommunionbank kniete, zwei- bis dreimal, vielleicht sogar öfter, vor, daß die hl. Hostie aus dem Tabernakel auf mich zuschwebte, sich nach Öffnung meines Mundes fühl- und schmeckbar auf die Zunge legte und ich die hl. Gestalt unter Schlucken genoß. Einmal war dabei eine schon verstorbene Jugendfreundin, Theres Döhla, Zeugin des ganzen Vorganges; mit ihr besprach ich die Sache, da sie mich deswegen beredete und sich wunderte, daß es ihr nicht auch so erging. Als September 1909 H. H. Naber Pfarrer wurde, durften auch wir Kinder öfter kommunizieren. Ich bemerke, daß ich die oben erwähnten Vorgänge mit völlig klaren, nüchternen Sinnen beobachtete.

Soweit der erste Teil der Antwort auf die oben gestellten Fragen. Theres Neumann erzählt dann noch ein weiteres Jugenderlebnis, das sie stark beeindruckt hat. Es fällt zwar nicht in das Gebiet der Visionen, erinnert aber in seinem wundersamen Ablauf an Erlebnisse mit Tieren, wie sie in Heiligen-Leben vorkommen und etwa von Franziskus oder Antonius bekannt sind. Es soll deshalb dem Leser nicht vorenthalten werden. Therese gibt als zweites auffallendes Erlebnis ihrer Jugend an:

„Ein anderes auffallendes Ereignis passierte mir während des 7. Schuljahres, als ich für Taglohn auf Gut Fockenfeld Vieh hütete: Ich betete eines Nachmittags während meines Dienstes den (freudenreichen) Rosenkranz, als ein Taglöhner mich überfiel, mich mit seinem eklig schmutzigen Taschentuch knebelte, mir mit seinem Schurzband die Hände fesselte und mir, als ich am Boden lag, den Rocksaum schon hochhob. In diesem Augenblick kam der Stier der Herde herbeigestürzt und verjagte den Taglöhner mit seinen Hörnern. Der Stier kam dann auf mich zu, tat mir aber, wie ich befürchtete, nichts, wartete, bis ich mich selbst mühsam von Knebel und Handfesselung befreit hatte, neigte dann seinen Kopf bis zum Boden und zog mich, am ganzen Körper Zitternde, nachdem ich die Hörner erfaßt hatte, langsam in die Höhe; dann ließ er mich nach dem Schrecken an sich ausruhen, indem ich mich an ihn anlehnte."

Ich hatte den Bericht über dieses Erlebnis ursprünglich nicht im Manuskript dieses Buches, denn Therese bittet gegen Schluß der dreitägigen Vernehmung dringend darum, daß von ihren Angaben nichts, was „heikel oder peinlich sein könnte, auch nichts, was jemand anderen beschämen könnte" in die Öffentlichkeit kommt. Inzwischen hat aber ein anderer Autor,* der, wie schon erwähnt, nichts in Konnersreuth erlebt hat, aber alles, was dort geschah, als Betrug hinstellt und allen Augen- und Ohrenzeugen, soweit sie zu positiven Schlüssen kommen, mangelnde Beobachtungsgabe und Kritiklosigkeit zutraut, auch über dieses ergreifende Erlebnis berichtet, so daß auch ich den Wortlaut des Protokolles nachträglich einzufügen mich verpflichtet fühlte.

* Hanauer, S. 374

DIE LICHTVISIONEN BEI DEN HEILUNGEN

Therese Neumann, geboren am Karfreitag 1898, kurz vor Mitternacht zum Karsamstag, war, wie schon berichtet, in ihrer Jugend ein kräftiges gesundes Landkind. Als sie heranwuchs, gab man sie, damit sie zum Unterhalt der zwölfköpfigen, nicht begüterten Schneiderfamilie – Eltern und zehn Kinder – mit beitrage, in fremde Dienste. Das war in der Zeit des Ersten Weltkrieges. Weil Männer fehlten, mußte sie schwere Feldarbeit verrichten. Am 10. März 1918 brach in der Nachbarschaft ein Brand aus. Zur Löscharbeit mit herangezogen, mußte Therese, auf einem Hocker stehend, herangebrachte Kübel voll Wasser in seitlicher Drehung über den Kopf hinweg durch eine Lucke auf den Scheunenboden reichen. Nach zwei Stunden dieser sehr anstrengenden Tätigkeit fühlt sie plötzlich im Kreuz einen furchtbaren Stich und Schmerz, der Eimer entfällt ihr und ein Fuß verliert die Standkraft. Sie hat sich, wie später festgestellt wird, zwei Lendenwirbel verrenkt, die den Hauptnervenstrang des Rückgrates, die Cauda, klemmen, so daß sie, verursacht durch Gleichgewichtsstörungen, in der Folge mehrere Stürze erleidet, schließlich bettlägerig lahm wird und im März 1919 auch noch erblindet. In größter Ergebenheit nimmt sie für sich selbst ihre Lage hin, freilich betrübt darüber, daß sie statt ihren Eltern zu helfen, nun auch noch deren Pflege in Anspruch nehmen muß. Über vier Jahre dauerte dieser Zustand. Plötzlich kommt die Wendung. Damit beginnen unsere Visionen. Bei der ersten Heilung zeigt sich die mystische Kraft noch nicht als Lichterscheinung, nur aus dem Datum läßt sich der Zusammenhang erschließen. Doch darf die Schilderung des Herganges dieser plötzlichen Heilung von der Blindheit nicht fehlen. Es ist Sonntag, der 29. April 1923.

Gerlich (G 1,76 ff.) berichtet: . . . Da erschien es ihr im Schlaf, als wenn an ihrem Kopfkissen etwas gemacht würde – „wie wenn was kratzt". Sie wachte davon auf – es war etwa eine halbe Stunde nach 6 Uhr morgens – und sah ihre Hände, ihre schwarzen Pulswärmer und ihre weiße Nachtjacke sowie das Oberbett mit seiner kleinblumigen Musterung. Voll ungläubigen Staunens blickte sie im Zimmer herum. Dann klopfte sie mit der rechten Hand mit dem Stock auf den Fußboden. Sie wollte ihre Mutter rufen. Statt dieser kam Theresens Schwester Kreszentia in die Stube. Therese Neumann erkannte sie zunächst nicht. Denn in den mehr als vier Jahren, seitdem sie nicht mehr hatte sehen können, war jene stark gewachsen. Kreszentia kam, Therese zu fragen, ob sie nichts brauche. „Ja, Mutter soll aufi, aber glei!", antwortete sie. Die Schwester rief sofort die Mutter. Diese wurde von Therese sogleich wieder erkannt, da sie sich nicht verändert hatte, und mit dem Ruf empfangen: „Mutter, i hab was! Mutter, i kanns gar nicht sagen!" Die Mutter meinte im ersten Augenblick, ihre Tochter habe wieder einmal „unter sich lassen" müssen, und schäme sich, es auszusprechen. Daher fragte sie ruhig: „Resl, was hast denn?" worauf diese antwortete: „Mutter i seh fei!" Die Mutter konnte das Neue nicht glauben. Sie rief ihrer Tochter Kreszentia zu, sie sollte zu dem Wirtsanwesen des Martin Neumann hinauslaufen, und eine Schwester, vielleicht die Ottilie, hereinholen. Sie sollte aber zu Martin Neumann nichts sagen, damit es kein Gerede gäbe, wenn es doch nicht wahr wäre, daß die Therese sieht. Während zu den Schwestern geeilt wurde, ergriff die Mutter mit zitternden Händen einen Blumenstock mit weißen Blüten, der am Fensterbrett des Zimmers stand und hielt ihn ihrer Tochter vor die Augen.

Diese griff nach den Blumen. Dann nahm die Mutter noch einen Stock mit roten Blüten und zeigte ihn ihrer Tochter. Da griff diese nach den roten Blumen und meinte, die Stöcke würden schön in die Kirche passen. Jetzt weckte die Mutter das jüngste Kind, „den klein Hansl", der im Zimmer schlief. „Hansl! Denk, die Resl sieht!" Hansl sprang im Hemd aus dem Bett, holte vom Fenster ein Gottesaugenstöckl und hielt es Therese hin. Therese Neumann konnte selbst in diesem Augenblick ihre Anlage zu Heiterkeit und Scherz nicht verleugnen, denn sie sagte ihm, indem sie auf sein weißes Hemd anspielte: „Ja, Hansl, kommst aus der Kirchn? Bist etwa Ministrant?" Inzwischen kam ihre Schwester Ottilie vom Anwesen des Martin Neumann. Therese Neumann hatte gehört, wie die Mutter den Auftrag gegeben hatte, sie zu holen und fragte die Eintretende deshalb: „Ottili, bist du's? – Ja, mei, bist du groß worden die Zeit her!" Dann weinten die Schwestern zusammen vor Freude.
In Konnersreuth sprach sich das Ereignis sofort herum und im Laufe des Nachmittags erhielt Therese Neumann den Besuch einer Anzahl ihrer Freundinnen, die staunend Rührung und Freude teilten. Als abends der Vater zurückkehrte, erkannte ihn die Tochter sogleich, schwieg aber darüber, daß er so grau geworden war. Es waren seit ihrer völligen Erblindung vier Jahre und ein Monat bis zu der Stunde vergangen, als sie das Augenlicht wieder erhielt.
Am anderen Morgen setzte sich die Mutter zu ihrer Tochter neben das Bett und las in der Zeitschrift „Rosenhain", die der Verehrung der Karmelitin Therese, der später heiliggesprochenen kleinen Therese vom Kinde Jesu, gewidmet ist. Therese Neumann schaute in das Heft hinein und las leise murmelnd mit. Die Mutter war darüber sehr überrascht; sie hatte sich noch gar nicht mit dem Gedanken vertraut gemacht, daß ihre Tochter nun auch wie-

der lesen könne. Diese aber konnte von jetzt an auch ganz kleine Schrift und Druck, wie sie das Gebetbuch aufweist, ohne Anstrengung lesen.
Am Tag der Heilung Therese Neumanns von ihrer Blindheit (29. April 1923) wurde die kleine Theresia vom Kinde Jesu, Karmelitin im Kloster Lisieux, seliggesprochen. Die kleine Therese hatte ob ihrer kindlichen Frömmigkeit das lebhafte Interesse der Therese Neumann gefunden. Als im Jahre 1914 ihr Vater bald nach Kriegsbeginn zum Heere einrücken mußte, schenkte er seiner Tochter Therese ein Bildchen der kleinen Therese, das er am Tage vorher in Waldsassen erhalten hatte. Ein kleines Bildnis dieser Karmelitin, die von Therese Neumann als ehrwürdige Dienerin Gottes verehrt wurde, hing später – und hängt heute noch – über ihrem Bette. Auf ihm steht ein Gebet um ihre Seligsprechung, das Therese Neumann jeden Sonntag und später täglich gebetet hat. Ihr war bekannt, daß die Karmelitin Theresia an jenem Tage seliggesprochen werden sollte. Sie hatte deshalb vorher eine neuntägige Andacht halten wollen, die aber nicht ganz zur Ausführung gekommen war, weil eine große Erschöpfung, vor allem infolge eines Magengeschwüres, sie daran hinderte. Diese Novene wollte sie, wie gesagt, um der Seligsprechung der kleinen Therese und nicht etwa um ihres Gesundwerdens willen halten. Denn wenn sie auch anfänglich, wie sie sich selbst ausdrückte, schon arg gern gesund werden wollte, ist es ihr später nach der völligen Erblindung immer weniger in den Sinn gekommen, ihrer selbst wegen um Gesundheit zu bitten. Worum sie bei der neuntägigen Andacht für sich bat, war: ebenfalls den kindlichen Geist der kleinen Therese zu erhalten.

Die plötzliche Heilung der Wirbelsäulenverrenkung

Resl konnte also wieder sehen und teilte dies hocherfreut Nahestehenden brieflich mit. Aber die Lähmung war geblieben und fesselte sie noch zwei Jahre lang ans Bett. Ich gebe wieder Gerlich das Wort (G 1,84 ff. in Auszügen):

Am Nachmittag des 17. Mai 1925 während der Maiandacht befanden sich die Eltern der Therese Neumann daheim in der Wohn- und Arbeitsstube im Erdgeschoß des Hauses. Sie hatten die Stubentüre nach dem Stiegenhaus offen gelassen, um besser hören zu können, wenn ihre Tochter – deren Zimmertüre offen stand – nach ihnen rief. Diese lag allein in ihrem Zimmer im ersten Stock und betete für sich den Rosenkranz, da sie ja an der Andacht in der Kirche wegen ihrer Lähmung nicht teilnehmen konnte. Und jetzt kam es zu einem Erlebnis, das Therese Neumann folgendermaßen schildert: Als sie beim zweiten Gesetzlein „Der in den Himmel aufgefahren ist" angekommen war, mußte sie an den nachfolgenden Donnerstag, das Fest von Christi Himmelfahrt, denken. „Wie wird's dene gwest sein, als der Heiland plötzlich fort ist. Sie mußten ja doch meinen, sie hätten ihn noch recht notwendig brauchen können." Da erschien plötzlich, wie sie hernach erzählte, vor ihren Augen über dem Bett ein weißes Licht. Sie erschrak im ersten Augenblick sehr darüber, wurde von unsichtbarer Hand hochgezogen und stieß, wie die Eltern erzählten, einen doppelten Schrei: „Auh! Auh!" aus, den diese bis in das untere Zimmer hörten. Die Eltern eilten daraufhin – und zwar der Vater voran – sofort in das Zimmer im ersten Stock und fanden ihre Tochter, wie sie unverwandt auf etwas vor sich hinsah. Der Vater schrie in seiner Bestürzung auf seine Tochter ein und hielt ihr etwas zum Trinken vor, weil er an einen Krampf dachte. Sie sprach auf beides nicht an und erklärte später, sie hätte nichts davon bemerkt. Dagegen wechselte ihr Gesicht die Zimmerfarbe, die sie bisher zeigte. Sie wurde rötlich und frisch.

Inzwischen kam Schwester Regintrudis, eine Mallersdorfer Schwester, die als Krankenschwester in Arzberg tätig war und Therese Neumann öfters besuchte, ins Zimmer. Es war etwa um ½3 Uhr nachmittags. Pfarrer Witt hat den schriftlichen Bericht dieser Schwester abgedruckt (Witt 1, S. 90 ff.), dem ich (Gerlich) entnehme: Am Bett standen Vater und Mutter. Auf ihren Gruß erhielt sie von Therese keine Antwort. Denn diese blickte mit lebhaft geöffneten Augen unverwandt vorwärts nach oben rechts, also mehr gegen die Wand und nicht ins Zimmer hinein, wo die Anwesenden standen. Ihr Gesicht war so „freundlich und lieb", wie sie es bei früheren Besuchen noch nie gesehen hatte. Der Ausdruck „strahlende Freude" besagt zu wenig. Wiederholte Fragen an sie blieben ohne Antwort. Die Schwester fühlte den Puls, der wie sonst normal war. Auch die Atemzüge gingen ruhig und regelmäßig. Aufregung, Schreck und Angst waren an ihr nicht zu bemerken. Die Anwesenden hatten den Eindruck, als ob Therese Neumann sich in einer sehr lebhaften Unterhaltung mit jemand Unsichtbarem befinde. Sie bewegte die Lippen wie beim Sprechen, nickte auch manchmal bejahend mit dem Kopfe oder schüttelte ihn wie verneinend. Mit den Händen machte sie leichte Bewegungen, wie es zu geschehen pflegt, wenn man mit jemand spricht oder ihm etwas erklärt. Ihr Mienenspiel war reich, meist zeigte es „eine liebliche Miene hoher Freude", dann wieder tiefen Ernstes. Worte waren nicht zu verstehen. Man habe nicht das Gefühl der inneren Betrachtung oder der Beschauung, auch nicht des Selbstgespräches oder des Gebetes, sondern das einer direkten Zwiesprache gehabt. Therese Neumann „benahm sich wie zu einer Person, die ihr sichtbar gegenüberstehe" und ihr mehr gelte, als „wir und die ganze Welt".

Kurz nachdem die Krankenschwester hinzugekommen war, schrie Therese Neumann „Herr Pfarrer". Die Mutter berichtet, sie habe entgegengefragt: „Willst du ihn?" aber keine Antwort erhalten. Die Eltern schickten darauf ihre Tochter Anna zu Pfarrer Naber. Die Mallersdorfer Krankenschwester gibt noch an, die Anwesenden seien vom größten Erstaunen ergriffen worden, als sie sahen, wie sich Therese mit einem Male ohne fremde Hilfe in ihrem Bett aufsetzte. „Doch machte sie dabei ein recht schmerzliches Gesicht. Sie griff auch unwillkürlich mit beiden Händen nach der kranken Stelle im Rücken." Nach dem ersten Aufrichten knaxte die Bettstatt und die Mutter hob, darüber verblüfft, daß Therese sitzen könne, das Oberbett am Fußende ein wenig auf, und sah den zweiten Fuß am Ende der Bettstatt liegen. Der linke Fuß, der bisher unter dem rechten Oberschenkel dicht am Knie zusammengezogen gelegen hatte, war gestreckt und befand sich in seiner natürlichen Lage.

Inzwischen war dem von der Nachmittagsandacht in den Pfarrhof zurückgekehrten Pfarrer Naber die Botschaft ausgerichtet worden, „Herr Pfarrer möchten kommen, wir wissen nicht, was Resl hat". Pfarrer Naber dachte sich, die heilige Therese – an diesem Tage war ihre Heiligsprechung – hole sie vielleicht, und nahm deshalb das Krankenöl und die Stola mit. Als er das Zimmer betrat, wollte er den ihm begegnenden Vater trösten. Wie er aber Therese Neumann sah, erklärte er: „Zum Sterben ist die Therese nicht, die lassen wir ruhig liegen." Pfarrer Naber schilderte in der Grenzzeitung vom 15. IV. 1926, er habe sie gefunden, die Augen unverwandt auf etwas vor ihr gerichtet, die Hände darnach ausgestreckt, das Antlitz freudig strahlend. Sie nickte mit dem Kopfe und schüttelte ihn, als ob sie mit jemand spräche; plötzlich setzte sie sich, nachdem sie das 6½ Jahre nicht mehr gekonnt hatte, auf, aber unter großen Schmerzen an der verletzten Stelle im Rückgrat. Bei der zweiten Wiederaufrichtung fühlte Therese Neumann nochmals einen Ruck an der schmerzlichen Stelle der Wirbelsäule und ein sehr schmerzhaftes Gefühl, aber doch lange nicht so stark wie vorher, und dazu „einen Knacks, wie wenn was einschnappt". Das Licht verschwand und sie merkte wieder, daß sie in ihrem Zimmer im Bett saß. Sie weinte aus Trauer darüber, daß das Licht verschwunden war. Körperlich aber war ihr ganz wohl, der Rücken schmerzte sie nicht mehr. Von den Anwesenden nahm sie keine Notiz. Unter ihrem Weinen dachte sie an die Mutter und nahm den Stock, mit dem sie auf den Zimmerboden zu stoßen pflegte, um die Mutter oder irgendeinen Angehörigen im darunterliegenden Arbeitszimmer davon in Kenntnis zu setzen, daß er zu ihr heraufkommen möge. Wie sie nach dem Stock greifen wollte, sprach sie der Pfarrer an: „Resl, wo bist du denn gewesen?" Sie sah im Zimmer den Pfarrer, die Eltern, die Mallersdorfer Klosterschwester, die Aspirantin und ihre Schwester Anna um das Bett herumstehen, die alle, mit Ausnahme des Pfarrers, weinten. Aber statt einer Antwort erklärte Therese Neumann plötzlich mit verblüffender Sicherheit: „Was habt ihr? Ich kann jetzt sitzen und auch gehen." Der Mutter schien das nach den vorausgegangenen Jahren unmöglich, vor allem wegen des verkrümmten linken Fußes, und sie schaute erneut nach diesem. Er lag aber, wie sie bereits beim ersten Nachsehen bemerkt hatte, wieder ganz richtig neben dem rechten, wovon sich jetzt auch die anderen Anwesenden überzeugten. Der Mallersdorfer Schwester schien die Behauptung Therese Neumanns ganz unfaßbar. Darum wollte sie einen kleinen Versuch machen und sagte zu ihr: „Resl, rück doch einmal höher hinauf." Diese stützte sich darauf mit beiden Händen auf das Bett und rückte mit Leichtigkeit nach oben. Der Pfarrer meinte darauf, man könne es ja mit dem Aufstehen probieren, zumal Therese Neumann energisch rief: „Ach! bringt's mir eine Montur" (= Kleid). Die Mutter holte ihr rasch ein Kleid. Während der Vater nach seiner Erzählung noch dachte: „Aufstehen, das gibt's doch nicht; sie rutscht heraus und kugelt uns zusammen", hörten die Anwesenden Therese Neumann plötzlich fest sprechen: „Probieren mir's halt in Gotts Namen!" und sahen sie dann zu ihrer grenzenlosen Überraschung sofort aus dem Bett aufstehen und sich auf ihre beiden Füße stellen. Die Eltern waren so aufgeregt, daß sie zu keiner Bewegung imstande waren. Pfarrer Naber, der am ruhigsten geblieben war, rief in seiner Sorge, sie könnte fallen, den Anwesenden zu: „Helft's ihr doch!" und griff selbst zusammen mit der Klosterschwester ihr unter die Arme. Auf den Ruf des Pfarrers trat der Vater hinzu und faßte sie unter den Armen, während der Pfarrer zurücktrat. Darauf ging Therese Neumann, von ihm und der Krankenschwester geführt, über das halbe Zimmer und wieder zurück. Da erklärte Pfarrer Naber: „Resl, jetzt langt's!" und Therese Neumann wurde wieder auf ihr Bett gesetzt, worauf sie beide Arme auf eine Stuhllehne stützte. Der Vater erklärte, man hätte sie nicht stark halten, sondern nur etwas führen müssen, dann hätte sie gehen können. Da man sie noch für zu schwach hielt, als daß man ihr ein längeres Aufbleiben zumuten dürfte, hieß sie der Pfarrer, sich wieder niederzulegen. Als das geschehen war, wiederholte er seine Frage, wo sie denn vorher gewesen sei, sie müsse es ihm erzählen. Sie erklärte sich dazu bereit, aber nur ihm allein gegenüber. Sie erzählte ihm: Aus dem wunderbar hellen Licht habe sie eine überaus freundliche Stimme gefragt: „Resl, möchtest du nicht gesund werden?" Sie habe geantwortet: „Mir ist alles recht: leben und sterben, gesund sein und krank sein, was der liebe

Gott will, der versteht's am besten." Die Stimme fragte erneut: „Hättest du eine Freude, wenn du heute aufstehen und gehen und dir wieder selbst helfen könntest?" Sie antwortete: „Ich habe an allem eine Freude, was vom lieben Gott kommt. Mich freuen alle Blümlein, die Vögel oder auch wieder ein neues Leiden. Am meisten freut mich der liebe Heiland." Die Stimme erklärte darauf: „Du darfst heute eine kleine Freude erleben. Du kannst dich aufsetzen, probier's einmal, ich helfe dir." Bei diesen Worten wurde sie an der rechten Hand emporgezogen, sie „hat aufgemüßt", wie sie berichtet. „Es hat mich was Kaltes gepackt". Sie spürte einen furchtbar schmerzhaften Riß und Ruck an der bisher schmerzenden Stelle der Lendenwirbelsäule, schmerzhaft wie nie zuvor, wie wenn etwas nach links rückwärts herausgerissen wird, währenddem, ihr unsichtbar, sie jemand bei der Hand genommen hatte. Sie schilderte ihr Gefühl folgendermaßen: es sei ihr gewesen, „wie wenn zwei Knochen übereinandergerieben würden. Das tut doch weh!" Es war, als wenn sie „nach links zur Wand füre- (vor-)gedreht" würde und „so ähnlich, als wenn was zurückgedreht wird und einschnappt, was ausgedreht war". Die Stimme habe sich dann erneut an sie gewandt mit den Worten: „Aber leiden darfst du schon noch viel und lange, und kein Arzt kann dir helfen. Nur durch Leiden kannst du deine Opfergesinnung und deinen Opferberuf am besten auswirken und dadurch die Priester unterstützen. Durch Leiden werden weit mehr Seelen gerettet, als durch die glänzendsten Predigten. Ich habe es früher schon geschrieben" – wer das „ich" sei, sagte die Simme nicht, sondern fügte nur hinzu: „du kannst auch gehen".
Die Zeugen der Heilung warteten während dieser Unterredung zwischen dem Pfarrer und Therese Neumann draußen vor der Türe des Zimmers. Als sie der Pfarrer nach einiger Zeit wieder hereinrief, erklärte ihnen The-

Therese Neumann nach der Stigmatisation (1926)

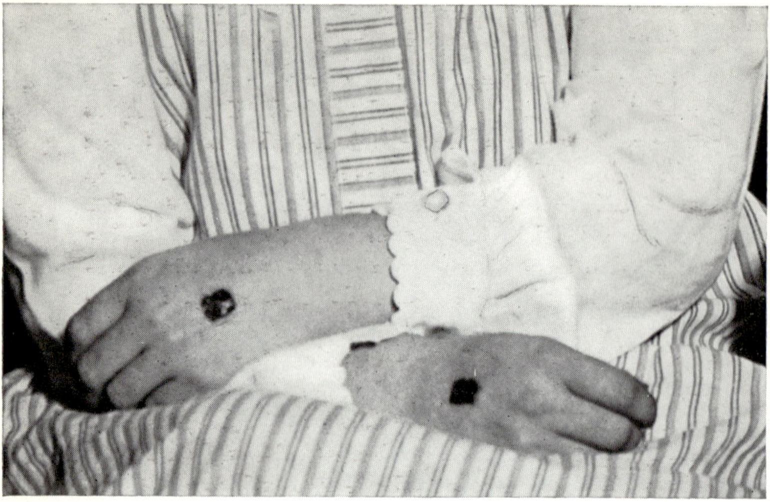

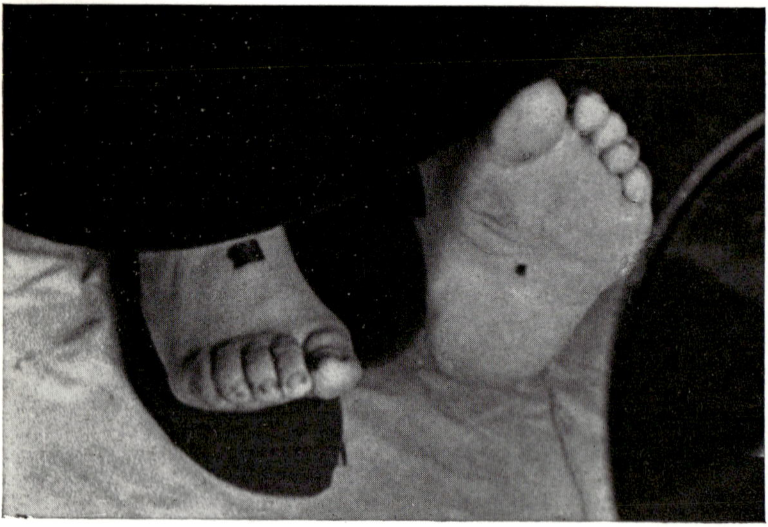

Die Stigmata der Hände und der Füße

Nähere Erläuterung siehe Seite 304

rese Neumann, der Rücken tue ihr nicht mehr weh, sie sollten doch einmal nachschauen, ob sich da nichts geändert habe. Die Krankenschwester sah daraufhin nach, wie es mit ihrem Rücken stünde. Als sie ihn aufdeckte, rief sie voll Überraschung: „Jesus, Maria und Joseph! Der Rücken ist auch geheilt!" „Ja, das spür ich schon", antwortete Therese Neumann; kurz zuvor waren aber die Wunden noch dagewesen. Das frische Hemd, das die Mutter ihr unter Mithilfe ihrer Tochter Kreszentia am Tage vorher angelegt hatte, war mit Blut und Eiter getränkt.

Die Worte „Ich habe es früher schon geschrieben" gaben Pfarrer Naber und dem damaligen Benefiziaten, dem er die Ereignisse erzählte, Veranlassung, im Schrifttum nachzusuchen. Sie hatten es nicht allzu schwer, denn sie vermuteten sofort Theresia von Lisieux als Autorin, weil sie an diesem Tage, dem 17. Mai 1925, heiliggesprochen worden war. Und sie fanden denn auch den Satz, daß durch Leiden weit mehr Seelen gerettet werden als durch die glänzendsten Predigten in der „Geschichte einer Seele" (6. Brief an die Missionare).

Lichtvision vom 30. September 1925: Plötzliche Heilung noch verbliebener statischer Schwächen

Gegen Ende des September hielt Therese Neumann eine Novene für eine Bekehrung. So lag sie am 30. September, dem Sterbetage der hl. Theresia vom Kinde Jesu, nachts ½1 Uhr noch wach im Bett und las beim Schein der elektrischen Lampe gerade die Litanei zu Ehren dieser Heiligen. Da stand plötzlich das gleiche Licht vor ihr, wie bei der Heilung von der Rückgratverrenkung, und die gleiche Stimme sprach zu ihr: „Resl! Gott will haben, daß das in die Augen Fallende deines Leidens verschwinde. Du darfst jetzt ohne fremde Hilfe gehen. Das Leiden, das in die Augen fällt, darf abnehmen. Dafür aber wird Schweres kommen. Muntere die Leute zum Gottvertrauen auf!" „Aber", erwiderte Therese Neumann, „ich weiß ja selbst nicht, ob ich eigentlich auf dem rechten Wege bin." Darauf die Stimme: „Folge in blindem Gehorsam deinem Beichtvater und vertraue ihm alles an! Du sollst dem eigenen Ich immer mehr absterben! Bleibe immer so kindlich einfältig!"

Dann schwieg die Stimme und das Licht verschwand. Therese Neumann sah wieder ihr gewohntes Zimmer. Nur das Gebetbuch, das sie vorher in der Hand gehalten hatte, lag am Boden. Sobald sie des Sinnes der Mitteilung voll bewußt geworden war, stand sie auf und – siehe da – sie konnte ohne jede Stütze gehen. In ihrer Freude ging sie gut eine Viertelstunde frei im Zimmer herum. Dann legte sie sich zu Bett, konnte aber keinen Schlaf mehr finden und kaum den Tag erwarten. Als vom Kirchturm morgens der Englische Gruß erschallte, stand sie auf und ging in das Zimmer der Eltern im Erdgeschoß hinab. Die Mutter fragte erstaunt, ob sie keine Hilfe brauche. Sie aber antwortete nur kurz, sie gehe jetzt in die Kirche, sie brauche niemanden. Dem Vater, der sie fragte, ob wieder etwas vorgekommen sei, erwiderte sie nur: „Ja! Ich gehe jetzt in die Kirche." Dabei standen ihr Freudentränen in den Augen. Wie sie in die frische Morgenluft hinaustrat und ganz langsam vor sich hinschritt, fröstelte sie ein wenig. Trotzdem sie ihre Schritte zu beschleunigen suchte, brauchte sie doch einige Minuten für die kurze Strecke von ungefähr 80–100 m, bis sie vor der steinernen Treppe stand, die vom Marktplatz zur Kirche hinaufführt. Nur mit Mühe stieg sie empor. Aber schließlich konnte sie doch allein, ohne Hilfe und ohne Stock, die Kirche betreten.

Von der Kirche ging sie herum zum Pfarrhof, der von

dieser Seite nicht wesentlich weniger weit als das Elternhaus entfernt ist. Dort empfing sie die Pfarrhaushälterin, Anna Forster, sehr überrascht darüber, daß sie so allein daherkam. Dann schenkte sie Therese Neumann Rosen aus dem Pfarrhofgarten, mit denen diese freudig in die Kirche zurückkehrte und das Kruzifix und das Bild der hl. Familie hinter dem Altare schmückte, welch letzteres sie selbst einst von ihren bescheidenen Ersparnissen gestiftet hatte. (G 1 93, 94)

Heilung einer Blinddarmentzündung

Um die Allerseelenzeit 1925 zog sich Therese Neumann bei längerem Aufenthalt in der kalten Kirche eine schwere Erkältung zu, so daß sie sich zu Bett legen mußte. Es stellten sich immer stärker zunehmende, rasende Schmerzen und hohes Fieber ein. Der am 13. November endlich herbeigerufene Arzt Dr. Seidl stellte Blinddarmentzündung unmittelbar vor dem Durchbruch fest und verordnete sofortige Einlieferung zur Operation in das Waldsassener Krankenhaus. Die trostlose Mutter widersprach: Das Moidl komme ihr nicht aus dem Haus. Sie schrie laut, wie man einen so schwachen Menschen noch operieren wolle. Auch der Vater wollte auf den Rat des Arztes nicht eingehen, eingedenk: kein Arzt kann dir helfen. Er dachte bei sich, man werde sie morgen als Leiche heimfahren müssen. Dr. Seidl redete ihm deshalb nachdrücklichst zu, er solle doch vernünftig sein und sich um einen Wagen bemühen. Es sei keine Minute mehr zu versäumen. Die Eltern wandten sich nun an den Pfarrer mit der Frage, ob es nicht besser sei, sie unter diesen Umständen überhaupt zu Hause zu behalten. Der Pfarrer erklärte ihnen nach einer Unterredung mit dem Arzte, er sei der Meinung, sie sollten in dem Urteil des Arztes den Willen Gottes erkennen und ihm folgen. Darauf lief der

Vater fort, um beim Wirt Schiml Pferde und einen Landauer zu erbitten, während die Mutter in aller Eile laut weinend ein Bett, auf das ihre Tochter in dem Wagen gelegt werden sollte, und die notwendige Wäsche herrichtete. Über diesem Hin und Her verging etwa eine halbe Stunde. Therese Neumann selbst war mit allem einverstanden, was kommen würde. Nur der trostlose Schmerz der Mutter traf auch sie aufs tiefste. Sie dachte deshalb, es könne kein Unrecht sein, wenn sie sich in dieser äußersten Bedrängnis an die hl. kleine Theresia wenden würde, zumal diese ihr ja versprochen hatte: „Ich werde dir auch in Zukunft helfen." Sie hatte schon vorher dem Arzte gesagt, sie wüßte gewiß, die hl. kleine Theresia würde ihr helfen, wenn sie sie darum bitten würde. Der Arzt, der hierin eine Versuchung sah, hatte ihr geantwortet: „Ja, bei dir müßte die hl. Theresia immer Wunder wirken." Deshalb befragte sie vorher den Pfarrer, ob ihr Gebet keine Versuchung Gottes sei. Dieser erhob keine Bedenken dagegen, wenn sie die hl. kleine Theresia bitten würde, ohne Operation zu helfen, wenn es Gott recht wäre.

Therese Neumann besaß eine Reliquie der hl. Theresia vom Kinde Jesu, nämlich ein Haar, das ihr der Karmelitenpater Seraphim von Reisach am Inn geschenkt hatte. Diese Reliquie befand sich in einer Kapsel und war in ein Säckchen eingenäht. Mittels einer Schnur um den Hals trug sie sie in der Regel auf der Brust. Diese Reliquie wurde ihr von der Pfarrhaushälterin Anna Forster jetzt auf die schmerzende Stelle des Leibes gelegt, während die Anwesenden die hl. kleine Theresia zu bitten begannen. Therese Neumann konnte vor Schmerz nicht mit den anderen beten. Sie sprach nur: „Woißt, kleine Therese, du könntest mir helfen. Du hast mir scho öfters g'holfen. Mir is's gleich. Aber hörst es doch, wie d'Mutter tut." Dabei wand sie sich nach der Schilderung des Pfarrers im

Bette vor Schmerz wie ein Wurm. Urplötzlich richtete sich Therese Neumann etwas auf, öffnete die Augen, ihr Gesicht wurde wie verklärt. Sie hob die Hände und streckte sie nach jemandem vor ihr aus, sprach einige Male „Ja" und setzte sich dann ganz auf. Der Vorgang selbst spielte sich außerordentlich rasch ab, so daß die Umstehenden Therese Neumann sofort aus der Schauung herauskommen und sich mit dem Ausruf „wirkli?" an die früher schmerzende Stelle des Leibes greifen sahen. Therese Neumann erklärt, sie habe dieses „wirkli?" im Sinne von „ist's möglich" ausgerufen. Denn sie habe auf einmal keinen Schmerz mehr gespürt und sich wie verwandelt gefühlt. Darauf fragte Pfarrer Naber sie, ob vielleicht die hl. kleine Theresia wieder dagewesen sei und ihr geholfen habe. Sie antwortete: „Ja, und sie hat gesagt, ich solle gleich in die Kirche gehen und Gott danken. Mutter, bringts mir ein Gewand!" Es war ihr die hl. kleine Theresia auch diesmal nicht persönlich sichtbar erschienen, dagegen hatte sich ihr dasselbe Licht wie früher schon bei der Heilung von der Lähmung gezeigt und dieselbe Stimme hatte zu ihr gesprochen. Pfarrer Naber berichtet nach Angabe von Therese Neumann als ihre Worte: „Deine völlige Hingabe und Leidensfreudigkeit freut uns. Und damit die Welt erkenne, daß es ein höheres Eingreifen gibt, sollst du jetzt nicht geschnitten zu werden brauchen. Steh auf und geh gleich in die Kirche und danke Gott! Aber gleich, gleich!" Die Stimme fuhr fort: „Du wirst aber noch viel zu leiden haben und dadurch mitwirken dürfen am Heile der Seelen. Dem eigenen Ich mußt du immer mehr absterben. Und bleib immer kindlich einfältig!" Mit der Erscheinung des Lichtes habe sich ihr eine Hand entgegengestreckt, eine Hand, nach der sie habe greifen wollen, die sie aber nicht habe „erwischen" können. Es sei eine weiße schmächtige Hand gewesen.

Therese Neumann hatte ihre Antwort auf die erste Frage des Pfarrers mit den Worten geschlossen: „Mutter, bringts mir ein Gewand." Aus mütterlicher Besorgnis widersprach ihr diese unter Hinweis auf die Dunkelheit, sowie die Kälte des Abends. Da aber die Stimme den Befehl zum Aufstehen und zum Kirchgange durch ein „Aber gleich! gleich!" verstärkt hatte, bestand Therese Neumann der widerstrebenden Mutter gegenüber auf ihrem Vorsatz. Sie fand die Unterstützung des Pfarrers. Darauf erhielt sie ein Gewand, zog sich an und ging, begleitet von den Anwesenden, etwa zehn Personen, zur Kirche. Dort verweilte sie zwanzig Minuten. Sie besaß die Kraft, zweimal eine Kniebeuge bis zum Boden vor dem Hochaltar zu machen; während des Gebetes selbst kniete sie. Das ganze Geschehen von der Ankunft des Arztes bis zur Rückkunft aus der Kirche vollzog sich in der Zeit von 6 bis 7 Uhr abends.

Gegen ½12 Uhr, so erzählte Therese Neumann, spürte sie ein „Rumoren im Leib" und es erfolgte eine Ausscheidung; zuerst war es dicker, gelber Eiter, dann Blut mit Eiter gemischt und schließlich ein etwa 10 Zentimeter langes und schmales, zähes, gelblich-graues, hautartiges, vereitertes Gebilde.

Am anderen Tage fuhren Pfarrer Naber und Therese Neumann gegen Mittag mit dem Postauto nach Waldsassen zu Sanitätsrat Dr. Seidl, der sie aufs höchste überrascht empfing. Er erklärte, es komme allerdings, aber nur höchst selten vor, daß sich der Eiter einer Blinddarmentzündung auf natürlichem Wege durch den Darm entleere. Aber die Ausheilung einer solchen Kranken beanspruche noch mehr Zeit als die nach einer Operation. (Quellen: N, G 1,96 ff. gekürzt)

DIE STIGMATISATIONS-VISIONEN

Auch über die Stigmatisation wurde Therese Neumann bei der Einvernahme durch die bischöfliche Kommission, über deren Ablauf ich im Kapitel „Die erste Vision" berichtet habe, eingehend befragt. Sie hat dabei auch ihre Visionen während der Stigmatisierung geschildert. Diese Passionsvisionen, die hier nur in Umrissen angegeben sind, so wie sie sich beim ersten Mal einstellten, haben sich dann das ganze Leben der Therese Neumann hindurch an den Freitagen, mit Ausnahme der kirchlichen Festzeiten oder Festtage, die auf einen Freitag fielen, unter Hinzutritt vieler Einzelheiten wiederholt. Sie sind in diesem Buch später in vollem Umfang wiedergegeben, an der Stelle, wo sie sich in den Ablauf des Lebens Jesu einfügen.

Im Folgenden gebe ich jedoch die Fragen der Kommission und die Antworten der Therese Neumann genau nach dem Wortlaut des Protokolls wieder.

Eichstätt, 13. Januar 1953 (Einvernahme)

Fragenkatalog Abteilung Specialia,
Kapitel III, Stigmatisation

Frage 1. Haben Sie sich die Wundmale Christi gewünscht?

Antwort: Die Wundmale habe ich niemals gewünscht; ich wußte übrigens gar nichts um Art und Bedeutung solcher Begnadigungen.

Frage 2. Haben Sie selbst irgend etwas getan, um sie zu erzeugen?

Antwort: Selbstverständlich habe ich nie etwas getan, sie zu erzeugen. Nichts lag mir ferner.

Fragen 3 und 4. Womit waren Sie geistig beschäftigt, als die Wundmale auftraten?

Wie verhielten Sie sich nach ihrem Empfang?

Antwort: In der Fastenzeit 1926 war ich an einem Donnerstag auf Freitag mit Beten beschäftigt, ohne mich indes besonders mit dem Leiden Christi zu befassen, als ich erstmals den Heiland als Erwachsenen, und zwar am Ölberg beim Blutschwitzen sah und er die Worte betete: te sebud ach (nach seinem dritten Beten). Da sah mich der Heiland liebevoll an; in diesem Augenblick war es mir, wie wenn man mit einem scharfen Gegenstand von der rechten Seite auf die linke Seite durchs Herz sticht und dann ihn wieder zurückzieht. Sofort merkte ich, daß es heiß herunterlaufe von Blut (es erwies sich nachher beim Nachsehen schon als „gestockt"); dann sah ich den Heiland am Ölberg nicht mehr und wußte auch nicht, daß ich im Bette bin. Ich war aber nicht bewußtlos – ich fühlte ja einen stechenden Schmerz im Herzen, der mich übrigens, mit Ausnahme der Osterwoche, seitdem nie völlig verläßt –; nur kannte ich mich nicht aus und dachte über das nach, was ich gesehen und erlebt hatte.

Ich erbat mir von einer alten Freundin, der damaligen Pfarrhaushälterin, die mich öfter besuchte, und mich schon jahrelang mit Leinen für meine Aufliegewunden versorgt hatte, etwas für diese Herzwunde. Die Bedeutung der Herzwunde, so z. B. daß dieselbe mir bleiben würde, verstand ich damals und noch lange nicht; ich hatte immer noch und wieder

Missionsgedanken. Ob die alte Freundin diese Bedeutung begriff, weiß ich nicht. Zu denken gab mir freilich hin und wieder die Ankündigung der kleinen hl. Theresia, daß ich noch viel und lang zu leiden haben werde und kein Arzt helfen könne.

(Vorläuf. Ende der Einvernahme 6 Uhr nachm.)

Fortsetzung der Einvernahme am 15. Januar 1953

nach kurzem Gebet und Erinnerung an die Verpflichtung zur Wahrheit und Verschwiegenheit um 3 Uhr nachm.

Therese Neumann gibt zu den Fragen 3 und 4 weiter an: Am nächsten Freitag sah ich das Ölbergleiden und die Leidensnacht bis zur Geißelung einschließlich; am dritten Freitag bis zur Dornenkrönung, am vierten, dem schmerzhaften Freitag ebenso, diesmal aber den Kreuzweg dazu bis zur Einbringung des Heilandes in ein verfallenes Grab, wo er bis zu seiner eigenen Kreuzigung warten sollte; am vierten, dem Kar-Freitag, sah ich das ganze Leiden des Herrn bis zur Versiegelung des Grabes. Während der Annagelung blickte mich der Heiland wieder liebevoll an (gerade wie beim Empfang des Herzwundmales) und in diesen Augenblicken spürte ich an den Händen einen dumpf drückenden Schmerz und zwar dort, wo seitdem die Handwundmale sind (diese Wundmale waren übrigens damals nur am Handrücken in rundlicher, scharf abgegrenzter, wie herausgeschnittener Form, erst später, an einem Freitag desselben Jahres, gingen die Wundmale durch die Hand; das genaue Datum weiß ich nicht mehr. An einem Karfreitag, ich meine 1927, bekamen sie die jetzige, viereckige Form). Bei der Annagelung der Füße sah mich der Heiland wieder so an und in diesem Augenblicke spürte ich an der Stelle der heutigen

Wundmale an den Füßen den gleich dumpf drückenden, aber noch stärkeren Schmerz. Die Fußwundmale machten den gleichen Formenwandel durch wie die Handwundmale und auch zur gleichen Zeit.

Ich ließ die Wundmale durch meine Schwester Kreszentia, wie eben andere Wunden auch, verbinden, verlangte von ihr, zu niemand davon zu sprechen und tat im übrigen alles Erdenkliche, um die Wundmale zu verbergen. Ich nahm ja ohnehin an, daß die Wundmale wieder verschwinden. Daher verwandte ich und auch meine Mutter verschiedene Hausmittel (gehackte Begonien- und Geranienblätter; Borsalbe, Ringelblumensalbe, von der Mutter verfertigt). Natürlich konnte ich auf die Dauer nicht verhüten, daß meine Mutter, die bei mir im Zimmer schlief, und durch sie der H. H. Pfarrer, der Vater und meine Angehörigen doch die Wundmale bemerkten.

Frage 5. Haben Sie je etwas getan, um eine Heilung oder eine Veränderung der Wundmale zu verhindern?

Antwort: Ich habe das Gegenteil getan; auch durch unseren Hausarzt, Dr. Seidl, wurden Heilungsversuche unternommen, die mir große Schmerzen und Anschwellung der ganzen Hände und Füße bereiteten. Als ich mir gar nicht mehr helfen konnte, bestürmte ich in dieser Nacht, d. h. nach dem Auflegen der Heilsalbe des Arztes und der Verbindung der Wundmale durch ihn, die kleine hl. Theresia, die ich seit 1917 sehr verehrte, mir doch zu helfen bei der Heilung der Wunden oder mir doch Erleichterung und Rat zuteil werden zu lassen. Der Arzt hatte nämlich den Verbandswechsel verboten, wozu die Umgebung mich anstiften wollte.

Die angerufene Heilige brachte mir Erleichterung: Die Geschwulst ging zurück, über den bis dahin feuchten Wundstellen hatte sich, wie man nach Wegnahme des nunmehr locker gewordenen Verbandes feststellen konnte, ein gelatinartiges Häutchen gebildet.

Frage 6. Wie denken Sie jetzt selbst über Ihre Wundmale?

Antwort: Ich habe nun im Empfang der Wundmale den Willen Gottes erkannt und daher trage ich sie wie alles, was Gott schickt, vor allem im Geiste der Sühne für andere und um Seelen dem Heiland näher zu bringen; dazu ermahnt mich jedes Jahr die kleine hl. Theresia (am 17. Mai und 3. Oktober). Ich bemerke noch, daß im selben Jahr (1926) als Dauerwundmale zu den bisher erwähnten noch die Kopfwundmale auf gleiche Weise wie die anderen hinzukamen (Blick des Heilandes bei der Dornenkrönung).
Als vorübergehende Wundmale trage ich die (rechte) Schulterwunde (während der Fastenzeit) und die Geißelwunden (am Karfreitag); die Entstehungsweise war auch hier dieselbe (Blick des Heilandes bei der Kreuzaufnahme beim Hause des Pilatus bzw. bei der Geißelung).

Bemerkung des Verfassers: Therese Neumann gibt u. a. an, die kleine hl. Theresia ermahne sie jedes Jahr am 17. Mai und am 3. Oktober. Der 17. Mai ist der Heiligsprechungstag der hl. Theresia vom Kinde Jesu (1925), an welchem Therese Neumann, wie wir sahen, von der Wirbelsäulenverrenkung geheilt wurde. Der Sterbetag ist jedoch der 30. September (1897), und an dessen Jahrtag erfolgte 1925 bei Therese Neumann die dritte Heilung (vgl. Lichtvisionen). Warum also der 3. Oktober? Im März 1928 schrieb Papst Pius XI., der 1927 die kl. hl. Theresia zur Patronin aller Missionäre und Missionen (neben dem hl. Franz Xaver) erklärt hatte – auch hier ein gewisser Zusammenhang mit Therese Neumann, die gerne Missionsschwester geworden wäre – ein eigenes Meßformular zu ihren Ehren vor und setzte den 3. Oktober zu dessen Feier fest. Bei Therese Neumann verschob sich von 1928 an diese Ermahnung durch die kl. hl. Theresia auf den 3. Oktober, ein Beispiel für die ganz enge Bindung ihrer Visionen an die Liturgie der Kirche, wie wir deren noch viele erleben werden.

WEITERE LICHTVISIONEN NACH DER STIGMATISIERUNG

(Quelle G 1,115 ff. gekürzt)

17. Mai 1926, erster Jahrestag der Heiligsprechung der kl. hl. Theresia: Theres Neumann war zu dieser Zeit bettlägerig, denn erst vor wenigen Wochen hatte sie, ohne zu wissen, was das sei und bedeute, die Stigmata Jesu Christi empfangen, um deren Abheilung sie und ihr Arzt längere Zeit bemüht waren, und sie war noch sehr Beschwach. Pfarrer Naber war gegen ½1 Uhr zu einem Besuch gekommen und sie sprachen über ein ihr von einem Besuch geschenktes Bildchen, das ein unbekleidetes Christkind darstellte, was ihr gegen ihr Gefühl ging. So ging das Gespräch auf Kleidung über, sie hätte gerne unauffällige Kleider gehabt, aber der Vater habe bunte Kleider lieber gesehen. „Freili, der Herrgott hat auch die Welt farbig erschaffen, Bleaml, rote, gelbe, blaue, und der

Stieglitz da mit seinem schönen roten Köpferl ..." Sie deutete auf ihren Vogelkäfig – da wurde sie jäh in eine Schauung gerissen. Sie sah wieder das Licht, das ihr schon öfter erschienen war, und hörte die Stimme sprechen: „Hab Geduld und sei nicht verdrießlich! Heute sollst du eine kleine Erleichterung erfahren. Du wirst aber noch Vieles und Schweres zu leiden haben. Ich habe dir bis jetzt geholfen und dir immer gesagt: Du brauchst dich nicht zu fürchten! Bleibe demütig und verliere den kindlichen Geist nicht!"
Pfarrer Naber ging nach der Schauung und dem Gespräch darüber in den Pfarrhof zurück, war aber noch nicht lang dort als es klopfte: Therese Neumann stand vor ihm. Als er das Neumannhaus verlassen hatte, war sie aufgestanden. Sie fühlte sich kräftig genug, sofort zur Kirche zu gehen, um Gott für die Genesung von dreizehnwöchigem Krankenlager zu danken. Daraufhin war sie in den Pfarrhof gekommen.

*

Am Jahrtag des Todes der kl. hl. Theresia, am 30. September 1926 gegen 8 Uhr abends, erschien ihr das Licht wieder und die Stimme sprach zu ihr. Die Eltern berichteten darüber (W 1,242 und G 1,117): Die Erscheinung dauerte nur etwa 5 Minuten. Das Gesicht der Resl strahlte. Wir hörten sie einige Male halblaut „ja" sprechen. Sonst lispelte sie leise. Auf einmal war es wieder aus. Ihr Gesicht war nun nicht mehr freudig erregt und gerötet, vielmehr machte sie jetzt eher ein trauriges Gesicht. Niemand von uns hat etwas gesagt. Da sagte die Resl: „Es ist ja ganz finster." Wir hatten aber gemeint, es sei reichlich Licht in der Stube, weil das elektrische Licht und zwei Kerzen brannten. „Ach" fuhr die Resl fort, „bin ich wirklich noch da. Es ist ja jetzt nicht mehr schön, aber jetzt will ich gerne wieder leiden" und sie lächelte nun freudig in einem fort, weil sie das hat wieder schauen dürfen, wie schön dieses Licht sei. Die Stimme aus dem Licht hatte aber der Resl, gütig mit ihr sprechend, unter anderem namentlich dies wieder angekündigt: „Du wirst noch Schweres zu leiden haben." Soweit die Erzählung der Eltern.

*

Am 16. November 1926, einem Dienstag, wurde Therese von einem Bronchialkatarrh und einer Lungenentzündung befallen, die sich bis zum Donnerstag derart rasch verstärkten, daß sie während der Beichte ohnmächtig wurde. Auch hatte sie solches Fieber, daß sie selbst ihr vertraute Personen nicht mehr erkannte. Sie wurde deshalb am Freitag früh vom Pfarrer, der das Schlimmste befürchtete, mit den Sterbesakramenten versehen. Am Donnerstag/Freitag, den 18./19. November, hatte sie die regelmäßigen geschichtlichen Schauungen des Leidens Christi vom Ölberg bis zum Kreuzestod. Während der Schauung der Dornenkrönung trat erstmals sichtbar für die Anwesenden in ihrem weißen Kopftuch an drei Stellen Blut durch. Als sie nachsahen, zeigte sich das Haar an diesen drei Stellen blutgetränkt. Dabei schmerzte ihr der Kopf bis zur Schauung des „Lichtes" am Abend auf das empfindlichste. In den Zwischenpausen zwischen den einzelnen Schauungen war sie äußerst schwach. Pfarrer Witt berichtet als bemerkenswert: „Wenn es da vorkam, daß sie eben zu husten begann und plötzlich eine Vision eintrat, dann war im Augenblick aller Husten weg. War die Ekstase vorüber, so hustete Therese fertig." Nach der Kreuzigungsschauung gegen 1 Uhr steigerte sich die Verschleimung der Luftwege derart, daß sie von Erstickungsanfällen und Ohnmachten befallen wurde. Von zwei Uhr nachmittags an gab sie auf Anreden und Anrufe kein Zeichen des Verstehens mehr. Auch das Herz schien Schwächeanfälle zu bekommen. Ungefähr von drei Uhr ab begannen Anfälle von Lungenlähmung. Der Pfarrer begab sich erst noch in den Pfarrhof und dann in die Kirche und kam erst nach fünf Uhr wieder. Therese war inzwischen so schwach geworden, daß ihr eine Schwester ständig den Kopf aufrecht halten mußte, damit sie noch etwas Luft bekam. Ihre Gesichtsfarbe war so fahl geworden wie bei einer Sterbenden. Die Lippen waren aufgeschwollen, das Kinn etwas vorgezogen, die Augen waren trüb. Sie hielt sie halb offen und nach oben gekehrt. Das Gesicht verfiel und die Nase wurde spitz. Hände und Füße waren kalt und starr. Der Vater suchte ihr den Rücken zu reiben und steckte ihr von Zeit zu Zeit den Finger in den Hals, um Würg- und Hustenreiz herbeizuführen, der den Schleim herausbefördern sollte. Dazu bewegten ihr zwei Schwestern die Arme. Aber Therese Neumann sank darüber in Ohnmacht. Ihre Atmung ging immer langsamer. Die Anwesenden – auch Freundinnen der Therese Neumann hatten sich dazugesellt – flehten, ermuntert durch Pfarrer Naber, die hl. Therese vom Kinde Jesu, die ihr doch schon öfters helfen durfte, um Fürbitte an. Aber auch er, der immer noch auf Rettung gehofft hatte, gab schließlich alle Hoffnung auf. Er ließ ihr die Sterbekerze in die Hand geben, die von einer Schwester oben gehalten wurde; in die andere steckte er selbst ihr das Sterbekreuz. Die Glocke der Konnersreuther Kirche setzte gerade zum Angelusläuten ein, als der Pfarrer zusammen mit dem Benefiziaten Weber die Sterbegebete zu sprechen begann. Sobald der letzte Ton der kleineren, der hl. Therese vom Kinde Jesu geweihten Glocke verklungen war – man war im Sterbegebete zu der Stelle gelangt: Heute schon sei dein Aufenthalt am Orte des Friedens im heiligen Zion – schien es den Anwesenden, als verhauche Therese Neumann ihren letzten Atemzug. Da auf einmal

riß es die Liegende in eine Schauung empor. Sie atmete wieder, zeigte lebhaftes Mienenspiel und sank dann, wie gewöhnlich nach einer Schauung, ruhig in die Kopfkissen zurück. Ihr Aussehen war wieder das gewöhnliche, die Glieder waren wieder warm. Nach einiger Zeit begann der Pfarrer, der – als sie in die Schauung kam – vor Freude ob ihrer Rettung zugleich geweint und gelacht hatte, mit ihr ein Gespräch. Sie war in dem Zustand des Eingenommenseins; es war daher schwer herauszubringen, was mit ihr geschehen war. Das Gespräch verlief ungefähr so:
Therese: „Mir is so kaltere worn und so angstere. Weiß aber net von was. Da is auf einmal ein Liecht g'wachsen und aus dem Liecht hat ebbes g'redt. Etza is's da (auf ihre Brust zeigend) durchi gangen und sticht nimmer. I hab wieder gschnauft." Darauf befragte sie der Pfarrer über die Worte, die die Stimme an sie gerichtet hatte. Therese berichtete, die Stimme habe gesagt: „Liebes Kind! Daß du ergeben bist, freut den Heiland. Um der Welt zu zeigen, daß es ein höheres Eingreifen gibt, sollst du wieder aufstehen können. Du darfst noch nicht sterben. Du darfst noch mehr leiden und mit den Priestern mitwirken am Heile der Seelen." Therese Neumann gibt die Worte der Stimme stets in Schriftdeutsch an, während sie sonst im oberpfälzischen Dialekt redet. Im Zustand des Eingenommenseins spricht sie sogar rein mundartlich. Hieraus erklärt sich die folgende Bemerkung, die sie an die Wiedergabe der Worte der Stimme anschloß: „Wenn die im Himmi so olber redn? Naja! Muß mir nachher der Heiland lernen. Aber da wird er ein Arbet habn."
Gegen Morgen zu kehrte sie in ihren gewöhnlichen Zustand zurück. Der Schmerz war verschwunden. Sie bekam Hustenreiz und hustete den die oberen Luftwege füllenden Schleim aus. Am nächsten Tag konnte sie wieder aufstehen und herumgehen.

Nr. 39 1927 Berliner Illustrirte Zeitung

Neueste Aufnahme der Stigmatisierten von Konnersreuth, Therese Neumann, auf einem Ausgang mit der sie betreuenden Nonne.

Überraschende Aufnahme eines Journalisten während der 15-tägigen Überwachung der Nahrungslosigkeit durch Ärzte und vier Schwestern im Juli 1927

Theres Neumann 1952

Aufnahme für ein Paßbild

Wie schon berichtet, traten zunächst drei Stigmen am Kopf auf. Im Verlaufe der nächsten Freitagspassionsschauungen stieg ihre Zahl auf acht.

Weihnachten 1926

(W 1,261 ff. und G 1,121 ff. gekürzt)

Der Heilige Abend 1926 fiel auf einen Freitag. Therese Neumann hatte in der Nacht vorher und am Vormittag die Passions-Visionen und Leiden wie an den Freitagen seit der Fastenzeit erlebt. Sie war deshalb in keiner Weise auf Weihnachten eingestellt und ließ sich weder von der Mutter, die sie nachmittags wusch, noch von Pfarrer Naber darauf umstimmen. Am Abend, während der Weihnachtsbescherung der Familie im Zimmer im Erdgeschoß lag Therese Neumann ruhend in ihrem Bette im ersten Stock, wie wenn sie schlummerte. Zur Christmette ging die Familie in die Kirche. Nur der Vater blieb daheim, das Haus zu hüten und die Tochter Therese zu betreuen. Während des Gottesdienstes las er im Goffine über das Weihnachtsevangelium. Von der nahen Kirche tönte das zum Gebet rufende Wandlungs-Läuten herüber. Als er sich nach dem zweiten Läuten von den Knien erhob, hörte er plötzlich seine Tochter einen lauten Ruf ausstoßen. Erschreckt blickte er hin. Da sah er sie lächelnd mit offenen Augen daliegen, den Kopf zur Seite geneigt, als ob sie aufmerksam auf etwas aus der Ferne höre. Bald darauf hob sie den Kopf aus den Kissen mit allen Zeichen angespanntesten Horchens. Dann wandte sie das Gesicht voll in die Richtung, aus der der Schall zu ihr zu dringen schien. Ihr Mienenspiel wurde lebhafter, sie sah strahlend aus und lächelte selig; ein paarmal nahm das Gesicht auch einen ernsten Ausdruck an. Dabei breitete sie die Arme einem nicht sichtbaren Etwas entgegen und richtete sich währenddessen völlig auf. Inzwischen war die Familie einschließlich einer als Gast anwesenden verheirateten Schwester des Vaters aus der Kirche zurückgekehrt und versammelte sich nun um Therese. Der jüngste Sohn wurde zum Pfarrer geschickt, der eiligst kam. Die Schauung hat nach dem Hinzukommen der übrigen Familie noch etwa zehn Minuten gedauert. Dabei waren ihre Augen jetzt ständig in einer ganz bestimmten Richtung festgebannt. Dann sank sie, die Augen schließend, in die Kissen zurück. Nach etwa zwei Minuten öffnete sie sic, blickte wie fremd die schweigend um sie Versammelten an und sprach ganz leise vor sich hin: „Jetzt möcht ich gern sterben." Als sie völlig in die Umwelt zurückgekehrt war, schlug sie die Hände vors Gesicht, um die Tränen zu verbergen. Pfarrer Naber fragte sie, warum sie weine. Sie antwortete, weil es hier nimmer schön sei, möchte sie fort. Sie möchte sterben. Es sei hier so düster. Nachdem der Pfarrer sie einige Minuten dieser Stimmung überlassen hatte, sprach er sie von neuem an. „Resl, wir kommen gerade aus der Mette." Darauf fragte Therese, welche diese Anrede nicht beachtet zu haben schien: „Was haben wir für eine Zeit?" Der Pfarrer antwortete: „Ein Uhr." „Nein, nein", erwiderte Therese, „das meine ich nicht." Nun sagte der Pfarrer: „Weihnachten ist, der hl. Abend." Aber Therese ging offenbar noch nicht auf die Rede des Pfarrers ein. Nun sagte der Pfarrer: „Das Christkind ist gekommen." Und dieses Wort traf nun bei Therese plötzlich ein empfängliches Ohr. Jetzt begriff sie mit einem Male, und wie frohlockend rief sie mit unnachahmlicher Betonung aus: „Ach ja, das ist ja das Christkind gewesen!"

Auf Verlangen des Pfarrers erzählte sie dann, was sie erlebt hatte: Aus ihrem Schlafe war sie durch Gesang und Musik geweckt worden. Aber durch ein Singen und Musizieren, das viel schöner war, als Menschen es zustande bringen. Während der ganzen Erscheinung wurde stets das gleiche gesungen. Auf eine Frage des Pfarrers, was denn gesungen worden wäre, antwortete sie, sie habe es schon gehört, könne es aber nicht wiedergeben. Anfänglich habe der Gesang im Dunkeln ertönt. Plötzlich sei jenes Licht ihr vor die Augen getreten, das ihr schon öfters erschienen war. Zugleich habe wieder die Stimme zu ihr gesprochen: „Du darfst dich auch freuen mit ihm. Aber bleib immer ergeben und kindlich!" Plötzlich wurde die Helle dieses Lichtes durch einen noch viel strahlenderen Glanz übertroffen, in dem sie ein wunderschönes kleines Kind auf einer weißen Wolke etwas erhöht vor sich stehen sah. Sie schaute das Kind mitten im Licht. Es war in ein weißes Hemd gekleidet, hatte ganz feine rote Backen, „nicht arg rot, nur ein bißchen" und schöne kleine Füße. Die feinen Haare waren blond und umrahmten mit leichten Locken das leuchtende Gesicht. Mit glänzenden tiefblauen Augen blicke das Kind, das die Arme nach Therese Neumann ausgestreckt hatte, diese an und lächelte ihr zu. Ihr sei so gewesen, als ob das Kind auf sie hermöchte, es habe zu ihr hingelangt. Auf die Frage des Pfarrers, ob sie nicht hätte zu dem Kinde hin mögen, antwortete sie, sie hätte schon hin mögen, aber sie habe sich nicht hingetraut.

VISIONEN AUS DEM LEBEN JESU UND MARIAE

Pfarrer Naber setzte an den Anfang seines zweiten Tagebuches die Worte: „Was bei den Visionen erzählt wird, ist ergänzt durch Nachfrage im erhobenen Ruhezustand." Der erhobene Ruhezustand ist der ekstatische Zustand, der nach jeder hl. Kommunion – und gelegentlich auch bei besonderen Anlässen – einzutreten pflegte.

Die Geschichte des Lebens Jesu und Mariens beginnt mit der Empfängnis Mariens. Es ist mir keine historische Vision der Therese Neumann hierüber bekannt. Jedoch sah sie an diesem Gedenktage, der in der griechisch-byzantinischen Kirche schon bis in das 6. Jahrhundert hinauf zu verfolgen ist und auch in die abendländische Tradition übernommen wurde, bis er schließlich sogar 1854 zu einem für den 8. Dezember gebotenen kirchlichen Feiertag erhoben wurde, jeweils ein herrliches Bild der Immaculata, ähnlich wie es der Evangelist Johannes in der Apokalypse (Offb 12,1) als das „Große Zeichen am Himmel" schaut. Es wird im Kapitel „Bildliche Visionen" im später folgenden zweiten Band dieser Berichte beschrieben.

Mariae Geburt

8. September. Quellen N 1,38; G 1,263 ff.

Pfarrer Naber berichtet unter dem 8. September 1928 kurz: Theres sieht in drei Bildern die Geburt Mariens; und zwar zunächst die Vorbereitung darauf durch Mutter Annas und einiger noch anwesender Frauen Gebet; dann die Überreichung des neugeborenen Kindleins durch die Amme in die Arme der Mutter, wo es von einem himmlischen Lichtstrahl getroffen, die Augen öffnet und lächelt; das Kindlein in des dankenden Vaters Armen.
Gerlich ergänzt hierzu: Über diese Schauungen konnte ich folgenden ausführlichen Bericht aufnehmen, der vor allem auf Befragungen der Therese Neumann im Zustand des Eingenommenseins und im gewöhnlichen Zustand beruht.
Erste Schauung: Therese Neumann sah sich in ein großes Haus außerhalb Nazareths versetzt. Joachim und Anna,

die Eltern Mariens, besaßen ein kleineres Haus in Nazareth selbst und ein größeres einzeln stehendes außerhalb des Ortes. In einem kleinen Zimmer mit einer Türe, neben der Therese Neumann stand, und einem gegenüberliegenden Fenster, das in der Höhe angebracht war, befanden sich die Mutter Anna und drei Frauen. Sie beteten in singendem Ton Gebete, die sie aus kleinen Rollen ablasen. Sie standen dabei am Fenster und blickten zu diesem hinaus in die Höhe. Bilder waren in dem Zimmer nicht vorhanden. Nach dem Beten brachten zwei Dienerinnen einen Tisch und führten zugleich eine weitere Frau herein, die ein Besuch zu sein schien. Sie trugen Früchte und ein flaches, etwa 2–3 cm hohes, gekerbtes Brot auf, das die Frauen den Kerben entsprechend brachen. Dann aß man gemeinschaftlich.
Zweite Schauung: Therese Neumann war in ein längliches Zimmer versetzt, das nicht groß und mit einem Fenster in der Höhe und einer Türe versehen war, neben der sie stand. Dem Fenster gegenüber war am Boden ein Bett gebreitet. Das Unterbett bestand aus einer Matte, die am Kopfende mehrfach zusammengerollt war und dadurch für den Kopf eine Erhöhung bot. Darüber waren Decken gebreitet. Auf diesem Bett lag eine Frau, Mutter Anna, dicht in Decken gehüllt. Eine andere Frau, eine Amme, wickelte das offenbar eben geborene Kind in einen gelblichen, nach naturfarbener Wolle aussehenden Stoff. Dann reichte sie es der Mutter auf dem Bette. Diese nahm das Kind und hielt es in die Höhe, indem sie gleichzeitig in singendem Ton betete. Während sie so das Kind in die Höhe hob, fiel ein Lichtstrahl auf dieses; es öffnete die Augen, lächelte und schloß sie dann wieder, worauf der Lichtstrahl verschwand. Die drei Frauen, die dazugekommen waren, nahmen nun ebenfalls das Kind und beteten laut in singendem Ton. Die Augen des Kindes waren blau, die Haare weißlich-gelb.

Dritte Schauung: Therese Neumann befand sich in dem gleichen Zimmer, wie in der zweiten Schauung. Die Mutter lag wie vorher im Bett, ganz in graue Decken gehüllt. Das Kind lag neben ihr eingewickelt im Binsenkorb. Die Frau (Amme) war im Zimmer. Die drei anderen Frauen waren nicht mehr anwesend. Ein alter Mann (Joachim) mit ziemlich langen grauen Haaren und ebensolchem Bart betrat das Zimmer. Er war in Reisekleidung, er war bei der Geburt seiner Tochter abwesend. Er legte seinen dunkelgestreiften Mantel und eine ihm an der Seite hängende Ledertasche ab. Die Mutter Anna gab ihm das Kind, das ihr die Frau aus dem Binsenkorb reichte, auf die Arme. Er erhob es, zum Fenster hinausschauend, und sang laut und fest dabei lange ein Gebet. Dann reichte er das Kind der Frau, die es in den Korb zurücklegte.
Als Maria herangewachsen war, waren die Haare zu braun-blonder Farbe nachgedunkelt. Maria war nicht zierlich von Angesicht, sondern von gesunder kräftiger Schönheit. Ihr Gesicht war bräunlich, von der Sonne verbrannt. Der Gesichtsausdruck war mütterlich. Von Statur war sie ziemlich groß, gesund und kräftig.
Diesen genauen Aufzeichnungen ist aus den Visionen späterer Jahre am gleichen Tag, ebenso wie auch den folgenden zum Ritus bei der Namensgebung Mariens nichts an weiteren Einzelheiten hinzuzufügen.

Mariae Namen

12. September. Quellen N 1,40; G 1,265 ff.

Pfarrer Naber bringt folgende Notiz: 12. September 1928 Theres sieht, wie in Joachims und Anna's Haus ein Priester mit zwei Begleitern kommt, wie aus einer Rolle gebetet wird, hört erst Joachim Marjam, dann den Priester Mirjam rufen, wie der Priester dem Kinde Maria an drei Stellen des Kopfes mit einer Art Schere etwas Haar, das er mit einer Kluppe festhält, abschneidet und dann über einem kleinen Dreifußbecken verbrennt, dann einen Finger in ein Gefäß mit etwas Wohlriechendem taucht und damit dann Augen, Ohren, Nasenflügel, Mund und Brust des Kindes berührt. Schließlich sieht sie noch, wie ein Mahl gehalten wird.

Gerlich hat hierzu weitere, den beim jüdischen Volk bei der Namensgebung eines Mädchens üblichen Ritus beschreibende Aufzeichnungen gemacht:

Am 12. September 1928 nachmittags von 3 ¼ Uhr an sah Therese Neumann die Namengebung Mariens in zwei Schauungen. Sie befand sich im Pfarrhof und hatte sich vorher, da sie sich nicht wohl fühlte, auf ein Sofa gelegt. Plötzlich wurde sie aufgerissen.

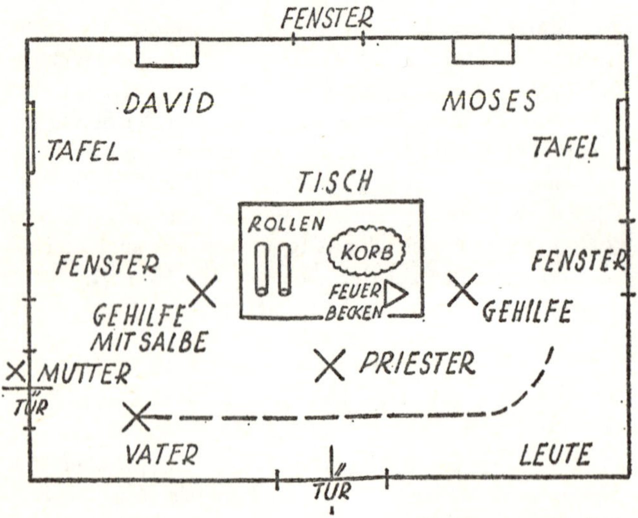

Zeichnung: Gerlich

Erste Schauung: (Siehe Zeichnung) Therese Neumann sah sich im Hause Joachims und Annas bei Nazareth in ein großes, einfaches Zimmer mit drei Fenstern in der Höhe und einer Türe versetzt, neben der sie stand. Vor den Fenstern befanden sich grüne Pflanzenstöcke. An den Wänden waren Tafeln mit zwei Zeilen hebräischer Schrift („solche Kragln wie im Tempel") angebracht. An der einen Wand befanden sich zwei Statuen in Hochrelief. Die eine stellte einen alten Mann dar, der in der Hand eine Tafel mit hebräischen Schriftzeichen hielt (Moses). Die andere stellte einen alten Mann mit Krone und Harfe (David) dar. In der Mitte des Zimmers stand ein Tisch. Die Tischdecke war weiß, wie gehäkelt, und rot unterlegt. Der Tisch war zunächst leer. Über dem Tisch hing an einer Stange von der Decke ein doppelschnabeliger Leuchter herab. Stühle oder Sessel befanden sich nicht im Zimmer. Im Hintergrunde standen Männer und Frauen. Vor dem Tisch stand ein alter Mann (Vater Joachim); vor ihm ein Priester und zwei Diener. Sie waren gekleidet, wie die bei der Beschneidung Christi. (Therese Neumann hatte, dem Lauf des Kirchenjahres entsprechend, die Beschneidung Christi vor der Namengebung Mariens gesehen und kannte deshalb die übliche Priesterkleidung bereits.) Die Diener setzten ein metallenes Becken mit drei Füßen auf den Tisch; in dem Becken schürten sie ein Feuer an. Die Amme brachte das Kind dem Vater, der Vater Joachim überreichte es dem Priester, der es dem Vater zurückgab, worauf dieser es in das Binsenkörbchen legte. Das Kind war mit einem roten Gewand oder Stoff bekleidet, über dem es ein weißes trug. Kopf und Füße waren nackt. Ehe es die Amme dem Vater überreichte, hatte sie dem Kinde die Brust freigemacht. Darnach stellte sie das schiffartige Binsenkörbchen auf den Tisch. Der Priester schnitt dem Kinde dreimal mit einer funkelnden scherenartigen „Kluppen" Haare vom Kopf, die zusammen ein kleines Büschel bildeten. Dabei blieben die Haare in der „Kluppen". Dann öffnete er diese über dem Drei-

fuß und verbrannte die Haare. Darauf reichte ein Gehilfe dem Priester ein Gefäß mit wohlriechender Salbe, mit der er dem Kinde die Augen, Ohren, die Nasenflügel von außen, den Mund und die Brust betupfte. Das Kind hat dabei leise „gewergelt". Zwischenhinein sprach der Priester singend Gebete, während die Anwesenden schwiegen. Dann sprach der Vater zu dem Priester einige Worte, von denen Therese Marjam behalten hat. Der Priester hob darauf das Kind in die Höhe und sprach betend Worte, von denen Therese deutlich Mirjam verstand. Darauf reichte der Priester dem Vater das Kind zurück, der es wieder in das Körbchen legte. Während der ganzen Zeit stand die Mutter Anna unter der Türe und schaute durch den Türvorhang dem Geschehen zu. Das Zimmer betrat sie nicht.
(Einschaltung des Verfassers: Eine Frau galt nach dem jüdischen Gesetz seit Moses während der Wöchnerinnenzeit als „unrein" und durfte deshalb an religiösen Zeremonien nicht unmittelbar teilnehmen. Erst 40 Tage nach der Geburt durfte und mußte sie zur Reinigungs-Zeremonie – und, falls es sich um einen erstgeborenen Knaben handelte, wie später bei Maria und Jesus, zur „Darstellung" des Knaben – in den Tempel kommen.)
Zweite Schauung: Das gleiche Zimmer wie vorher. Die gleichen anwesenden Männer und Frauen, jedoch ohne den Priester, die zwei Leviten sowie die Amme und das Kind und ohne die Mutter Anna. Zwei Diener brachten noch einen zweiten Tisch herein und viele Sessel. Es wurde Gebäck aufgetragen, das besser als das Brot und längs geriefelt war; dazu Trauben und Früchte, die Therese Neumann nicht kannte. Einige sahen aus wie Zitronen, andere waren grau mit roten Backen. Ebenso wurden Becher auf die Tische gestellt. Fleisch oder Fisch wurde nicht gereicht. Ein Mann begann, bevor die Gäste sich setzten, ein paar Worte zu sprechen, worauf die An-

wesenden kurz antworteten. Dann sprach er – die Augen nach dem Fenster gewandt – in singendem Tone ein langes Gebet, von dem Therese Neumann das Wort Eloim verstand. Dann beteten die anderen ebenso singend, aber kurz, worauf sie sich setzten, von dem Brot und den Früchten aßen und dazu aus den Bechern Wein tranken.

Mariae Opferung

21. November. Quellen N 1,47, nur Hinweis auf die Vision; Mitteilungen Naber an den Verfasser über Äußerungen der Th. N. im erhobenen Ruhezustand, 1964 bei einem Gespräch mit ihm aufgezeichnet.

Theres sah an diesem Tage, wie Maria als ungefähr dreijähriges Kind von ihren Eltern in den Tempel nach Jerusalem gebracht und den Priestern zur Erziehung in der Tempelschule als Tempeljungfrau übergeben wurde (deshalb „Opferung"). Diese Schule und die dabei zu leistenden Tempeldienste dauerten etwa zehn Jahre, dann wurde die Tempeljungfrau entlassen und als heiratsfähig ausgeschrieben. Jedoch waren die Vorschriften für eine Verehelichung sehr streng: Der Bewerber mußte aus dem gleichen Stamme Israels herkommen. dem die Jungfrau angehörte. Als Maria, etwa 13 Jahre alt, ausgeschrieben wurde, fand sich zunächst niemand, der aus dem Geschlechte Davids stammte. Die Ausschreibung wurde dann später wiederholt und kam dem Zimmermann Josef aus Nazareth, der damals ungefähr 30 Jahre alt war, zur Kenntnis. Er erbat sich Maria, die ihm dann, ob mit oder ohne ihre innere Zustimmung ist nicht gesagt, angetraut wurde. Ich erwähne das im Hinblick auf die Worte Mariens an den Engel Gabriel „Wie soll das geschehen, da ich einen Mann nicht erkenne?" (Lk 1,34)* So zogen sie

* Maria hatte offenbar ihre Jungfräulichkeit Gott geweiht, und Josef scheint damit einverstanden gewesen zu sein (Mayr)

dann zusammen nach Nazareth, in ein kleines Haus, das in der folgenden Vision näher beschrieben ist.

Verkündigung

25. März. Quelle V

Über diese Vision finden sich in den Tagebüchern von Pfarrer Naber (1,4 und 2,58) nur die Hinweise, daß Theres Neumann das Tagesevangelium schaute. Auch bei Gerlich und Witt stehen keine weiteren Hinweise. Doch habe ich die Vision an einem 25. März selbst miterlebt. Mitten in einem Gespräch über alle möglichen täglichen Fragen riß es Therese Neumann um 21.12 Uhr, während sie auf ihrem Kanapee saß, in die Vision, die ich unmittelbar darauf, wie folgt, aufgezeichnet habe.
Theres Neumann sieht eine junge Frau, fast noch wie ein Mädchen aussehend, in einem kleinen Haus, betend. Es ist plötzlich ein lichter Mann da, nicht er ist hereingekommen, sondern er ist da. Ich sage, um sie irrezuführen „Mit großen Flügeln". Sie antwortet: „Was fällt dir ein, die lichten Männer brauchen doch keine Flügel." Er verneigt sich vor dem erschrockenen Mädchen und spricht: Schelam lich, mirjam, gaseta . . . es folgen noch ein paar Worte. Ich sage „Langsam, was kommt nach gaseta"? Sie besinnt sich und sagt: „Das hättest du schneller schreiben sollen, jetzt weiß ich es nicht mehr." Es ist der Gruß des Engels Gabriel: Sei gegrüßt Maria, gnadenvolle . . . Maria, immer noch erschreckt, jedoch der Miene nach Zutrauen gewinnend, schaut die Lichtgestalt, die einem Manne gleicht, aber aus sich selber leuchtet, sinnend an. Der Engel spricht etwas Mächtiges weiter. Das Mädchen frägt etwas dazwischen und der Engel antwortet ihr wieder. Als er endet, neigt die Jungfrau ihr Haupt und spricht ein paar Worte. Im selben Augenblick sieht Theres Neumann

ein mächtiges Licht von oben, das in die Jungfrau hineingeht, während der Engel, der sich nochmals verneigt, entschwebt.

Soweit beschrieb Theres Neumann das Gesehene im Zustand der Eingenommenheit, der sich stets an Visionen anschloß. (Man lese zur Ergänzung nach Lk 1,26-38)

Nach dieser Darstellung des eigentlichen Vorganges fragte ich dann Theres Neumann nach deren Erwachen zu ihrem Normalzustand, in welchem sie auch aus Eindrücken anderer Visionen das Geschaute ergänzen konnte, nach dem Aussehen des Hauses, das sie dann, wie folgt, beschrieb: (das Haus der Hl. Familie in Nazareth):

Das kleine Haus steht an einem Hügel, vor dem Haus ein Ziehbrunnen. Die Rückwand des Hauses bildet ein Felsen, es hat ein flaches Dach, auf dem man herumgehen kann. An der vorderen Wand steht ein Weinstock. Durch eine Türe, die nur mit einem Vorhang abgeschlossen ist, betritt man einen kleinen Raum. Darin hat Maria und später die Hl. Familie gebetet. Er hat, ziemlich hoch oben, ein einziges Fenster, durch das man hinausgebetet hat. Es ist nicht wie bei uns aus Glas, sondern offen und mit Holzstäbchen vergittert. Aus diesem Raum geht nach rechts eine Türe zu einem anderen Raum. Darin hat Maria gearbeitet und darin hat man auch gegessen. Es ist ein offener Herd da, mit einem Rauchabzug nach oben. Hier hat Maria und auch der kleine Heiland geschlafen, auf einer Matte, die auf einer Seite eingerollt war, für den Kopf. Sie wurde bei Tag aufgerollt. Man schlief in Decken eingewickelt. Es befinden sich darin auch längliche Sitze mit einer schrägen Lehne auf einer Seite, an welche man den Oberkörper beim Essen anlehnte. Von diesem Raum aus geht weiter eine Türe in einen dritten Raum. Dieser war Werkstatt und Schlafraum des Hl. Josef. Von hier aus geht eine weitere Türe nach der Seite ins Freie, neben welcher eine Treppe auf das Dach führt. Gleich gegenüber ist ein kleiner Stall für den Esel, den sie besaßen.

Heimsuchung

(Maria bei Elisabeth)

2. Juli. Quellen N 1,25; V

Der Verkündigungsengel hatte Maria, gewissermaßen um sie zu überzeugen, daß seine Gegenwart Wirklichkeit und nicht etwa eine Einbildung gewesen sei, darüber unterrichtet, daß ihre für unfruchtbar gehaltene Base Elisabeth, von ihrem Mann Zacharias selbst (Lk 1,18) als „vorgerückt in ihren Tagen" bezeichnet, im sechsten Monat schwanger sei, und angefügt, bevor er schied, „denn bei Gott ist kein Ding unmöglich". Daraufhin hatte sich Maria sofort entschlossen, diese Base zu besuchen. Die Visionen dieses Besuches entnehme ich zunächst dem Tagebuch von Pfarrer Naber (1,25) und füge dann das eigene Erleben dieser Vision an. Ich glaube, daß die in dieser Aufzeichnung geschilderten Begleitumstände gut erkennen lassen, wie sich Visionen für die dabei Anwesenden abspielten.
Pfarrer Naber trägt unter dem 2. Juli 1928 ein: Nachmittags sieht Theres Maria und Josef mit einem Esel, dem diese ihr Gepäck aufgeladen und auf dem Maria zeitweise sitzt, durch bergige Gegend ziehen. Abends schaut Theres, wie Josef und Maria durch einen größeren Ort (Hebron) hindurch zu einem kleinen Vorort mit etwa zehn Häusern (Jutta nennt ihn Theres) kommen, wo Zacharias und Elisabeth ein größeres Haus, das in einem ziemlich großen, von einem Naturzaun eingesäumten Garten liegt, bewohnen. Elisabeth kommt verschleiert Maria, die Josef vorausgeeilt ist, bis vor den Gartenzaun entgegen, wo sie

sich flüchtig begrüßen, die Arme aufeinander lagernd und die rechten Wangen einander nähernd. Dann begeben sie sich durch den Garten und den Türvorhang in das Haus, währenddessen Elisabeth den Schleier zurückschlägt, und begrüßen sich nunmehr recht herzlich indem sie die Arme aufeinander legen und einander Stirne, rechte Wange und Mund küssen, worauf von Maria ein Lichtstrahl auf Elisabeth übergeht. Diese hebt nun die Rechte und spricht begeisterte Worte, worauf Maria in kräftigem singendem Ton viel länger als Elisabeth begeistert spricht. Hierauf begeben sie sich in einen kleineren Raum, setzen sich und essen von den von einem Mädchen gebrachten Früchten. Auch Josef und Zacharias erscheinen und essen von den Früchten. Josef war an einem anderen Eingang von Zacharias begrüßt worden. Während ein Diener den Esel wegbrachte, gingen Josef und Zacharias in eine Art Säulenhalle, wo sie sich unterhielten, Josef redend, Zacharias auf ein Täfelchen mit einem eckigen Steinchen schreibend.

Schluß der Naberschen Eintrages (Man lese nach Lk 1,39–56).

Eigene Aufzeichnung des Verfassers, vom 2. Juli 1947:

Therese Neumann hatte am Dienstag, den 1. 7., am Feste des kostbaren Blutes, schwere Leiden mit Bluten aus den Augen etc., obwohl sie sonst in diesen beiden Wochen wegen der Freuden-Oktaven Johannes d. Täufers und Peter und Paul keine Freitagsleiden hatte. Sie war deshalb am Nachmittag des 1. 7. sehr erschöpft und konnte mich nicht empfangen. Dagegen ließ sie mir sagen, ich könne am nächsten Nachmittag kommen, ich dürfe, da wohl wegen des Maria-Heimsuchungsfestes wieder eine Vision sei, an dieser teilnehmen.

Ich kam am Mittwoch, den 2. 7. nachmittags 3 Uhr, nach Konnersreuth. Therese war im Garten mit Pflanzen beschäftigt. Ich ging nach Begrüßung zu Pfarrer Naber ins

Pfarrhaus und unterhielt mich ziemlich lange mit ihm. Gegen 5 Uhr gingen wir beide ins Neumannhaus. Therese hörte eben das Pflanzen auf, reinigte sich und ging dann auf ihr Zimmer. Nach einer Weile rief sie uns und lud uns ein in ihr Zimmer heraufzukommen, wo wir etwa ½ Stunde uns mit ihr über alle möglichen Dinge – nur nicht über Visionen – unterhielten. Mitten im Gespräch über Verlagspläne wurde sie um ½6 Uhr in Schauung gerissen. Der Pfarrer zeigte mir ihre vollkommene Unempfindlichkeit gegen äußere Einflüsse, indem er auf die Handstigmen klopfte und indem er mit seiner Hand rasch vor ihren Augen herumfuchtelte, was nicht die geringste Reaktion bei ihr hervorrief. Man sah nur ihr in die Ferne gerichtetes, man darf ruhig sagen, strahlendes Gesicht, mit lebhaften Reflexen des Geschauten: bald Staunen, bald freudiges Lächeln, anscheinend des Erkennens einer Person. Einmal gab es ihr förmlich einen Ruck und sie fuhr, offensichtlich vor Helligkeit geblendet, mit Augenzwinkern zurück, um hernach ein großes Staunen in ihren Mienen auszudrücken. Nach dieser etwa eine Viertelstunde währenden Schauung folgte der sogenannte Zustand des Eingenommenseins, in dem wir sie nach dem Geschauten befragten. Sie erzählte – in ihrem Dialekt und in einfachen Ausdrücken – sie hätte die Mutter gesehen, wie sie zu einem „alten Wei" (Elisabeth) auf Besuch kam. „Der guat Mo" (Hl. Josef), hatte sie mit einem Esel begleitet, und hatte diesen Esel einem „alten Mo" (Zacharias) übergeben. Dieser habe nichts reden können, aber den Mund zum Sprechen geöffnet und die Worte mit den Lippen geformt wie taubstumm (sie hatte diese Mundbewegung auch während der Vision mitgemacht). Auch habe er hernach, als sie saßen, auf ein „Taferl gekritzelt".

Die Mutter aber sei mit dem „alten Wei" durch einen schönen, rechts und links von Büschen bestandenen Weg auf den Haupteingang des Hauses zugegangen und „da hat plötzlich das alte Wei was Machtig's gsagt. Im selben Augenblick is von der Mutter ein Strahl lebendigs Licht auf dös Wei übergsprungen, daß mi glei blend't hat. Und dann hams mitnander bet't. Aber ganz was Machtig's!" (das Magnificat). Dann sind sie ins Innere des Hauses gegangen, wo ein einfaches Essen bereitstand. Auf meine Frage: was haben sie denn gegessen? sagte sie: „no ja so was von de Bam owa (von den Bäumen herunter, Früchte) und a harts Brot und so a gelbe Soß"* und nach einer kurzen Pause – „Wasserhupferln (Fische) san a dabei gwen." Sie kam aber immer wieder auf das Hauptthema, die Mutter und den mächtigen lichten Strahl, zurück.

Ich legte ihr dann auch ein Buch an die Fingerspitzen, das angebliche Äußerungen Christi an eine Nonne enthielt, sie wollte aber davon nichts wissen, sondern schob es beiseite und sagte: „Das verstehe ich nicht." Und als dann Pfarrer Naber ihre Finger an eine andere Stelle des Buches brachte – sie hatte die Augen geschlossen und den Kopf zurückgelegt – sagte sie: „Tuats es weg." Ich brachte noch das Manuskript Aretins über Gerlich an ihre Finger, worauf sie sofort interessiert danach tastete und sagte: „Der is ja scho lang beim Heiland. Aber jetzt wollen wir wieder von der Mutter reden." Gegen 6 Uhr ging dann der Zustand in einen offenbar sehr erquicklichen Schlaf von etwa 10 Minuten über, worauf sie frisch erwachte und sich im Normalzustand befand.

Sie hatte noch im eingenommenen Zustand erzählt, daß sie heute schon zum drittenmal „furt" (d. h. im ekstatisch-visionären Zustand am Ort des Geschauten) gewesen sei; in der Früh habe sie den Auszug von Josef und

* vielleicht Honig, der zum Brot gereicht zu werden pflegte. Vgl. Vision Brotvermehrung

Maria mit ihrem Esel „aus der selben Stadt, wo der Heiland hernach so lang gwen is", gesehen (Nazareth), „aber net aus dem Haus, wos' hernach gwohnt ham, sondern einem größeren, und die Mutter von der Mutter (die hl. Mutter Anna) is a dabei gwen, die hats' furtgricht (fortgerichtet)."
Auf die Frage: „und der Vater?" „Den hab i net gsehn." Joachim hat also offenbar nicht mehr gelebt.
Nachmittags gegen 2 Uhr hatte sie die zweite Vision, allein im Gewächshaus, sie hatte hier Josef und Maria während der Reise über das Gebirge gesehen.
Ergänzen möchte ich noch, daß Pfarrer Naber auch nach der Vision, im Zustand der Eingenommenheit, um mir den Unterschied zu zeigen, die Handstigmen berührte, worauf sie sofort, mit Schmerzausdruck im Gesicht, die Hände zurückzog.

(Quellen: verlorene Aufzeichnungen N; G 1,179 ff., teilweise gekürzt; TB; V)

22. Dezember: Aufbruch von Nazareth nach Bethlehem

Josef war kurze Zeit vorher heimgekommen und hatte Maria mitgeteilt, es sei ein Befehl des Kaisers Augustus zur Aufzeichnung der gesamten Bevölkerung des Römischen Reiches ergangen, und, da man sich in seiner Vaterstadt aufschreiben lassen müsse, müßten sie alsbald nach Bethlehem reisen. Da Maria für die nächsten Tage ihre Niederkunft erwartete, war das ein sehr harter Befehl. Dennoch erklärte sie sogleich, es bliebe nichts anderes übrig, sie müßten gehorchen. Joseph hatte Sorge, Maria möchte die Reise zu beschwerlich werden, und wollte deshalb allein reisen. Maria aber erwiderte ihm, Gott werde helfen, sie gehorche der Obrigkeit. So rüsteten sie sich denn zur Reise. Als Reit- und Tragtier nahmen sie eine Eselin, weil sie ihre Milch gebrauchen konnten. Ihr wurde das graue Zelttuch aufgelegt und darüber eine graue Wolldecke. Das übrige Gepäck wurde ihr beiderseits heruntergehängt; links ein Pack, bestehend aus einer grauen Wolldecke für Joseph, in die ein warmes Obergewand für ihn und Brot und Früchte eingewickelt waren. Rechts hingen zwei Päcke herunter; der vordere, kleiner als der hintere, bestand aus einer einfachen Wolldecke, die zu Windeln zerschnitten werden konnte und in die Windeln und Hemdchen für das zu erwartende Kind eingewickelt waren. Den rechten hinteren Pack bildete ein Hanfsack, in dem ein warmes Obergewand für Maria und Eßwaren eingepackt waren. An ihm waren die drei Zeltstangen waagerecht befestigt. Etwa um 6 Uhr früh brachen sie auf. Maria setzte sich so auf die Eselin, daß ihre Füße links herunterhingen. Joseph ging links vorn neben dem

Tier, das er mit der rechten Hand an einem schwarzbraunen Lederzaum führte. In der linken hatte er einen übermannshohen, oben rundgebogenen Reisestab. Er war mit einem dunkelgelben Rock und braunem Mantel bekleidet. Maria trug einen warmen graubraunen Mantel, rotbraunen Rock und wollgelben Schleier unter dem Mantel. Das Wetter war ziemlich kalt und regnerisch, die Wege rauh und rutschig. Die Reise ging an diesem Tage gut, aber ein Ort zum Übernachten war nicht zu erreichen. So schlugen sie denn im Freien in einer öden Gegend bei einigen Bäumen abends ihr Zelt auf und ruhten auf den mitgebrachten Decken. Die Eselin wurde an einem Baum festgebunden.

23. Dezember: Auf dem Weg nach Bethlehem

Am nächsten Tage brachen Maria und Joseph etwa um ½ 6 Uhr morgens auf. Sie zogen ohne Hindernisse bis gegen Mittag voran, indem sie sich immerfort mit dem zu erwartenden Kinde beschäftigten. Um die Eselin zu schonen, war Maria streckenweise abgestiegen. Besonders gegen den Mittag zu wollte sie das Tier nicht mehr beschweren, da sie bemerkte, daß es matt wurde. Da sie selbst auch müde geworden waren, beteten sie um Hilfe. Da sahen sie in der Ferne ein Haus, sie dankten Gott und gingen dorthin. Hier wohnten ein paar arme, ganz alte Leute mit einem Knaben und einem Mädchen. Joseph ging in das Häuschen und bat um das Notwendigste. Der alte Mann ging hinaus zu Maria und nötigte sie, hereinzukommen. Die Leute kannten zwar Joseph und Maria nicht. Aber weil sie dieselben so freundlich, dazu Maria hochgesegnet und ganz gelb und blaß sahen – sonst sah sie gesund und kräftig aus –, traten sie ihnen ihr warmes Mittagessen ab. Der Heiland hat es ihnen später gelohnt. Die Alten starben zwar als Heiden, aber gut. Die beiden Kinder wurden Christen. Sie hörten erst auf die

Predigt Johannes des Täufers, und der Bruder ließ sich von ihm taufen. Er folgte dann dem Heiland unter den 72 Jüngern nach, worauf die Schwester das Häuschen übernahm. Während sie gerade beschäftigt war, alles Abgöttische in ihrem Hause zu vernichten und eben ein Götzenbild vom Dach entfernen wollte, kamen ihre Verwandten dazu und stürzten sie vom Dach hinunter zu Tode.

Die zweite Nacht blieben Maria und Joseph in einem kleinen Ort in einer Herberge, in der sie für die Aufnahme bezahlen mußten. Sie ruhten da gut und stärkten sich für den kommenden Tag.

Bemerkung des Verfassers: Diese Vision hat mir, namentlich in späteren Jahren, sehr zu denken gegeben. Resl sagte nämlich „Gell wie es denen der Heiland gedankt hat, daß sie da die Mutter so gut aufgenommen haben; sie sind alle zu ihm gekommen. Und namentlich der Tochter, wie hat es der der Heiland gelohnt, sie hat gleich mit ihm mitdürfen."

Mitdürfen bedeutete in Konnersreuth stets, daß die Seele des Betreffenden unmittelbar nach dem Tode mit dem Heiland in seine Herrlichkeit eingehen durfte. Therese Neumann sah nämlich – wir werden noch darauf zurückkommen – bei jedem Sterbenden einige Minuten nach dem Tod den Heiland erscheinen und die Seele mit einem einzigen Blick richten, aus dem der Gerichtete sofort sein Schicksal und die absolute Gerechtigkeit des Richters erkannte. Es wurde manchmal eine Seele sogleich ganz licht und hell und durfte mit ihm kommen, andere blieben mehr oder minder düster und mußten allein und verlassen zurückbleiben – Arme Seelen (die Verdammung einer Seele hat Therese Neumann nie gesehen, wohl aber hatte sie die erschütternde Vision des Engelsturzes).

Wir pflegen doch, um auf den Tod der Tochter dieser gastlichen Familie zurückzukommen, eine Belohnung stets in irdischem Glück in irgendeiner Form zu erwarten. Hier aber müssen wir lernen, daß man auf eine Ekstaseäußerung, d. h. auf eine Äußerung im erhobenen Ruhezustand, hin „es wird schon recht" über die Schranken des Todes hinausschauen muß. Zu Gerlich war wiederholt in seinem Kampf gegen das Hitlertum in der Ekstase gesagt worden „Wenn es auch schlecht hersieht, der Heiland siegt ja doch, es wird schon recht". Und wie mußte er enden! Fünfvierteljahre „Schutzhaft" und dann Ermordung in Dachau! Therese Neumann hat ihn nach dem Tode sofort beim Heiland gesehen. Die Schutzhaft war ihm sicher mehr als genug Fegfeuer für seine leidenschaftliche Aggressivität. Ich jedoch mußte, als ich von seinem Tode hörte, sofort an diese Tochter denken, deren „Lohn" darin bestand, daß sie vom Dach herunter zu Tode gestürzt wurde.

24. Dezember: Herbergsuche

Um 6 Uhr früh brachen Joseph und Maria wieder auf. Nach dem Mittag konnte die Eselin nur mehr mit Mühe weiter; in einer Ortschaft erhielten sie von Leuten umsonst Futter für das Tier. Das Wetter war regnerisch und kalt. Ungefähr um ¾ 6 Uhr abends sah Therese Neumann Maria vor dem Nordtor von Bethlehem von der Eselin absteigen und dann hinter Joseph neben dem Tier durch das Tor schreiten. Bethlehem zählte damals ungefähr 1 100 Einwohner. Die Häuser waren wie in Jerusalem oben flach. Sie besaßen rechteckige, schmale und auch runde Fenster ohne Glas, jedoch mit Holzgittern und Vorhängen. Am Tor innen und auf der Straße – Therese Neumann sah nur eine, die aber sehr lang war – brannten bereits Feuerkörbe. Es waren Pfannen, die in einer Gabel an ungefähr 2 m hohen Pfählen hingen und in denen Feuer unterhalten wurde. Die Straße war mit großen Steinen gepflastert und deshalb sehr holperig (TB). Die Häuserreihen waren gradlinig, aber nicht lückenlos geschlossen. Joseph trat in ein Haus rechts der Straße, währenddessen Maria die Eselin am Zaum festhielt. Bald kam er wieder heraus. Mit trauriger Miene machte er Maria die Mitteilung, daß sie hier nicht unterkommen könnten. Dann gingen sie einige Häuser weiter und Joseph fragte in einem langen großen Hause, einer Fremdenherberge, nach Unterkunft. Er erhielt die Antwort, es sei kein Platz mehr frei. Betrübt ging er zu Maria zurück, die ihm tröstend zuredete. Nun versuchten sie es weiter vorn in einem Hause links der Straße, ebenfalls ohne Erfolg. Es war dies das Haus, aus dem Joseph stammte und in dem er sich aufschreiben lassen mußte. Weil eben ein großer Andrang war, wollte er die Einschreibung auf den nächsten Tag verschieben. Aber Maria drängte auf heute, da ihre Stunde bevorstehe. Deshalb warteten sie zwischen einigen Häusern, bis das Haus freier wurde. Dann ließen sie sich noch einschreiben. Inzwischen war es vollends Nacht geworden. Schließlich fragte Joseph noch einen Mann um Unterkunft, der auf einer geländerlosen Stiege stand, die an der rechten Außenseite eines Hauses rechts der Straße hinaufführte. Dieser Mann war freundlich. Er gab die Antwort, hier sei kein Platz mehr. Doch wies der Mann nach dem südlichen Stadttor, wo auch ein Feuerkorb brannte. Über dieses Stadttor hinaus sollten sie auf der Straße eine kurze Strecke weiter gehen, dann würden sie etwas rechts einen Stall finden, in dem er ihnen Quartier zu nehmen erlaube. Der Mann hatte Anteil an dem Stall. Seine Hirten waren bei den Hirten, die dort später anbeteten. Maria und Joseph folgten seiner Weisung. Unter dem Stadttor zündete Joseph das mitgebrachte Schnabellämpchen an, das in einer nach vorn offenen, dachähnlichen, oben mit einer Handhabe versehenen Umhüllung untergebracht wurde. Dann zogen beide zu Fuß, Maria hinter Joseph links neben dem Esel

schreitend, etwa 200 m weit auf der Straße südwärts, bogen dann rechts in einen Fußweg ein, der zu einem ungefähr 50 m von der Straße entfernten Stall führte. Der Stall hatte in der Mitte der Vorderwand eine außen angebrachte Schiebetür. Joseph schob sie nach rechts zur Seite und betrat dann ungefähr um 8 Uhr mit Maria und der Eselin den Stall.
Therese Neumann sagt hiezu (Einfügung aus TB): „Ach wie hat's da armselig ausgschaut. Es war ja nur ein Ort für Veichala. Stroh ist herumgelegen und Heu und Zeug von dene Veichala und naßkalt wars – schrecklich für so einen Zustand, in dem die Mutter war. Das muß man sich vorstellen! Mich hat die Mutter recht greut (gedauert), aber der guat Mo (Joseph) hat gleich fest zammgräumt und hergricht. Wenn die Leut, die sie net reinlassn ham, gwußt hätten wer die san, m; aber die hams net kennt. Meinst, wir hättns reinlassn? I glaub scho, aber wenn ma halt oans net kennt? Und so einfache Leut sans gwen. Aber wenn ma so an Zustand sieht, gell!" Dann kommt sie wieder auf den Stall zu sprechen. Sie sieht ihn in einer weiteren Vision und sagt „gell, und wir denken uns gar nichts dabei, daß wir so eine schöne Stubn ham und hell und warm und trocken, und die hams so elend ghabt."
Weiterführung des Berichtes von Pfarrer Naber: Der Stall war ungefähr 7 m breit und 4 m tief. Er war an den Ostabhang eines Hügels gebaut und zwar im Anschluß an eine Felsenhöhle, die oben und auf der nördlichen Seite ungefähr 1 m tief war und die Rückwand bildete. Nach Süden fiel der Hügel ab und es verlief die Höhle. Das Stalldach war ein halbes Dach; es begann vorne 2 m über dem Boden und war hinten ½ m höher; es bestand aus dicken alten Brettern, die nach rechts etwas schräg herunterliefen. Die Vorderwand und die Seitenwände waren gleichfalls aus Brettern errichtet. In der rechten

Seitenwand befand sich ein kleines, nach oben längeres, rechteckiges Fenster. Um den Stall herum standen Herdenpferche. Joseph band die Eselin in der hinteren linken Ecke des Stalles an einen Pfahl, später an einen Pfahl zu Häupten des Kindes, damit sie dasselbe erwärmen half. Die mitgebrachte Lampe hängte er in der Mitte des Stalles an die Decke. Dann richtete er für Maria und sich das Nachtlager her. Für Maria breitete er an der rechten Seitenwand auf Stroh das Zelttuch und die graue Wolldecke aus, während er sich selbst an der linken Seitenwand auch auf Stroh und einer Wolldecke zur Ruhe legte. Der Himmel war bewölkt.
Soweit die Aufzeichnungen Pfarrer Nabers.

24./25. Dezember: Heilige Nacht

Gerlich (1,184), der mit Prof. Wutz am Heiligen Abend nach Konnersreuth gekommen war, schildert nun das weitere Erleben:
Nachdem wir selbst der Gastfreundschaft des Pfarrers teilhaft geworden waren, fanden wir uns mit ihm nachts kurz vor 11 Uhr in Therese Neumanns Zimmer ein.
Nachts 11.13 Uhr, mitten in einem Gespräch über ihren Stieglitz, wurde sie erneut in eine Schauung gerissen, die bis 11.19 Uhr dauerte. Ihr Gesicht strahlte Freude. Ihre Bewegungen waren äußerst lebhaft, sogar die Füße bewegten sich, und mit den Fingern suchte sie fortwährend zu greifen. Dann sank sie zurück und schloß die Augen, um sie nach einer Minute wieder zu öffnen und lebhaft zu erzählen – sie befand sich jetzt im Zustand des Eingenommenseins: „Da bin ich grad in einem Stall gwen (gwen = gewesen), da ist ein kleins Butzerl (= Kindchen) gwen. Das war in Decken gewickelt. Ich hab die Händchen gesehn, die san ganz klein gwen und die Augen hat das Butzerl (= Kindchen) viel zughabt. Recht kalt ist's gwen." Immer wollte sie in ihrer Freude von dem „kleinen But-

zerl" sprechen und es gelang nur mit Mühe, sie zur Schilderung der ganzen Begebenheit zu veranlassen. Schließlich erzählte sie, während ich in Stichworten notierte: „Ich bin in einem Stall aus Holz gwen, der an einem Berg angelehnt war; es war ein schwarzgrauer Stein. Die Gegend war nicht eben, sondern es lagen Trümmer (= Felsbrocken) herum. Der Stall hat am Felsen gehängt und hat ein halbschräges Dach ghabt. In dem Stall san an der Wand hinten und auf der Seiten Pfeiler gwen, fast 1 m hoch." Sie selbst habe links neben der Türe gestanden, erklärte sie auf eine Frage. Sie schaute also in den Stall hinein. Deshalb war für sie links, was vom Christuskind aus gesehen rechts war. „Hinten links an dem Pfeiler ist ein Esel angehängt gwen." Auf die Frage, ob nicht auch ein Ochse dagewesen sei, erwiderte sie: „Sonst ist kein Viech dagwen. Das Butzerl hat in einer Krippen gelegen. Woißt (= weißt), nicht in einer solchen Krippen, aus denen man bei uns hier das Viech füttert, sondern anders. Sie ist aus Holz gwen und hat auf gekreuzten Füßen gestanden. Die hintere Wand ist zwei Handbreit höher gwen und gerade. Es san mehrere Krippen dagwen. So Stückerer fünf. Die, in die's dann das Butzerl gelegt haben, die hat mehr in der Mitten und zwar fast gegenüber dem Eingang gestanden. Woißt, aber ebbes (= etwas) nach der rechten Seiten zu. Das Butzerl hat mit dem Kopf zur hinteren Wand gerichtet gelegn; die Krippen ist schräg in den Stall hineingestanden, etwa 1½ m von der Mauer weg und ¾ m hoch ist sie gwen." Therese Neumann fragte jetzt fortwährend, wer wohl das Butzerl gewesen sei. Als ihr darauf gesagt wurde, daß es der Heiland sei, wurde ihre Freude erst recht groß. „Die Mutter ist neben dem Heiland links g'standen und hat das Kind erst an den Handerln gestreichelt. Joseph war rechts vom Kind; er hat erst die Händ gefaltet und was Lauts g'sagt, was ich nicht verstandn hab. Maria hat die Arme gekreuzt. Das Kind hat dunkelblaue Augen gehabt und gekräuselte helle Haare. Das Stroh, auf dem's glegn ist, ist stärker gwen als das bei uns und hübsch dunkel." (Es war, wie sie im erhobenen Ruhezustand später erklärte, in der Krippe nur unten Stroh gebreitet und darauf Binsen; das war offenbar das stärkere dunkle Stroh.) „An der Wand links ist Weizenstroh und solch dunkles starkes Stroh aufgeschichtet gwen. Da drüber ist eine graue Decken gelegt gwen. Auch ein Licht habens ghabt. Das hat von der Stalldecken heruntergehängt und aus einem Schnabel gebrannt."

Durch immer erneutes Lenken ihrer Erzählung war es möglich, gleichzeitig einen Plan des Stalles aufzunehmen, der mit den schon teilweise berichteten früheren Angaben übereinstimmt und später sowohl aus ihrer Erinnerung im gewöhnlichen Zustand wie von Pfarrer Naber aus ihren Angaben im erhobenen Ruhezustand nachgeprüft und ergänzt werden konnte. Es ergibt sich daraus der folgende schematische Grundriß:

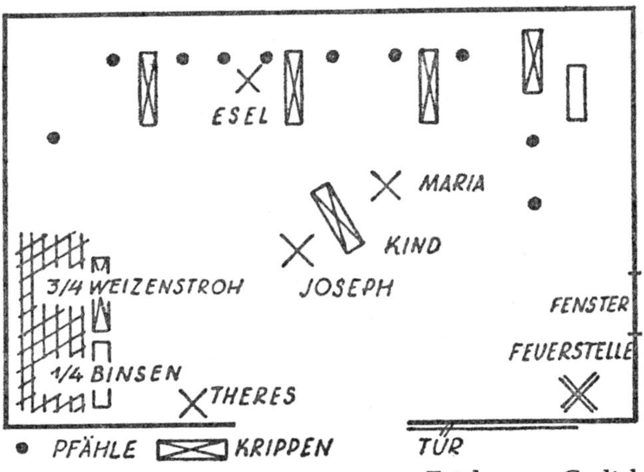

Zeichnung: Gerlich

Zu diesem Grundriß bemerkt Pfarrer Naber: „Wie hier angegeben, sieht Therese Neumann den Stall. Sie selbst hat ihren Stand links von der Türe. An der Felswand und den Seitenwänden sind etwa zehn ¾ m hohe Pfähle eingerammt, die oben mit Ringen zum Anhängen des Viehes versehen sind. Ebenso stehen an den Wänden ungefähr sechs Krippen, bestehend aus einem Gestell von zwei durch eine Stange verbundenen Kreuzfüßen und einem Trog aus einem Bodenbrett, zwei Seitenbrettern, einem Vorder- und einem höheren Hinterbrette; bei zwei Krippen im rechten Hintereck und links vor dem Strohhaufen liegen die beiden Krippenteile auseinander."

Die Geburt Christi

selbst hat Therese Neumann nicht gesehen. Die Angaben, die Pfarrer Naber hierüber aufgezeichnet hat, entstammen ihrer Aussage im erhobenen Ruhezustand. Sie lauten wörtlich: „Ungefähr um 11 Uhr nachts kommt Maria in Ekstase. Sie erhebt sich in kniende Stellung und kreuzt die Hände über der Brust. Das göttliche Kind verläßt um Mitternacht den Schoß der Mutter, der unverletzt und in voller Ordnung sich alsbald wieder schließt, ohne daß Vor- und Nachwehen stattgefunden hätten. Joseph, der bald nach Maria sich erhoben hatte, richtete eine Krippe mit Stroh zurecht. Er tat zuerst Weizenstroh hinein und darauf Binsen, der Weichheit halber. Die Krippe war ungefähr einen Meter lang; nicht alle Krippen im Stall waren gleich groß. In jene Krippe legte Maria das göttliche Kindlein, nachdem sie es abgetrocknet, in Windeln gehüllt, mit einem Hemdchen mit langen Ärmeln und über die Füße hinabreichend bekleidet und in eine Wolldecke eingewickelt hatte. Dann beteten sie, Joseph zu seiner Rechten, Maria zu seiner Linken, das Kindlein an. Joseph betet, die Hände vor der Brust erhoben und die

Finger ineinander geschlungen. Maria hat die Arme vor der Brust gekreuzt. Mit der Geburt Christi wurde der Himmel sternenklar."
Diese Anbetung hat Therese Neumann in der um 11.13 Uhr begonnenen, schon berichteten Schauung gesehen.

Persönliche Bemerkung des Verfassers: Als ich den Bericht über diese Aussage im erhobenen Ruhezustand zum ersten Mal las, hat er mich ungemein ergriffen. Ich war damals noch keine dreißig Jahre alt, in einem Alter, in dem man die von Elternhaus und Schule überkommene Religionslehre kritisch überprüft, und fand nun in den so prägnant formulierten Worten über die Geburt Jesu verschiedene Dogmen der Kirche genau bestätigt: die Dogmen der Jungfräulichkeit Mariens auch nach der Geburt Jesu („unverletzt und in voller Ordnung") wie auch der Immaculata („ohne Vor- und Nachwehen") als Ausnahme vom Fluch des Protoevangeliums („in Schmerzen sollst du gebären"), beides wichtigste Dogmen zur Mariologie.
So konnte ich es später nicht begreifen, als mir folgender Sachverhalt zur Kenntnis kam: Gerlich hatte beim Bischöflichen Ordinariat Regensburg um das Imprimatur für sein Buch nachgesucht. Ein Imprimatur besagt bekanntlich nicht, daß die erteilende Stelle die Meinung des Autors in allem teilt, es bestätigt lediglich, daß nichts gegen Glauben und Sitte Verstoßendes sich in dem betroffenen Buche befinde. Nun wurde Gerlich mit Brief vom 2. Dezember 1929 mitgeteilt, daß sein Buch das Imprimatur erhalten könne, wenn er vier „direkt gegen den Glauben verstoßende Stellen" streiche. Die erste und die zweite dieser beanstandeten Stellen lauteten „der erhobene Ruhezustand bringt Therese Neumann das Gefühl des Vereinigtseins mit Christus und die Teilnahme an dessen Glückseligkeit und Allwissenheit, soweit Christus das zuläßt" (G 1,174) und „im erhobenen Ruhezustand,

in dem sie – wie gesagt – an der Allwissenheit in dem Umfange teilnimmt, wie es Christus zuläßt". Beanstandet wurde das Wort Allwissenheit in beiden Fällen. Gerlich war bereit, diese Stellen, weil sie Eindrücke und Formulierungen von ihm selbst waren, zu ändern, konnte es aber für die erste Auflage nicht mehr durchsetzen, weil man am 6. November von Regensburg aus telefonisch den Druck freigegeben hatte und das Buch inzwischen bis auf den Bogen, der noch das Imprimatur hätte aufnehmen sollen, ausgedruckt war. Unter den direkt gegen den Glauben verstoßenden Stellen waren aber noch folgende zwei Sätze aufgeführt: 3. Zu streichen ist „der sich unverletzt und in voller Ordnung . . . bis stattgehabt hätten", 4. „nachdem sie es abgetrocknet" (Beide Stellen aus der soeben zitierten Niederschrift Pfarrer Nabers nach Angaben der Therese Neumann im erhobenen Ruhezustand; (G 1,187). Gegen Änderung oder Streichung dieser Stellen wehrte sich Gerlich in einem vierzehn Seiten langen Brief nach Regensburg auf das Entschiedenste. Er sei Historiker und würde gegen sein Gewissen verstoßen, wenn er wirklich gefallene Äußerungen eines anderen zu dessen Beschönigung verschweigen würde. Wenn diese Stellen wirklich gegen den Glauben verstoßen würden, dann sei eben Therese Neumann eine Häretikerin und es müsse gegen sie entsprechend vorgegangen werden; auf keinen Fall aber würde er sich zu einer Heuchelei hergeben. In seiner scharfen Dialektik schreibt er „. . . Sie haben bewußt von dem Autor, der in der Einleitung zu seiner Arbeit erklärt, er werde sich nur von dem achten Gebot, du sollst nicht falsch Zeugnis reden, leiten lassen, eine Übertretung dieses Gebotes verlangt." So ist sein Buch ohne Imprimatur, aber auch ohne Streichung dieser Stellen erschienen. Ich habe im Laufe der Zeit verschiedene und dabei hohe und im Lehramt tätige Theologen befragt, aber keiner konnte in den beanstandeten Stellen einen Verstoß gegen die katholische Glaubenslehre erblicken, im Gegenteil, man fand darin eine Unterbauung. Insbesondere der Einwand gegen die Stelle „nachdem sie es abgetrocknet" ist geradezu unverständlich. Man kann doch ein neugeborenes, vom Fruchtwasser benetztes Kind nicht naß einwickeln. Wie kann das Abtrocknen, das bei jedem Neugeborenen geschieht, gegen den Glauben verstoßen? Wie mußte solches Verlangen eines bischöflichen Zensors einen Mann, der als Chefredakteur des größten Blattes Süddeutschlands mitten im Leben stand, der, durch die Eindrücke von Konnersreuth veranlaßt, zu einer Konversion zum katholischen Glauben tendierte, verletzen und zurückstoßen! –

In dieser kurzen und präzisen Aussage über die Geburt Jesu steckt neben den Bestätigungen des Virginitäts- und Immaculata-Dogmas noch eine dritte: Zweimal kommt darin der Ausdruck „das göttliche Kind" vor, der das Dogma des Konzils von Ephesus von der Theotokos (Gottesgebärerin) unterstreicht.

Das verklärte Christkind

Therese war während der Christmette (1927) daheimgeblieben. Beim Wandlungsläuten riß es sie in eine Schauung, die sie Pfarrer Naber wie folgt erzählte: Sie sah von der Wandlung bis zur Kommunion des Mettenamtes das Christkind in Verklärung, ungefähr 40 cm groß, mit einem schneeglitzerigen Hemdchen, bis zum Hals und zu den Knöcheln reichend, und mit langen weiten Ärmeln. Es stand auf einer lichten Wolke, die Händchen mit freundlichem Lächeln entgegenstreckend, die Haare hellblond und gekräuselt, die Augen dunkelblau; alles himmlisch schön. In der Ferne hörte sie währenddessen einen wunderbar herrlichen Gesang.

Beginn der Vision 1.20 Uhr nachts. Therese Neumann sah sich vor eine Hütte versetzt, die ungefähr eine halbe Stunde südlich des Stalles und etwa 50 m links von der Straße an einem Hügel lag. Die ganze Flur war hügelig. Die Hütte war nicht ganz 2 m hoch, mit Binsen schräg gedeckt und in eine Felsenecke eingefügt, so daß die Vorder- (West-) Seite mit drei dicken runden Tragstangen und die Südseite mit noch einer solchen Stange am Felsen offen war. Die Hütte war ungefähr halb so groß wie der Stall bei Bethlehem. In derselben hatten acht Hirten ihre Nachtlager auf Binsen und Binsenbüscheln unter dem Kopf. Allerlei Decken- und Fellzeug lag umher. Auch befanden sich 13 größere und kleinere, weiße und braune Schafe, die Lieblingsschafe der Hirten, sowie ein mittelgroßer schwarzer und ein kleiner brauner Hund, beide mit langen Haaren und hängenden Ohren und Schweifen, in der Hütte. Um dieselbe herum waren sieben Pferche mit ungefähr fünfhundert Schafen. Plötzlich wurde es blendend hell. Alles in der Hütte schreckte auf. Furchtsam spähten die Hirten aus der Hütte heraus nach der Ursache der Erscheinung. Was war zu sehen? In einer Entfernung von etwa 3 m und in Höhe von etwa 3 m stand vor der Westseite der Hütte auf einer lichten Wolke ein Engel höherer Ordnung, eine Jünglingsgestalt aus Licht in glänzend weißem Gewand mit langen weiten Ärmeln, bis zum Hals und zu den Knöcheln reichend und umgürtet. (lt. TB sagt sie: Das war einer, weißt, wie der „Schelam lich Miriam", vgl. Verkündigung, Erzengel Gabriel.) Die langen Haare fielen in der Mitte auseinander. Die linke Hand lag auf der Brust, die rechte war erhoben. Er hatte keine Flügel. Die ganze Umgegend wurde von dem Licht, das von dem Engel ausging, erhellt. Wie beruhigend, aber klar, freudig und feierlich, sprach der

Engel zu den Hirten in deren Sprache. Zweimal wies er mit der Rechten in der Richtung nach links. Als er zu sprechen aufgehört hatte, erschienen um ihn herum viele andere Engel (gewöhnliche Engel, ungefähr sechshundert) in gleicher Lichtgestalt auf lichtem Gewölk. Nachdem sie einen herrlichen Gesang wohl ein halbes dutzendmal unter gespanntester Aufmerksamkeit der Hirten, offenbar in deren Sprache, wiederholt hatten, entschwand die ganze himmlische Erscheinung. Die Hirten besprachen sich jetzt etwa eine Viertelstunde lang, was nun zu tun sei. (Ergänzung TB: Sie waren gute Leut, des hat ma kennt, aber ganz arme, ham bloß a paar so Fetzn umighabt; no ja, dort is's a net so kalt.) Hierauf machten sie sich auf und zogen gegen Bethlehem. Die dreizehn Lieblingsschafe und die zwei Hunde liefen ihnen nach. Der Stall, in dem der Erlöser geboren worden war, gehörte den Herren dieser Hirten. In ihm hofften sie das neugeborene Knäblein zu finden. Ihre Hoffnung steigerte sich, als sie von der Straße her Licht aus dem Stallfenster kommen sahen.

Anbetung des Kindes durch die Hirten

In einer weiteren Schauung sah Therese Neumann die Anbetung des Heilandes durch die Hirten im Stalle. Erst sah sie die acht Männer mit ihren Schafen und Hunden vor dem Stalle. Der anscheinend Älteste derselben rüttelte an der Stalltüre (sie war mannshoch und etwa ¾ m breit), worauf Joseph an derselben erschien und die Türe (TB: nach längerem Zögern „weißt, der hat doch den Heiland schützen müssen und deswegen net gleich aufgmacht. Und mit der Sprach ham sie sich a bißl hart dô") öffnete. Die Hirten erzählten, wie wohl aus ihrem Deuten gegen Joseph zu schließen ist, was sie eben erlebt hatten, worauf Joseph einiges zu ihnen sprach und auf das Kind und seine Mutter hinwies. Dann führte er sie zur Krippe, in der das Kindlein lag. Die Hirten betrachteten dieses mit sichtlicher Liebe und Freude. Hierauf sprachen sie einige Worte zur Mutter, die bei ihrem Eintritt rechts der Krippe auf einer Decke, unter der wohl Stroh war, gesessen hatte und nunmehr aufgestanden war. Sie zeigte unter einigen Worten den Hirten das recht frisch aussehende Kindlein, das sie etwas auswickelte. Voll Staunen und Begeisterung betrachteten sie alle, besonders der Älteste, das Kind. Dann knieten sie alle um die Krippe nieder (TB: „bis zur Stirn sans niedergfalln") und beteten, Maria andachtsvoll die Hände über der Brust gekreuzt; sie war in braunrotem, gegürtetem Obergewand, wollgelbem Schleier, großem wollenem Schultertuch und Ledersandalen. Auf dem Stroh in der linken vorderen Ecke lag ein Mantel. Joseph hatte die Hände vor der Brust in Kinnhöhe erhoben und die Finger eineinandergeschlungen; er war in dunkelgelbem, gegürtetem Rock. Gegürtet hatten Maria und Joseph den Rock mit einer Binde von gleicher Farbe und anscheinend gleichem Stoff wie der Rock; an der linken Seite war die Binde geknüpft, die beiden Endteile hingen in ungleicher Länge herunter. Joseph war ohne Kopfbedeckung. Seine Haare waren ziemlich schwarz und hingen etwas wirr vom Scheitel in der Mitte bis zu den Schultern hinab. Sein Bart war mittellang, dicht, nicht geteilt, und schien etwas heller. Der Ausdruck seines Gesichtes war ruhig, mild und freundlich. Von den Hirten war einer ziemlich alt, ein zweiter war schon bejahrt, beide graubärtig, vier standen in mittleren Jahren. Diese letzteren waren bartlos, während die anderen vier einen ungepflegten Vollbart hatten. Den Kopf hatten vier umbunden, zwei trugen runde Hauben aus Fellen, zwei waren ohne Kopfbedeckung. Die Haare fast aller reichten bis zu den Schultern. Die einen hatten Röcke, die bis zu den Knöcheln, die anderen solche, die bis zu den Waden reichten. Sie waren in der Mitte gebunden.

(Zwischenbemerkung: Hier muß ich die Gerlich'sche Originalfassung an Hand des Tonbandes etwas berichtigen: Gerlich hat das oberpfälzische „ôi, ôi", das einfach eine Mehrzahl ausdrückt, die auch nur aus jeweils zweien bestehen kann, mit „einige, andere" wiedergegeben, wodurch man leicht in die Vorstellung einer großen Zahl gerät, während es, wie bei der Verkündigung an die Hirten angegeben, insgesamt acht Hirten waren. V)

Zum Teil waren sie nur mit ärmellosen Fellen bekleidet, die bis zu den Knien reichten und um die Lenden mit einem Strick zusammengehalten wurden. Andere trugen Röcke und dazu Felle um die Schultern. Die Füße waren bei den einen ganz bloß, einige trugen Sandalen, einige hatten die Füße und Unterschenkel mit Binden umwickelt. Etwa sechs hatten übermannshohe, oben gebogene Stecken. Der Älteste betete mit ausgespannten Armen, die anderen hielten die Hände wie Joseph. Dieser Älteste trug den Kopf umbunden, er hatte lange weiße Haare und einen gleichfarbigen Bart. Bekleidet war er mit einem braunen Rock bis zu den Knöcheln, um die Schultern lag ein großes wollgelbes Fell, um die Füße waren Binden gewikkelt. Alle 8 Hirten waren sehr andächtig. Die Schafe und Hunde hatten sich zwischen sie gedrängt. Nur ein Lamm war innen an der zugeschobenen Stalltüre stehen geblieben. (TB: „Aber sie hams dann wieder außi drängt.") Eines ihrer Schafe schenkten die Hirten der hl. Familie. (TB: Es war koa alts, aber a koa ganz kloans, schô ziemli hergwachsn. Aber was sollns denn damit dô, müssns ja grod fuattern.") Schon bald aber schenkten es Maria und Joseph wieder weg an einen sehr armen Hirten. Ein Mutterschaf mit einem Lamm, das sie später geschenkt erhielten, verkauften sie, um sich mit dem Erlös Notwendiges zu erwerben.

KINDHEIT JESU

Beschneidung

1. Januar. Quellen: N 1928 verloren, aber aufgezeichnet bei G1,220; N 1,53 (1929), N 2,22 (1930); TB; V

Nach dem Mosaischen Gesetz mußte jede männliche Geburt gemäß dem „Bunde Gottes mit Abraham" beschnitten werden. Die entsprechende Stelle im Alten Testament lautet (Gen 17,10–13): „Dies ist mein Bund, den ihr halten sollt; er besteht zwischen mir und euch und deiner Nachkommenschaft: Beschnitten soll bei euch alles Männliche werden. Ihr sollt euch am Fleisch euerer Vorhaut beschneiden lassen. Dies soll ein Bundeszeichen zwischen mir und euch sein.
Im Alter von 8 Tagen soll bei euch in eueren Geschlechtern alles Männliche beschnitten werden, der Hausgeborene und der für Geld von einem Fremden Gekaufte, der nicht von dir abstammt. Beschnitten werden muß dein Hausgeborener und der für Geld Erworbene. Mein Bund an euerem Fleische soll ein ewiger Bund sein!"
Als Nachkomme aus dem Hause Davids mußte auch der Jesusknabe diesem Gesetz unterworfen werden.
Es ist im Zuge der Verbreitung der christlichen Lehre von den Nichtjuden heftig abgelehnt worden. Besonders der hl. Paulus, vor seiner Berufung eifrigster Verfechter Mosaischer Vorschriften, fand dabei größten Widerstand, als er außerhalb Palästinas die Heiden zum Christentum führen wollte, und verlangte dann die Beschneidung nicht. Ein großer Teil der Apostel war jedoch der Meinung, die Täuflinge müßten zuerst beschnitten werden, bevor sie zur Taufe zugelassen werden könnten (vgl. Apg 15,1–5). Diese Streitfrage führte zum Apostelkonzil, auf dem Paulus heftig gegen diese Meinung auftrat. Therese

Neumann sieht ihn dort in einer Vision temperamentvoll mit den Füßen stampfen, weshalb sie ihn im Zustand der Eingenommenheit, in welchem sie die Namen nicht kennt, dann mit der Bezeichnung „der Stamperer" belegt.
Es wurde dann auch „bei voller Übereinstimmung" beschlossen, die Beschneidung nicht zu verlangen (Apg 15, 22 ff.).
Therese Neumann empfindet in natürlichem Gefühl die Beschneidung Jesu auch als einen Eingriff, den sie, weil das Kind dabei verletzt wird und blutet und dabei vor Schmerz heftig weint, mißbilligt. Einige ihrer Worte gebe ich anschließend an den nun folgenden Bericht Pfarrer Nabers wieder.

N 1. 1. 1928, lt. Niederschrift G 1,220: Nachmittag 1 Uhr im Pfarrhof. Therese Neumann befand sich links von der Tür im Stall zu Bethlehem. Der Stall war sauber aufgeräumt. Joseph band gerade die Eselin an den letzten Pfahl links hinten. Ein Schaf und ein Lamm liefen frei um die Eselin herum. Maria aber redete – auf der linken Seite des in der Krippe liegenden Kindleins stehend – mit einer Frau rechts neben ihr. Beide kehrten Therese Neumann den Rücken zu. Diese Frau (die lt. N 1,53, Bericht von 1929, hebammenartige Dienste leistete) trug einen langen, in der Mitte gegürteten dunkelroten Rock, darüber einen gelblichen, über den Armen um die Brust geschlungenen Mantel, über diesem einen gleichfarbigen Schleier von leichterem Stoff. Unterdessen kamen durch die Stalltüre drei Männer. Der ältere war ein Priester aus Bethlehem. Er war mit einem weißgelben, weitgefalteten, bis zu den Ledersandalen reichenden Rock bekleidet. Darüber trug er einen anderen golddurchwirkten weißen Rock, der am Halse und der Brust gefaltet und um die Lenden mit einer starken gelben Schnur zusammengehalten war, deren mit Troddeln ausgehende Enden links ziemlich weit herunterhingen. Dieser letztere Rock reichte bis unter die Knie. Er war am Hals, an den Ärmel- und Knieenden mit einem Goldsaum eingefaßt. An letzteren hingen noch goldglänzende Kugeltroddeln. Die Ärmel waren mittelweit und reichten bis zu den Handgelenken. Darüber trug er einen weiten, mehrfarbig gestreiften, an der linken Schulter zusammengeschlossenen Mantel. Auf dem Haupte trug er eine Kopfbedeckung, die aus zwei halbkugelförmigen, nach oben zulaufenden, in der Mitte von vorn nach hinten durch eine Spalte getrennten Teilen bestand, die durch ein etwa drei Finger breites, enganliegendes, steifes Band unten um den Kopf herum zusammengehalten wurden. Die Kopfbedeckung war weiß und golddurchwirkt. Seitlich hinten hingen handbreite Bänder gleicher Farbe herunter. Die bis zur Schulter herabfallenden Haupthaare und der runde Vollbart waren graumeliert. Seine Begleiter, zwei Synagogendiener, trugen einen langen, gelbblauen Wollrock, der in der Mitte mit einem Bande zusammengehalten wurde. darüber einen gleichen Mantel wie der Priester. Den Kopf hatten sie mit einem weißen, goldgestreiften Tuch umwunden, das an der rechten Seite zusammengebunden war und in zwei Streifen bis auf die Schultern hing. Sie hatten einen schwachen, schwarzen Vollbart und schwarze, nicht ganz bis zu den Schultern reichende Haupthaare. Den Eintretenden ging Joseph entgegen und begrüßte sie mit Verneigung und Worten. Dem Priester half er den Mantel ablegen und brachte diesen zugleich mit den Mänteln der beiden anderen, die ihm von diesen übergeben wurden, zu einer Krippe neben dem Strohhaufen. Die drei gingen nunmehr zur Krippe. Nach gegenseitiger Begrüßung mit der Mutter und der Frau und einigen Worten zwischen dem Priester und der Mutter gingen der Priester und die Diener gegen das Fenster zu, während Maria das Kindlein entkleidete und dann in ein fast weißes, längliches Wolltuch bis unter die Arme wickelte. Hierauf übergab Maria das Kindlein dem herzugekommenen Joseph mit einigen Worten, auf die dieser kurz erwiderte, und ging dann in die Stallecke links vorn, wo sie sich an eine neben der Krippe mit den Mänteln an dem Srohhaufen angelehnte Krippe lehnte. Joseph aber übergab das Kindlein der Frau, die es dem Priester brachte. Er selber blieb zunächst bei der Krippe stehen, später ging er an die Seite der Mutter und gegen Schluß der Beschneidung in die Nähe des Priesters. Die Frau brachte das Kind zu dem Priester beim Fenster drüben. Vor diesem stand ein rechteckiger, etwa 65 zu 70 cm großer, ungefähr 60 cm hoher Tisch aus gelbbraunem Holz mit drei schräg eingesetzten, graubraunrindigen Füßen. Auf diesem Tisch waren zuvor zwei Binsenkörbchen mit Früchten (Datteln, Feigen, aprikosen-, orangen- und melonenähnlichen Früchten) gestanden. Diese befanden sich jetzt auf dem Boden, auf dem Tisch aber stand vorne das von einem Diener in einem gelblichen Holzkistchen – das an einem herumgebundenen Strick zu tragen war – mitgebrachte, anscheinend aus weißgrauem Marmor (vielleicht Alabaster? V) gefertigte, achteckige Steinkästchen von etwa 40 cm Durchmesser, oben mit einem gleichstoffigen, eingelassenen Deckel verschlossen. Daneben lagen die von dem anderen Diener mitgebrachten zwei Schriftrollen. In dem Kästchen waren drei kleine, kupferfarbene, runde Gefäße und ein einbiegbares, gelbliches Messer mit krummer Spitze. Eines der Gefäße enthielt Wasser aus dem Tempelbrunnen, ein anderes Salbe, das dritte war bestimmt zur Aufnahme des ausgeschnittenen Hautteilchens. Gefäße und Messer nahm der rechts vom Priester stehende Diener – einer der Unterpriester, die später Priester wurden –, der sie getragen hatte, aus dem Kästchen, legte sie neben die Schriftrollen, brachte den Deckel wieder auf das Kästchen, reichte dann dem Priester die wohl in dem Kästchen mitgebrachten, jetzt neben den Schriftrollen liegenden Deckchen, die darüber gelegt wurden – erst ein rotes mit gleichfarbigen Fransen, das das Steinkästchen bis an den Tisch verhüllte, dann ein weißes Deckchen mit goldenem Saum, das nur bis zu den Fransen des roten Deckchens hinabreichte. Unter Gebet aus der von den beiden Dienern seitlich auseinander- und ihm vorgehaltenen Schriftrolle breitete der Priester die Deckchen über den Tisch. Vor dem Tischchen stand schräg gegen die Fensterwand ein Stuhl, ähnlich einem Liegestuhl, mit Kreuzfüßen und rechteckiger Lehne aus graurindigen Stäben und buntgestreiftem Stoff. Auf diesen Stuhl setzte sich der Priester. Zuerst nahm er das Kind auf den Schoß, schaute dann nach oben zurück nach dem Fenster, hierauf nach vorn in die Höhe; dann wickelte er das Kind aus dem Tuch, das die Frau nahm, und legte es mit dem Oberkörper auf das bedeckte Kästchen. Die zwei nebenanknienden Diener hielten jeder ein Füßchen und Ärmchen, der rechts vom Priester reichte das Messer. Der etwas aufgeregte Priester – ihm war der Gedanke gekommen, ob das Kind nicht etwa gar der verheißene Erlöser sei; er wurde später auch wirklich ein Anhänger Christi – schnitt erst nicht gerade, so daß er den Schnitt verbessern und etwas auch von der äußeren Haut wegschneiden mußte. Das von der inneren Haut vorschriftsmäßig weggeschnittene Teilchen legte er in das ihm vom Diener rechts hingehaltene niederste der drei Gefäße. Nach Beiseitestellen desselben hielt ihm derselbe Diener das größte der drei Gefäße hin, aus dem der Priester einen wassergetränkten Schwamm nahm, mit dem er die beschnittene Stelle betupfte und den er dann wieder zurücklegte. Hierauf reichte der Diener das mittlere Gefäß, aus dem der Priester etwas nahm, womit er die beschnittene Stelle bestrich. Nachdem er das wieder zurückgelegt hatte, nahm er aus dem wieder dargereichten größeren Gefäß den Schwamm mit der linken Hand, reinigte die Finger der rechten Hand und trocknete sie mit dem Tüchlein, das die Frau nebst Wolle auf den Tisch gelegt hatte. Der Diener rechts trocknete dann mit dem Tüchlein und der Watte das heruntergetropfte Blut auf. Das Tüchlein brachte die Frau der Mutter. Während der Beschneidung hatte das Kindlein ziemlich stark geweint. Auch die Mutter hatte geweint. Joseph schaute ebenfalls sehr teilnahmsvoll drein. Auch Therese hatte geweint und ungehalten gegen die getan, die die Beschneidung vornahmen. Die Frau wickelte das Kindlein jetzt in das Wolltuch, in das es schon vorher gehüllt gewesen war, und trug es zur Krippe, zu welcher nun auch die Mutter trat, worauf sie beide das Kind in eine lange, gut zwei Hand breite, wollweiße Binde von den Füßchen, die sie einzeln umwickelten, bis unter die Ärmchen einhüllten. Darüber wanden sie eine dunkelrote Binde, in welche sie das Kind bis zum Halse samt Füßchen und Ärmchen (erstere auch nicht mehr einzeln) hüllten. Die Frau gab das Kind der Mutter in den Arm, die Mutter reichte es dem hl. Joseph, dieser dem nun stehenden Priester. Der legte es auf das gedeckte Kästchen, schaute zum Himmel und sprach mit ausgebreiteten Armen laut einige Worte. Dann wandte er sich an Joseph mit der Frage nach dem dem Kinde zu gebenden Namen, worauf Joseph erwiderte (lt. TB Jeschua, Ton auf u). Nun schaute der Priester längere Zeit sinnend vor sich hin. Auf ein Zeichen hielten ihm die beiden Diener eine Schriftrolle hin, aus der er laut betete. Hernach sangen alle drei mitsammen. Darauf nahm der Priester das Kind und übergab es der Frau. Die Frau übergab es der Mutter. Diese aber legte es auf das Steinkästchen, worauf die Mutter und der Priester über dem Kind die rechte Hand kurze Zeit mit zum Himmel gerichtetem Blick ineinanderlegten. Die Mutter ging nun weg, worauf die Frau das Kind zur Krippe trug. Dort fing es an zu weinen, weshalb die Frau das Kind vorne in die linke Ecke zur Mutter brachte. Inzwischen legte der Priester die Deckchen betend zusammen. Die Diener brachten die Gefäße und das Messer in das Kästchen, welches sie in das Holzkistchen stellten. Die Deckchen legten sie darauf. Dann gingen alle drei, der eine Diener mit dem Kistchen an einem Strick, der andere mit den zwei Schriftrollen, zum Strohhaufen. Joseph war dem Priester beim Mantelanziehen behilflich. Dann nahmen jene, sich verneigend und grüßend, Abschied von Maria. Joseph aber begleitete sie hinaus, während die Mutter mit dem Kinde zur Krippe ging.

Ergänzung zum vorstehenden Bericht laut TB. Theres Neumann sagt, in die hochdeutsche Sprache übertragen: Der gute Mann (stete Bezeichnung für den hl. Joseph im Zustand der Eingenommenheit) hätte sie halt nicht hereinlassen sollen. Der kleine Heiland hat mich gereut (gedauert). Pfarrer Naber beschwichtigt sie: Das war so ein Brauch, der ist vorgeschrieben. Therese: Und doch hat mich das Kind gereut. Da habe ich neulich in einem Büchl gelesen (diese Aufnahme mit „neulich" geschah in den 50er Jahren, leider ist nie ein genaues Datum der Aufnahme angegeben, also etwa 25 Jahre nach der vorstehenden ersten Niederschrift Pfarrer Nabers. Trotzdem stimmt der Inhalt der Vision noch immer genau mit der Naber'schen Niederschrift überein. Ich erwähne das, um nachzuweisen, daß die Niederschrift von 1928 keineswegs durch dieses „Büchl" beeinflußt sein konnte. V), es war sonst ganz schön geschrieben, aber das ist nicht wahr. Die das geschrieben hat, die war nicht dort. Die hat geschrieben, sie haben das Kind in einen Steintrog gelegt, aus dem das Vieh das Salz herausgeleckt hat. Das ist nicht wahr, es wurde in ein Holzgestell (Krippe) gelegt, aus dem sonst das Vieh Futter frißt. In einem Steintrog, das wäre doch so unbequem gewesen, da hätte man sich doch herunterbücken müssen, und wohl auch zu kalt. Es war doch dort um die Zeit immer „a bißerl" naßkalt, wenn sie auch dort überhaupt keinen Schnee haben. Das Kind lag in einem geflochtenen Korb, aus so was Grünem, wie bei uns das Gras aus dem Teich (Binsen). Das hab ich genau gesehen, denn der Heiland hat mich „hinpackt" (dahingepackt; gepackt bedeutet: Er hat mich plötzlich als Augenzeugen dahin entrissen, ähnlich wie im Alten Testament manche Propheten „beim Schopf gepackt" und plötzlich in andere Gegenden versetzt wurden, oder auch wie im Neuen Testament der Diakon Philippus nach der Taufe des äthiopischen Kämmerers „vom Geiste des Herrn entrückt wurde, und der Kämmerer sah ihn nicht mehr; Philippus aber befand sich in Azot" laut Apg 8,39/40).

Therese fährt in ihrer kindlichen Auffassung fort: Einer von den dreien war schöner „ôglegt" (angezogen, der Priester). Und der gute Mann hat denen dann noch etwas mitgegeben für das was sie dem kleinen Heiland angetan haben. Ich hätt ihnen nichts gegeben.

Gerlich (G 1,217) schildert dazu noch seine Eindrücke während der Vision:

1. Januar 1928, 1 Uhr nachmittags. Therese Neumanns Gesichtsausdruck war anfangs freudig, dann kamen stärkste Zeichen der Erpörung und des Zornes, sogar ein Faustdrohen. Dann begann sie den Kopf zu schütteln und schmerzliche Teilnahme zu zeigen. Aber bald packte sie wieder der Zorn. Beide Hände ballten sich zu Fäusten, mit denen sie drohte. Darauf begann sie zu weinen. Doch ging dieses allmählich wieder in eine mitleidige Freude, dann in ein freudiges Nicken und Winken mit dem Kopf und eine entsprechende Bewegung der Hände über. Dann wieder begann das Gesicht ernste Spannung zu zeigen, Kopf und Augen nahmen eine forschende Haltung an und wiederum zeigte sie Freude. Nun blickte sie in die Höhe und suchte mit den Augen; plötzlich zeigte sie starke

Freude, die Finger bewegten sich, als ob sie greifen wollte. Darauf sank sie in das Kissen zurück und begann allmählich grübelnd vor sich hinzusprechen. „Wenn die Mutter die Tür zugmacht hätt, hättens net einikönnt (= hineingekonnt), na wär's g'schehn g'west (= gewesen)." Sie faßte sich plötzlich an Gesicht und Augen: „Bin i denn naß? Was ist denn dös?" Auf die Frage wo sie gewesen sei, sagte sie: „Ich hab den kloan Heiland im Stall gsehn. Das is der nämlich gwen, wie neulich, aber schön zammgramt (aufgeräumt)."
Im weiteren folgt dann bei Gerlich die Einzelwiedergabe in Frage und Antwort, wie sie im hier vorausgegangenen Bericht Pfarrer Nabers zusammengefaßt ist und diesem gegenüber nicht Neues bringt.

Darstellung Jesu im Tempel

Mariae Reinigung, Maria Lichtmeß, 2. Februar

Quellen: N 1,59; 2,42, jedoch nur Hinweise auf die Vision; TB; eigene Aufzeichnung V.

Es wurde beim Bericht über die Vision bei der Namensgebung für Maria bereits erwähnt, daß sich jede Mutter 40 Tage nach der Geburt eines Kindes im Tempel zur „Reinigung" einzufinden hatte und daß, nach einem zweiten Gesetz, das Kind, falls es eine männliche Erstgeburt war, zur Darstellung mitzubringen sei. Vielfach lautet der Ausdruck für diese Zeremonie deshalb auch „Darbringung"; denn das Gesetz befahl die besondere Weihe und Aufopferung des Erstgeborenen an Gott. Man mußte dann durch ein Opfer symbolisch den Erstgeborenen von Gott zurückkaufen. Wichtig war die Zeremonie auch deshalb, weil das Erstgeburtsrecht, das damit offiziell festgelegt wurde, im jüdischen Recht ganz allgemein aus der Patriarchenzeit her eine ähnliche Rolle spielte wie bei uns noch heutzutage im Domanialbesitz des Adels. Um eine Zersplitterung des Familienbesitzes zu verhindern, erbte der Erstgeborene alle Ländereien und Viehbestände des Vaters, während Nachgeborene und Töchter nur Mitarbeiter in der Familie blieben, falls sie nicht anderswohin einheirateten.

So mußte auch Maria das Jesuskind am vierzigsten Tag nach der Geburt im Tempel darstellen. Der greise Priester Simeon, „auf Antrieb des Geistes Gottes in den Tempel" gekommen, nannte das Kind: Das Licht zur Erleuchtung der Völker (Phos eis apokalypsin ethnon heißt der griechische Text, Licht zur Augenöffnung der Völker). Deshalb wurde im Hinblick auf das „Licht" das Fest schon in frühchristlichen Jahrhunderten mit Lichterprozessionen, mit brennenden Kerzen, gefeiert, aus welchem Brauch sich der Name Maria Lichtmeß entwickelte. Das Fest, im Orient als Herrenfest gefeiert, wandelte sich in der römischen Kirche zu einem Marienfest.

Bericht der Therese Neumann aus ihrer Vision: Der Heiland hat mich fortgepackt. Da hab ich die Mutter und den guten Mann und den kleinen Heiland gesehen, der war eingewickelt. Sie sind unter den Bäumen hinauf zu dem großen Haus zu gegangen. Da war schon jemand, der dem guten Mann das „Pfarl" (Pferdl, Esel) abgenommen hat. Die Mutter, die den Heiland unter dem Mantel trug, und der gute Mann sind dann in das große Haus mit den vielen Säulen drinnen, und außen mit viel Drumherum, hineingegangen. Die drinnen haben scheinbar schon alles gewußt, die hatten ein Tischlein bereit, da haben sie den Heiland hinaufgelegt. Da unten hat der gute Mann etwas kaufen müssen, und wie er hinaufgekommen ist, hat er das hergeben müssen. Dann ist er hintergegangen, wo die Männer sind, und die Mutter wurde von zwei „alten Weibern" (Tempelwitwen) über einen großen finsteren Gang hinaufgeführt. Der gute Mann hat nicht mitgehen dürfen. Dann kamen sie auf einen Platz, da gingen von der Seite aus Stufen hinauf in das große Haus. An den Ecken haben Lichter gebrannt, und da war ein Tisch „mit so Schifferln". Dann haben Männer aus einem Kasten schöne Kleider herausgenommen und angezogen, dann ein Schifferl genommen und den Heiland hineingelegt. Die Mutter hat dann nicht weiter mitgehen dürfen, „sie hat bloß das Heilanderl hergeben und dann warten müssen". Dann haben die aus „Ruadln" (Rollen) viel gesungen, das hab ich nicht verstanden. Dann hat ein ganz alter Mann den Heiland so auf der Seite in die Höhe hinauf gehalten und gebetet und dann etwas Mächtiges gesagt (siehe Lk 2,29–32: „Nun entlässest du Herr deinen Diener gemäß deinem Wort in Frieden; denn meine Augen haben dein Heil geschaut, das du bereitet hast vor dem Angesichte aller Völker: als Licht zur Erleuchtung der Heiden und zum Ruhme deines Volkes.") Und dann haben sie die Mutter geholt, die hinter einem Gitter war. Dann mußte die Mutter auch den Heiland aufheben. Das war ihr ein wenig hart, das habe ich gemerkt (wohl die Aufopferung des Kindes). Der alte Mann hat der Mutter den Heiland dann aus dem Schifferl heraus zurückgegeben, dann die Hand über sie gehalten und dabei nochmals etwas Mächtiges gesagt (die Worte, daß dieser bestimmt ist „zu einem Zeichen, dem widersprochen wird" und daß ihre „eigene Seele ein Schwert durchdringen werde" laut Lk 2,34,35). Dann hat es noch eine Weile gedauert, wo sie warten mußten, dann ist da ein Weib gekommen, von der Stiege her, wo man da herauf geht. Du mußt dir einen langen finsteren Gang vorstellen. Das Weib hat zuerst etwas Freundliches gesagt, das habe ich gemerkt. Sie ist dann mit Maria in diesen Gang hineingegangen, nachdem sie das Kind auch kurz auf den Arm hat nehmen dürfen. Dann hat die Mutter den Heiland wieder zu sich genommen und unter ihren Mantel hinein.

Und drunten hat der gute Mann gewartet. Der hat nicht mit hinauf gedurft, warum? Pfarrer Naber: Das ist halt so der Brauch gewesen. Theres: Ui, dann habe ich noch etwas gesehen: Da waren viele Weiber da, alle hinter dem Gitter. Die haben nicht herein gedurft. Und da waren auch viele „Schoufala" (Schafe). Pfarrer Naber: Hatte der gute Mann keines davon gekauft? Theres: Nein, der hat in einem Körberl so kleine Vogerl drin gehabt, kleine Täuberln, zwei, und dann was Gewachsenes von den Bäumen (Früchte). Ach, jetzt ist's da so kalt! Pfarrer Naber: Warum, war's dir grad wärmer? Theres: No, das spürt man doch, wenn man dort ist, wie's da so schön warm ist. Noch etwas hab ich vergessen, Feuerl hams da geschürt, da vor nacheinander (Tempelhöfe) und da hat es geraucht und gestunken, was das wohl gewesen ist (Brandopfer? verbrannte Eingeweide?). Aber „da bin i net vüri" (nicht vorgegangen), ich bin da beim Heiland geblieben. Da hat man über eine Steinmauer vor sehen können. Wie die Mutter klein war, ist sie auch da gewesen (Tempelschule). Das alte Weib hat die Mutter schon gekannt. (Mit dem alten Weib meint sie die Prophetin Anna, die, 84 Jahre alt, seit dem Tode ihres Mannes ungefähr 60 Jahre lang als Witwe stets im Tempel gelebt hatte; vgl. Lk 2,36–38.)

Zeit bis zur Ankunft der Weisen aus dem Morgenland

Über diese Zeit findet sich in den erreichbaren zuverlässigen Quellen keine schriftliche Aufzeichnung einer Vision, wohl aber gab mir Pfarrer Naber einiges an, das er aus einer Vision oder aus Zwischenantworten in anderen Visionen und aus Befragung im erhobenen Ruhezustand wußte: Die heilige Familie blieb nach der Geburt Jesu etwa 50 Tage im Stall zu Bethlehem. Dort wurde auch die Beschneidung des Jesuskindes vorgenommen, und von dort aus reisten sie zur Darstellung des Kindes nach Jerusalem. Dann konnten sie durch Vermittlung von Verwandten des hl. Joseph in Bethlehem selbst wohnen. Hier blieben sie ungefähr 9 Monate, während der hl. Joseph seiner Berufsarbeit nachging. Dann kamen, wohl auf einen neuen Erlaß hin, noch viele Nachzügler zur Volkszählung und die heilige Familie mußte wieder in den Stall ziehen. Etwa 14 Tage waren sie dort, als von dem Engel die Warnung und Aufforderung zur Flucht nach Ägypten kam. Joseph stand noch in der Nacht auf und zog mit Maria und Jesus fort. Da sie aber mit langer Abwesenheit rechnen mußten, wollten sie sich noch eindekken und zogen deshalb an das Tote Meer und über den Jordan, um außerhalb der Grenzen des herodianischen Machtbereiches heimlich nach Nazareth zu kommen. Sie wohnten dort nicht in dem Häuschen, das Joseph gehörte, sondern blieben die Tage, die sie zur Vorbereitung der großen Reise brauchten, bei der Mutter Mariens, der hl. Anna, der Großmutter Jesu (man denke an die Darstellungen „Anna Selbdritt"). Der hl. Joachim lebte nicht mehr. Jedoch war die Schwester Mariens, Maria Kleophae mit ihrem Kinde Kleophas gerade da, das später einer der Jünger des Herrn wurde, einer der beiden, denen er nach seiner Auferstehung auf dem Wege nach Emmaus erschien. Die hl. Familie nahm, nachdem das Nötigste besorgt und ausgewählt war, sehr bald Abschied, wobei die Mutter Anna ihre Tochter Maria durch Auflegung ihrer beiden Hände segnete. Beide weinten.

Die hl. Familie zog dann nach Süden, an der Küste entlang – Resl sah das Meer – bis an die Grenzen von Judäa, wo die Wüste beginnt (Wüste Beerseba, am heute oft genannten Gazastreifen). Dort waren sie aus irgendwelchen Gründen, wahrscheinlich der schlechten Wege halber – denn es war Winter und damit Regenzeit, ungefähr ein Jahr nach der Geburt Jesu – aufgehalten und

fanden dann ein unbewohntes, gemauertes, aber schon etwas verfallenes Häuschen, das einigen Hirten als Heulager diente. Die Hirten boten es der hl. Familie an und diese verblieb dann dort mehr als ein halbes Jahr.
Das war dann der Ort, an welchem die drei Weisen mit ihrem Gefolge sie fanden. Von diesen erfuhren sie die Warnung des Engels, daß auch sie nicht zu Herodes zurückkehren sollten (der inzwischen den Bethlehemitischen Kindermord hatte durchführen lassen). Diese Weisen wollten die hl. Familie in ihre Heimat mitnehmen, aber Joseph lehnte das streng ab, er habe vom Engel die Weisung, nach Ägypten zu ziehen und halte sich daran. Unmittelbar nach dem Wegzug der Karawane der „heiligen drei Könige" machte er sich auf, aufgeschreckt durch deren Botschaft, und zog mit Mutter und Kind weiter nach Ägypten. Unter ihrem Gepäck fiel Resl besonders ein „Ve-icherl" auf, aus dem sie Wasser herauslassen konnten, ein aus einem Tierfell gegerbter Schlauch zur Mitnahme von Flüssigkeit (solche waren damals allgemein in Gebrauch, man denke an die Worte Jesu: Füllt man denn neuen Wein in alte Schläuche?).
Kardinal Kaspar (aaO S. 100) beschreibt in seinem Buch noch als Erzählung von Pfarrer Naber die Reise durch die Wüste: Resl erwähnt dabei einen Terebinthenbaum, aus dem sie „kleine Bächlein" fließen sieht, zwei Orte, die sie mit Heliopolis und Materia benennt, eine Oase, in der eine Räuberfamilie haust. Dort sei die hl. Familie freundlich aufgenommen worden. Die Räubermutter sei vom Jesuskind so stark beeindruckt worden, daß sie das dritte ihrer vier Kinder, das von Aussatz befallen war, in dem Badewasser nachbadete, in welchem Maria das Jesuskind gebadet hatte, und daß das Kind sofort geheilt war. Er fügt sogar noch an, das Kind sei der Räuber Dismas geworden, der als rechter Schächer neben Jesus gekreuzigt worden sei. Mir hat Pfarrer Naber das nicht

erzählt – aber man darf auch nicht verlangen, daß er bei seinem Alter und unseren oft mehrstündigen Gesprächen, die wir nach Therese Neumanns Tod miteinander führten, keine Einzelheit übersehen hätte. Ich verlasse mich also bezüglich des letzten Teiles dieses Berichtes auf die genannte Quelle. Eine Äußerung darüber, wo sich die hl. Familie während der ca. 4 Jahre in Ägypten aufgehalten und wovon sie gelebt hat, konnte ich in den authentischen Berichten bisher nicht finden.

Der Kindermord zu Bethlehem

28. Dezember, Fest der Unschuldigen Kinder

Quellen: Verlorene Aufzeichnung N, enthalten G 1,211; TB; V.

Gerlich hat diese dreiteilige Vision am 28. Dezember 1927 erlebt und die Zeiten genau aufgezeichnet. Den Inhalt gibt er in der Art der Befragung im Dialekt wieder. Das ist langwierig und ermüdet den Leser. Ich bringe hier im Anschluß an die Gerlich'schen Zeitangaben die Aufzeichnungen Pfarrer Nabers vom 28. Dezember 1926, dem Tag des erstmaligen Auftretens dieser Vision, und füge dann einige Ausschnitte aus eigener Aufzeichnung von 1950 und aus phonografischer Aufnahme an, die dem Text nach (Krieg) um 1943 entstanden sein muß. Sie sind als Situationsberichte ausgewählt und zeigen das drastische Miterleben in Leid und Freud und zugleich das oft kaum zügelbare Temperament der Resl.
Gerlich notiert (1,208): Mitten im Gespräch über Fenster, veranlaßt durch Kälte und Ziehen, riß es Therese Neumann um 1.15 Uhr nachmittags in die Schauung. Die erste dauerte bis 1.18 Uhr. Die Befragung ergab als Inhalt den Befehl des Herodes zum Kindermord. Die zweite begann

1.21 Uhr und endete 1.27 Uhr. Inhalt: die Ermordung der Knäblein. Die dritte von 1.37 Uhr bis 1.41 Uhr war im Gegensatz zur schaudervollen zweiten freudigen Inhalts: die Kinder in Verklärung.

Beginn und Ende der Visionen lagen – das gilt für alle Visionen, nicht nur für diese – je nach körperlicher Verfassung der Visionärin und auch manchmal aus anderen Gründen nicht Jahr für Jahr in der selben Stunde. Deshalb gibt Pfarrer Naber für 1926 den Beginn der Schauungen für 2 Uhr nachmittags an.

Erste Vision: Herodes gibt den Befehl zum Kindermord

Ein Saal in der Burg des Herodes, der nämliche, in dem der Heiland später verspottet wurde. Etwa 10 m breit, 12 m lang, rechtwinkelig, ohne Rückwand, mit Säulen an den vier Seiten; in einiger Entfernung von der Mauer auf den Säulen ein Gesimse und ein flaches Gewölbe. Alles ist anscheinend aus Marmor, die Säulen aus dunklerem, aber alles ungeschliffen. Im vorderen Drittel führen etwa zwölf Stufen aus dunklerem poliertem Marmor zum Thron des Herodes aus weißem poliertem Marmor mit großer Rückwand; links und rechts an derselben befinden sich Säulchen, dazwischen Verzierungen; auf dem Sitz und den Seitenlehnen sowie an der Rückwand rote Polster. Links und rechts des Thrones je sechs Sessel mit roten Polstern und geschnitzten Rückenlehnen aus braunem Holz auf dem polierten, weißen Marmorpflaster. Herodes trägt ein um die Brust gefaltetes, um die Lenden zusammengezogenes, bis zu den Knöcheln reichendes weißrot-gestreiftes, golddurchwirktes Untergewand mit weiten lockeren Ärmeln und einen an der Brust geschlossenen, bis zum Boden reichenden Purpurmantel und goldsilbern glänzende Fußbekleidung. Den Kopf schmückt ein goldener Reif mit dreieckigen Zacken und Edelsteinen. Das rötliche Haar reicht ihm bis zur Schulter, das Gesicht ist rund und rot mit struppigem Vollbart; ein mittelgroßer und wohlbeleibter Mann. Die auf den Sesseln Sitzenden sind besser gekleidete ältere Männer. Hinten herum und auf den Seiten viele Diener. Vor den Stufen stehen fünfzehn jüdische Soldaten. Nachdem Herodes mit den Zwölfen um seinen Thron gesprochen hat, gibt er Weisungen an die Soldaten, die daraufhin fortgehen.

Zweite Vision: Der Kindermord

In Bethlehem laufen einige junge Leute mit einer grauen, steifen Kopfbedeckung herum, die wie ein spitzer Kegel mit aufgebogenem Rand aussieht. Sie tragen einen an der Brust eng anliegenden, um die Lenden festzusammengezogenen, dann weit und faltig werdenden, bis zu den Knien reichenden Rock, der bei den meisten gestreift ist. Ferner haben sie bis zu den Knien geriemte Sandalen an. Es waren die Büttel. Diese sollten mit Gewalt die Mütter, welche Knäblein unter zwei Jahren hatten, mit diesen zusammen auf den Marktplatz Bethlehems bringen, wenn sie der Aufforderung nicht selbst nachkämen. Die Geborenen waren in einem Register eingetragen, nach dem die Befehle zur Herbeibringung erlassen worden waren. Auch Soldaten gingen in den Häusern herum, um nach solchen Knäblein zu suchen. Es gab Widerspruch und Widerstreben bei Vätern und Müttern. Die Soldaten sorgten für Ordnung zur Durchführung des Befehls, und die Büttel (die Worte sorgten bis Büttel sind in die Originalaufzeichnung Pfarrer Nabers von 1926 auf Grund späterer TB-Aufnahmen eingefügt. V) ergriffen die auf den Platz gebrachten und aus den Häusern herausgeholten Kinder, die teils nackt, teils mit langen Röckchen bekleidet waren, beim rechten Arm, stießen ihnen die etwa 40 cm langen Schwerter in die Brust und warfen sie auf den Boden hin. Die Kinder, die so gemordet wurden, waren aus Bethlehem 55, aus der Umgebung 19. Aus etlichen Familien waren es sogar zwei Kinder.

Dritte Vision: Die Kinder in Verklärung

Die gemordeten Kinder schweben über dem Stall von Bethlehem in Lichtgestalt mit glänzend weißen Röckchen bis zu den Knöcheln und mit weiten, langen Ärmeln und singen fein und zart. Nach einiger Zeit entschweben sie schräg nach oben in südwestlicher Richtung, dem nach Ägypten entfliehenden Jesuskind nach.

Nachträge in Ausschnitten: Resl weigert sich lange zu erzählen (Zustand der kindlichen Eingenommenheit), „weil es gar so traurig war". Nachdem Pfarrer Naber sie bittet und dann auffordert, will sie gleich mit dem letzten Bild anfangen. Mit Mühe und Geduld drängt sie der Pfarrer in die Reihenfolge (lt. TB und V).

1. „Der Heiland hat mich in den großen Ort packt (Jerusalem) und dort in den gleichen Saal, wo er verspottet und in die Ecken gstoßen und ausglacht worn is, und wo's ihm einen weißen Kittel anzogn ham. Es war aber net der gleiche Mann, der da war viel älter, aber er war ungefähr grad so anzogn".
Sie nennt ihn dann „der elende Tropf, der rotkopfete, der braucht doch koan goldern Roaf (Reifen), der Schinder. Die Butzerln so hinschlachtn lassen, de ham doch neamad was dô. Grode Manner (Soldaten) warn dabei, denen hot er was gsagt und was Aufkragelts (Krageln sind für sie die hebräischen Schriftzeichen; schriftlicher Befehl, zum Verlesen) mitgebn".

2. „Jetzt kommen die da in den Ort, so schräg auf'n Berg nauf, wo's selmal die Mutter und den guten Mô net neiloun (hineingelassen) ham. (Durch dieses Wort ging mir plötzlich ein Zusammenhang auf: Sollte der Kindermord vielleicht Strafe für die Abweisung der Gottesmut-

ter bei der Herbergsuche gewesen sein? V.) Bin froh, daß da die Mutter nimmer da war. Die Weiber ham zerst (zuerst) a Freud ghabt, wie's die grodn Manner gsehn ham, und ham sich schön zamgricht (= aufgeputzt) und san gern mit ihre Butzerln kommen. Oi (einige) ham glei zwoi mitbracht. Da warn ganz kloane dabei und andere ham schon laffa kinna (= laufen können). Auf oamal ham dann andere Manner, net die, die's zamtrieben ham, Butzerln bei oam Armerl packt, s' Messer neingrennt (hineingestoßen) und dann hingschmissn (hingeworfen). Da ham die Weiber hellauf gschrien und greint (geweint). A paar ham's a bei de Fe-ißerl (Füßchen) packt, wie sie's grad derwischt ham. Und allzam (alle zusammen) auf oan Haufen gschmissen. Furchtbar, furchtbar. Des is grad so, wie jetzt im Kre-ich (Krieg), wos' die Leut so zamschießen und dann auf an Haufen neinwerfen, und so a bißl was drüber. Und die Weiber ham greint und gschrien, aber die da ham gar koa Gspür ghabt, die ham neingstochen wie die Metzger."

3. Resl kommt in freudige Erregung: „Aber des is jetzt gut ausgangen. Da warn die umbrachten Kinder in der Höh. Die san gschwebt und gschwebt, ganz licht, und überm Stall, wo der Heiland auf d'Welt kommen is, ham's ghaltn. Und dann sans' weiter gschwebt so schräg in d' Höh nauf, in die Richtung, wo jetzt der kleine Heiland gwen is. Und der alte Fuchs hat gmoant (gemeint), er hat jetzt den Heiland derwischt. Das sollt' man jetzt den Weibern sagen können, daß s' a a Freud (auch eine Freude) hätten. Denen hätt ich's gunnt (gegönnt)." Es entwickelt sich dann ein Gespräch zwischen ihr und **Pfarrer Naber,** wo die Kinder hingekommen sein mögen. Resl sagt: „In'n Himmel könnens da no net kommen sein; der war zu, bis der Heiland gstorbn is. Aber da hat er s' dann gleich mitgnommen. Das war schön, wie sie dann

so nach dem Heiland alle hinten nachgschwebt san. Ist das jetzt gut nausgangen! Wenn man's nur den Müttern sagn könnt!"

Es wurde nicht gefragt, ob sie das in den Schlußsätzen Ausgesagte soeben gesehen hat oder vielleicht aus anderen Visionen, etwa nach dem Tode Jesu, weiß. Vermutlich waren aber diese beiden Teilschauungen ineinander übergehend, ähnlich wie Christus das Gericht der kommenden Zerstörung Jerusalems in den Weltuntergang überleitet: zuerst die Kinder allein in Glanz und Seligkeitsahnung der Richtung zuschwebend, in welcher sich das geflohene Jesuskind befand, übergehend in das Weiterschweben zur Seligkeit mit dem Auferstandenen. Bei solchen bildlichen Schauungen der Glorie versagen dem Visionär und dem Berichter die Worte.

Die Heiligen Drei Könige

Hochfest der Erscheinung des Herrn, 6. Januar

Quellen: G 1,224–229 nach verlorener Aufzeichnung N; N 1,53 (= G 1,293); TB; V; Kaspar 99/100; Mayr, Manuskript.

Zum Miterleben dieser großartigen und ergreifenden Visionen sind alljährlich neben Pfarrer Naber, dem Benefiziaten, den Familienmitgliedern noch einige andere Freunde aus dem Konnersreuther Kreis gekommen. Ort und Zeit waren ein beliebter Treffpunkt hiefür. Ich selbst habe diese Vision miterlebt, als sich für mich einige Jahre nach dem Krieg – Resl hat mir zu Weihnachten 1939 ein Feldpostpäckchen geschickt und 1940 mich überraschend im Lazarett besucht – Gelegenheit ergab, die Tage von Weihnachten bis Mitte Januar in Waldsassen zu verbringen. Von dort kam ich fast täglich – 6 km – nach Konnersreuth.

Der Leser möge entschuldigen, wenn ich hier aus Persönlichem berichte und gestehe, daß mir diese Tage unvergeßlich sind. Ich war eingeladen, mit der Resl – ich muß hier diese übliche Bezeichnung wählen – und Pfarrer Naber einige Abende in ihrem Stüberl zu verbringen. Sie hatte die Kerzen an verschiedenen Wandleuchtern angezündet, ein schönes Kripperl aufgestellt und beleuchtet, man saß beisammen und redete über alles, was einen bedrückte und erfreute, über die Pläne künftiger Arbeit, über Besucher, über verstorbene Freunde, alles nicht eigentlich religiös, und doch spürte und fühlte man das Wort „da bin ich mitten unter ihnen". Diese Stunden rechne ich zu den beglückendsten meines Lebens. Sie schenkten mir nüchternem Menschen ein stärkeres Gefühl der Gottverbundenheit als manche Exerzitien. Die Angriffe, die auch heute noch gegen Therese Neumann von Leuten erhoben werden, Theologen sogar, deren Verdächtigungen Reißer für willfährige Presse liefern, rechtfertigen, ja fordern es, daß diejenigen, die sich zu den Zeugen rechnen dürfen, auch ihre inneren Erlebnisse offenlegen und bekennen, welche Bereicherung sie durch das Verbundensein mit Konnersreuth erfahren haben. In diese glücklichen Tage fällt auch die Vision „Taufe Jesu", die ich miterleben konnte, als ich nachts 11 Uhr Pfarrer Naber und Resl von einem gemeinsamen Besuch am 13. Januar nach Hause fuhr. Ich habe es stets dankbar als besonderes Geschenk empfunden, daß ich diese Vision im eigenen Wagen miterleben durfte, umsomehr als der hl. Johannes mein Namenspatron ist. Über den Verlauf werde ich bei der entsprechenden Vision berichten.

Aus eigener Aufzeichnung über die Visionen am 6. Januar dieses Besuchsjahres berichte ich kurz über den Eindruck während der Abendvision, Beginn 17.40 Uhr.

Die Morgenvision hatte Therese in diesem Jahr (1952) allein erlebt. Sie hatte dabei lt. kurzer Erzählung am Abend im Zustand der Eingenommenheit „die drei mit ihren Mannern und Ve-ichern durchs Wasser ziehen sehen (Überquerung des Jordan); dann sind sie in den großen Ort gekommen, wo der eine nicht ehrlich gewesen ist (Herodes). Der, der dann die mit den Roudln (Rollen) hat kommen lassen (die Schriftgelehrten, die ihm Bethlehem als den Ort der Geburt des „Königs der Juden" nannten).
Am Abend war nun während der Visionen der Eindruck folgender (laut meinem damaligen Stenogramm; die in Klammern beigefügten Erklärungen hat Pfarrer Naber während der Vision aufgrund seiner früheren Erfahrungen und Befragungen den Anwesenden gegeben): Die Miene zeigt großes Erschrecken (weil der Stern scharf und mit grellem Leuchten, wie verglühend, niedersaust, so daß alle erschrecken und die Pferde, Kamele, und Elefanten unruhig werden und die ihrer Art gemäßen Angstlaute ausstoßen). Jetzt strahlende Freude (die Weisen haben ihr Ziel erreicht). Sie streckt ein paarmal die Hände vor (sie möchte auch das Kind auf den Arm nehmen, wie das die drei Weisen tun). Sie schnuppert mit der Nase (Weihrauch und wohlriechende Salben). Schauen in ernster Spannung (das Jesuskind, das schon laufen kann, kommt heraus und gibt dem Gefolge das Händchen). Resl springt vom Kanapee auf und läuft durch das Zimmer, wobei sie an ihr Bett anstößt, das Angesicht geht in unsagbar strahlende Freude über; dann sinkt sie ohnmächtig auf das Bett (sie ist dem Jesuskind entgegengelaufen und dieses hat auch ihr das Händchen entgegengestreckt, das sie nehmen durfte und warm und fleischig fühlte. Vor Freude wurde sie ohnmächtig). Pfarrer Naber und ihre Schwester Ottilie führen sie wieder auf das Kanapee, wo sie nach einiger Zeit zum Zustand

der Eingenommenheit mit den Worten erwacht „warum mou i jetz da gê (warum muß ich jetzt da gehen)? S' Schönste is jetz gwen (das Schönste ist jetzt gewesen)."

Und nun beginnen die Befragungen über das Geschaute und Erlebte, die ich zunächst übergehe, um nur am Schluß mit einigen Aussprüchen die Nabersche Darstellung zu untermalen. Pfarrer Naber machte unter dem 6. Januar 1927 (erstmaliges Vorkommen dieser Vision) folgende genaue Aufzeichnung:

Th. N. erzählt im erhobenen Ruhezustand (also in der Ekstase nach der hl. Kommunion, in welcher sie hochdeutsch spricht, im Gegensatz zum kindlichen Zustand der Eingenommenheit nach den Visionen): Die Namen Kaspar, Melchior und Balthasar für die Hl. Drei Könige stimmen ungefähr. Sie waren wirkliche, herrschende Fürsten, selbst sehr reich, nicht herrschsüchtig, sondern recht gemütlich mit den Leuten. Balthasar kam aus Nubien, einem goldreichen Lande. Er stand anfangs der Vierziger und reiste mit ungefähr siebzig Dienern, zwanzig Soldaten, acht Gelehrten, von denen jeder zwei Diener hatte – solche Gelehrte hatte Balthasar in die zwanzig – und einer Frau. Melchior kam aus Arabien, einem Lande, reich an Getreide und Gewürzen. Er war Mitte der Fünfziger und nahm ungefähr vierzig Diener, fünfzig Soldaten, fünf Gelehrte mit je zwei Dienern und zwei Frauen mit. Kaspar kam aus Medien, einem an Harz und Weihrauch und Früchten reichen Lande. Er stand Mitte der Vierziger, war von ungefähr zwanzig Dienern, vierzig Soldaten und vier Gelehrten mit je zwei Dienern begleitet.

In den drei Ländern wurde die Sternkunde besonders gepflegt, vor allem in Medien. Man baute eigene, hohe, hölzerne Türme zur Beobachtung der Gestirne. Die Fürsten hielten sich eigene Sternkundige, Magier. Die dorthin zerstreuten Juden, die vielfach – was ihnen eigen war – sehr alt, bis zu ungefähr zweihundert Jahren wurden, brachten die Kenntnis des einen wahren Gottes und des verheißenen Erlösers mit, insbesondere auch Balaams Prophezeiung: „Es wird ein Stern aufgehen aus Jakob" (Num 24, 17). In Nubien wurde der Stern schon 3 Wochen vor Geburt des Erlösers von 2 Magiern gesehen, die dann zum König kamen und ihm erzählten, sie hätten am Himmel einen sonderbaren Stern gesehen; er sei von außerordentlicher Größe und besonders starkem Licht und habe einen eigenartigen Schweif, der lang und am Ende gebogen sei. Der König ließ nun die Gelehrten zusammenkommen. Sie kannten sich aber nicht recht aus, weshalb er Gesandte zu seinem Freunde, dem König Melchior in Arabien, zwecks Einholung von Aufklärung schickte. In Arabien und Medien war der Stern wie in Nubien zu sehen gewesen, aber es gingen dort in jenen Wochen Gelehrte nicht auf den Turm. Nur in Arabien war einer droben gewesen, hatte den eigenartigen Stern gesehen und gesagt, man sollte doch näher nachforschen. Aber die Magier waren nicht alle beisammen und so unterblieb es; auch der König kümmerte sich nicht weiter darum. Nun aber bestieg er selbst den Turm und schickte dann Gesandte nach Medien, ob man dort nicht auch einen so ungewöhnlichen Stern gesehen habe. In Medien war der König selbst in den Tagen der Geburt des Heilandes auf den Turm gegangen und hatte den Stern entdeckt, auch seine Gelehrten zu Rate gezogen, die aber nichts Rechtes hatten herausbringen können. Als aber die Gesandten aus Arabien kamen und berichteten, da ging ihm ein Licht auf und er befahl, sich reisefertig zu machen, um zu einer Besprechung nach Arabien zu reiten. Während die arabischen Gesandten auf dem Wege nach Medien waren, ritt der König von Nubien nach Arabien und mit dem König dieses Landes weiter nach Medien, wo sie eintrafen, während der dortige König die Vorbereitungen zur Reise nach Arabien traf. Von Medien aus zogen sie gemeinsam dem Stern nach, der oft tage- und monatelang nicht zu sehen war und so die Weiterreise verzögerte. (Ergänzg. aus TB: Wenn der Himmel bedeckt war und man die anderen Sterne nicht gesehen hat, dann hat man natürlich den auch nicht gesehen.) Die Männer waren Monotheisten, kannten die Prophezeiungen Balaams und glaubten, dessen Stern jetzt vor sich zu sehen. (Soweit lautete die Mitteilung im erhobenen Ruhezustand. Das Folgende hat Pfarrer Naber von Therese Neumann ein Jahr später im Zustand der Eingenommenheit und im normalen Zustand erfragt und aufgezeichnet.)

Am 6. Januar 1928 ungefähr 6 Uhr morgens sah Therese Neumann bei aufgehender Sonne aus einem weitläufigen, aber niederen Gebäude mit vielen goldverzierten Säulen über viele lange und breite Stufen herab einen Mann mit zahlreichem Gefolge (König Balthasar) kommen. Das Gebäude war von vielen, weitzerstreuten runden und eckigen Hütten umgeben, die anscheinend mit Rinde verkleidet und in Pult- oder Spitzdachform mit Binsen gedeckt waren. Das Haus des Mannes (Königs) war aus dunkelgrauem Stein, die Säulen aus etwas hellerem Stein gebaut und von oben bis unten mit Gold verziert. Die Stufen waren dunkel wie die Mauern. Der Mann (König Balthasar) war ziemlich groß und stark, von braunschwarzer Hautfarbe, hatte mittellanges, krauses schwarzes Haupthaar und ebensolchen Vollbart; auffallend waren Therese Neumann seine roten Lippen, die weißen Zähne und das Weiße der Augen; seine Kopfbedeckung bestand in einem blendend weißen, mit einem hängenden Goldband umschlungenen Wulst, auf dem sich oben ringsum Goldstäbchen mit goldenen Kügelchen befanden, deren jedes mit einem Edelstein geziert war. Innerhalb der Stäbchen und etwas über dieselben hinaus ragte eine kegelförmige, weiße, golddurchwirkte Haube empor. Er trug einen buntgestreiften, in der Mitte mit einem bunten

Gürtel zusammengehaltenen, über und unter demselben faltigen Rock, der bis etwas unter die Knie reichte und dort einen breiten, dagegen an den langen weiten Ärmeln vorne und am Halse einen schmaleren Goldsaum hatte. An den Füßen trug er Sohlen, von denen aus goldene Bänder kreuzweise um Füße und Unterschenkel geschlungen waren. Auf der Brust war der Rock mit Goldstickereien versehen. Um den Hals trug er etwa fünf am Rock festgemachte, mit Perlen gezierte goldene Ketten verschiedener Form, an denen vorn verschiedenformige goldene Münzen mit eingeprägten Verzierungen übereinander hingen. Der Mantel, der nur etwas über die Schultern vorreichte und vorn mit silbernen Bändern und silberner Schließe zusammengehalten wurde, zeigte einen weißen Untergrund mit eingewirkten, verschiedenfarbigen Blumen und war mit einem handbreiten Goldsaum eingefaßt; er war faltenreich und nachschleppend und wurde von zwei Dienern nachgetragen. Des Königs Frau kam hinter diesem, begleitet von vier Dienerinnen. Sie trug einen mit zarten Blumen bestickten, in der Mitte mit einem gestickten Gürtel zusammengehaltenen, sehr faltenreichen Rock, der bis zu den Knöcheln reichte und nachschleppte. Vom Hals hingen ihr mehrere goldene Ketten, die mit Perlen besetzt und an der Brust verschlungen und befestigt waren. Um den Hals selbst trug sie einen goldenen Reifen; an den Ohren ein auf den Schultern noch aufliegendes, goldenes, mit Perlen besetztes Gehänge, in den bis auf die Schultern reichenden, offenen, schwarzen, krausen Haaren feine Goldkettchen, mit Perlen besetzt, über den Ohren je zwei krumme Spangen mit Edelsteinen. Die Sohlen an den Füßen wurden durch gestickte, um die Knöchel geschlungene Bänder festgehalten. Über dem Rock lag ihr ein weißer, großblumig gestickter Mantel, der über die rechte Schulter nach vorn herabhing und von da über den Rücken und die linke

Schulter nach der rechten Hüfte geschlungen war, so daß er am Boden noch nachschleppte. Zu beiden Seiten ging je eine Dienerin, die der Königin das Gewand emporhielten. Diese trugen gelbliche, blumengestickte, etwas nachschleppende, in der Mitte mit gelben Bändern, deren Enden seitlich herabhingen, gegürtete faltenreiche Röcke; um den Hals etliche Goldkettchen mit etlichen Steinen, ebenso im mittellangen Haar; auch Ringe in den Ohren. Hinter den Dreien gingen noch etliche feinere Dienerinnen, Kleines tragend. Dazu kamen bepackte Diener und Dienerinnen, letztere in einfachen, bunten oder gestreiften, bis zu den Knöcheln reichenden, hinten meistens längeren Röcken, ohne Schmuck außer in den Ohren, mit mittellangen, offenen, krausen Haaren. Der König hatte zwei Diener rückwärts zur Seite, die den Mantel nachtrugen. Sie hatten einen gelblichen Rock mit farbigen, eingestickten Verzierungen an, der bis unter die Knie reichte und in der Mitte mit einem Band zusammengehalten war, dessen Enden an der Seite herabhingen und mit goldenen Quasten versehen waren. Um den Hals trugen sie einige goldene Ketten; um den Kopf einen goldenen Reif. Ihre Fußbekleidung ähnelte der des Königs. Hinter ihnen folgten noch viele Diener – auch vor dem König war schon ein Trupp Diener heruntergegangen. Die einen waren vollständig mit bunten Gewändern bekleidet, aber ohne Schmuck; nur teilweise trugen sie Ohrringe. Insbesondere die Diener um den König trugen einen krummen Dolch mit weißem oder kupferfarbenem Griff. Andere Diener hatten nur ein buntes Lendentuch oder ein solches und ein Tuch über eine Schulter und die Brust geschlungen, welch letzteres unter dem Lendentuch festgehalten wurde, und waren barfuß.

Hier endet der Bericht Pfarrer Nabers für 1928. Er setzte ihn unter dem 6. Januar 1929 fort und diktierte mir am 10. Oktober 1949 zwei Einschaltungen, die den Bericht vom 6. Januar 1929 ergänzen und hier eingefügt sind. Er schreibt (N 1,53):

6. Januar 1929: Mittags schaut Theres, wie die drei Weisen, zugleich Fürsten, mit einem Gefolge von ungefähr dreihundert Personen (Gelehrten, Dienern, Soldaten und auch Frauen) nach Jerusalem kommen. Es sind ein Schwarzer aus Nubien, ein Brauner aus Arabien, ein Gelber aus Medien, von einem Kometen geführt. Nach der ersten Anfrage bei Herodes nach dem neugeborenen König ziehen sie nach einem Bethlehem weit im Norden. Erst nach einer zweiten Nachfrage schlagen sie den Weg nach dem richtigen Bethlehem ein. Der Stern führt sie aber weit über Bethlehem hinaus zu einem gemauerten Stalle, in dem sich die hl. Familie, die bereits auf der Flucht nach Ägypten ist, schon seit längerer Zeit aufhielt. Sie sind zunächst enttäuscht über den Anblick von Einfachheit und Armut, der sich ihnen bietet, und glauben, sich geirrt zu haben. Dennoch rütteln sie an der Tür. Vorsichtig kommt der hl. Josef heraus. Nur der Braune kann so reden, daß ihn der hl. Josef versteht. Er führt sie hinein, wo sie sich vor der Mutter verneigen und mit ihr sprechen. Da sieht ihnen das Jesuskind, schon fast zweijährig, mit einem „göttlichen Blick" in die Augen. Und sogleich erkennen sie in dem Kind ihr Ziel und werfen sich zu Boden. Dreimal mit der Stirn die Erde berührend beten sie, in längeren Zwischenräumen, das Kind an. „Therese Neumann hört, daß ihre Halsketten mit klirrendem Geräusch auf dem Boden aufschlagen" („ . . " Ergänzung Mayr aus seiner Aufzeichnung). Dann bringen sie ihre Geschenke dar. Auf ihr Bitten hin erhalten sie von der Mutter das Kind in die Arme gelegt. Schließlich führt diese das Kind, das schon gehen konnte, hinaus vor den Stall zu der Begleitung der Weisen, die es freudig begrüßt und beschenkt. Theres beneidet die Könige sehr, daß sie das Kind in die Arme nehmen durften,

aber schließlich wird ihre glühende Liebe dadurch belohnt, daß das göttliche Kind, als es vor dem Haus die Begleitung begrüßt, auch zu ihr hinsieht, worauf sie darauf zuläuft und auch das Händchen gereicht bekommt. Sie fühlt es ganz warm und fleischig und ist überglücklich darüber. Dieses erlebte sie zum ersten Mal 1931 (N 2,25) und seitdem dann alljährlich.
Aus den von mir im Jahre 1952 aufgezeichneten Worten der Therese Neumann nach der Vision: Die sind so dahingezogen bei Nacht, bei Tag haben sie gerastet, denn da konnten sie den Stern nicht sehen, und in der Nacht sind sie wieder weiter geritten. Auf einmal „es is schon grou (grau, Dämmerung) worn, da is der Stern ganz machtig niedergangen, da hat man gar nix mehr gsehn als lauter Feuer. Die Ve-icher (Tiere) ham brüllt und be-igt (gebrüllt und geschrien). Da hams' nimmer zweifeln kinna (können), daß s' do san (am Ziel sind), da hams' nix mehr frogn braucht (nichts mehr fragen müssen) . . . Der Schwarze war der reichste, der hat auch die größten Ve-icher ghabt, mit Decken und Kissen und wieder Dekken und da drauf san gleich mehrer Leut gsessn (Elefanten) und die andern ham so höckerige ghabt mit krummen Buckeln (Kamele) und schöne Pfarln (Pferde)."
Dr. Schorer, Eichstätt, wirft dazwischen: „Warn die schöner wie deine Lotte" (so nannte Resl ihren struppigen Pony, mit dem sie zu Krankenbesuchen in der Umgebung herumfuhr)? Resl: A ge-i, meine Lotte brauchst net verspottn, die braucht a net so weit z'laffa (zu laufen). Und as Pfarl von der Mutter (Maria) is no wüschter (wüster) gwen. 'S hat so lange Ohren ghabt, es war ja a a Esel."

Ich möchte, wie schon in der Einleitung betont, keinerlei theologische Ausdeutungen geben und keine Hypothesen aufstellen – das sollen Berufenere tun –, sondern nur getreulich wiedergeben, was in Konnersreuth beobachtet und aufgezeichnet wurde. Aber schließlich zwingen solche Aussagen wie die über den Stern doch zum Nachdenken über ihre Möglichkeit, wenn man die Visionen oder Teile davon nicht als Phantasieprodukte betrachten, sondern als historisch möglich annehmen will, also zu fragen, ob denn ein am Himmel zwei Jahre lang sichtbarer Stern plötzlich als feuriger Ball auf die Erde niedergehen und dann erlöschen könne. Angesichts von Sternschnuppen (Meteoren) und im Hinblick auf die in der heutigen Raumfahrt notwendigen Hitzeschutzschilder der Kapseln legt sich aber doch eine Erklärung nahe: Vielleicht war der führende Komet sehr klein und erdnah und tangierte schließlich die Erdatmosphäre, die ihn zum Verglühen brachte? Oder ein Teil seines im Verhältnis zu unseren Größenvorstellungen sehr langen Schweifes kam mit der Atmosphäre in Berührung und verursachte dieses feurige Aufleuchten? Im Matthäus-Evangelium heißt es (2,9): „siehe der Stern, den sie bei seinem Aufgang – der griechische Text heißt: ἐν τῇ ἀνατολῇ das Wort Anatoli hat die Bedeutung Osten angenommen und wird oft so übersetzt; es heißt aber ursprünglich Aufgang – gesehen hatten, zog vor ihnen her, bis er ankam und stehen blieb über dem Orte, wo das Kind war". Ein Aufleuchten und Verglühen über dem Orte klingt astronomisch wahrscheinlicher als das Stehenbleiben eines Sternes in seinem Laufe, und so scheint mir auch das „Stehenbleiben" nach dem Evangelienbericht aufzufassen zu sein.

Gott hat zur Verkündigung der Geburt des Sohnes an die Hirten seine Engel eingesetzt, weil diese einfachen Leute einen Stern nicht verstanden hätten und sich auch zu nahe am Ort der Geburt befanden. Für die gelehrten und sternkundigen Männer, Vertreter der gottsuchenden Heiden dagegen, ließ er einen Stern seine Bahn so ziehen, daß er ihnen als Führer diente.

Der Jesusknabe in Nazareth

Quelle: Mayr

Professor F. X. Mayr (siehe Quellenangabe am Anfang des Buches) berichtet: Pfarrer Naber erzählte mir folgende Schauung der Resl. Jesus ist ein kleiner Knabe. Josef geht fort zur Arbeit. Jesus will mitgehen. Seine Mutter läßt dies aber nicht zu. Als abends Josef heimkommt, läuft ihm der Jesusknabe freudig entgegen. Nach der Rückkehr aus Ägypten hat die Hl. Familie eine Anzahl Schafe geschenkt erhalten. Der Jesusknabe muß sie hüten. Die Mutter gibt ihm das Essen („Brotzeit") mit. Da kommt einmal ein sehr kranker, aussätziger Mann daher. Der Jesusknabe gibt ihm mitleidig von seiner Brotzeit. Dann „wischt" er dem Mann das Gesicht ab. Der Mann geht fort. Unterwegs betrachtet er sich und findet, daß er jetzt von seinem Aussatz gereinigt wurde.
Dieser Mann kam später zu einer angesehenen Stellung. Er ist auch bei der Ratsverhandlung dabei gewesen, als Jesus zum Tode verurteilt wurde. Wie auch einige andere Männer, hat er dem Urteil nicht zugestimmt.
Der Jesusknabe hat sich mit den Kindern in Nazareth freundlich abgegeben.
Mayr hat nicht aufgezeichnet, an welchem Tag diese Schauung eintrat, vermutet aber das Fest der Hl. Familie.

Der zwölfjährige Jesus im Tempel

Lk 2,40–52

Quellen N 1,55; N 2,27; TB

Alljährlich zog eine große Schar in einer Art Wallfahrt von Nazareth nach Jerusalem, um dort das Passahfest zu feiern. Auch Josef und Maria wanderten alljährlich dorthin. Als der Jesusknabe zwölf Jahre alt war, nahmen sie

ihn zu dieser Wallfahrt mit. Ob sie ihn auch schon früher mitgenommen haben, ist nicht berichtet. (Therese Neumann hat es jedenfalls nicht gesehen, und es ist auch in keinem Evangelium erwähnt.) Der Knabe ging den größten Teil der Wegstrecke nicht mit den Eltern, sondern schloß sich einer Schar Buben an. Er ging barfuß, seine „Sohlen mit Riemchen dran" hatte Josef mit anderen für die Reise notwendigen Dingen zusammen in Säckeln über die Schulter geschlungen. Auch der Jesusknabe trug ein kleines Ränzl mit „etwas für den Tag zum Essen drin". Die verschiedenen Gruppen kamen oft ziemlich weit auseinander. „Sie hatten Stecken, länger als sie selber sind. Auch das Jesuskind. Diese waren oben etwas umgebogen. Da hängten sie auch, wenn es ihnen beim Wandern zu heiß wurde, ihren Rock hinauf." Zwischenfrage eines Anwesenden: „Haben sie da auf dem Weg nur gebetet oder auch sich unterhalten?" Resl: „Kannst dir ja denken, daß sie sich, namentlich die Buben, meistens unterhalten haben, ist doch ein langer Weg von ein paar Tagen. Man hatte da doch keinen Wagen, wie man ihn heut hat, wo man sich hineinsetzt und dann gehts schnell dahin. Die mußten doch alles zu Fuß gehen." Pfarrer: „Da sollte man doch einmal hinfahren und sich alles ansehen!" Resl: „Nâ, i net (nein, ich nicht), wenn mich der Heiland irgendwo hinpackt, geht das viel schneller, und da sehe ich sowieso alles. Aber ich kann es gar nicht bestimmen, wann. Der Heiland packt mich, wann ER will."
Als nächstes sieht dann Therese den Jesusknaben im Tempel. Unter den Schriftgelehrten sieht sie einen ganz alten Mann, den sie kennt. Es ist der, den sie gesehen hat, als Maria und Josef vor der Geburt des Heilandes Besuch machten (Zacharias). Auch einen zweiten kennt sie, einen Mann in mittleren Jahren, der später, viel älter, den Heiland in der Nacht besucht hat (Nikodemus). Pfarrer Naber bringt hiezu in seinem Tagebuch (2,27) un-

ter dem 11. Januar 1931 eine für das ganze Geschehen aufschlußreiche Notiz (gekürzt): Abends ½8 Uhr schaut Theres die Wallfahrt des zwölfjährigen Jesusknaben nach Jerusalem. Zacharias, der offenbar in diesen Tagen Tempeldienst hat, denn Theres sieht ihn auch am Rauchopferaltar, hat seinen jungen Verwandten bei den Schriftgelehrten als außergewöhnlich begabten und verständigen Knaben eingeführt. Unter den Schriftgelehrten sieht sie auch Nikodemus. Soweit die Notiz Pfarrer Nabers.

Therese gibt dann im Zustand der Eingenommenheit eine Beschreibung des Tempelgebietes: Der ganze Bezirk ist von einer starken Mauer umzogen, er wirkt wie eine eigene Ortschaft. Wenn man da hinein geht, muß man sechs breite Stufen hinaufsteigen, halbrund. Dann kommt ein großes Tor mit funkelnden Platten, das ist das Haupttor – Pfarrer Naber erklärt dazu: Wohl Bronzeplatten, die sogenannte schöne Tempelpforte – da gehen die Leute zum Beten hinein, in das große Haus (den eigentlichen Tempel). Das ist sehr groß mit schönen geschnitzten (vielleicht meint sie kunstvoll behauenen) Säulen. Der Raum ist ungefähr gleich hoch wie bei uns eine große Kirche. Mit vielen Nebenräumen und Gängen. Draußen sieht man hinunter, da sind offene Hallen, sie haben schon ein Dach, aber keine Seitenwände. Die Leute von da dürfen nicht in das große Haus hinein. Es sind die, die der Heiland, als er groß war, fortgejagt hat. Und noch viel weiter drunten sieht man offene Feuer brennen, da sind auch Höfe für das Vieh. Zwischenfrage: Ist da die Mutter, als sie ein kleines Mädchen war, auch durch das große Tor hineingegangen? Therese: Kein Drandenken. Die sind doch hinten hinaufgegangen, nicht durch das große Tor sondern über eine „Drah'l-Treppn" (Wendeltreppe) von der anderen Seite her.

Es folgt eine weitere Vision: An einem anderen Tag, es ist schon auf die Nacht zu gegangen „schô grou worn" (schon grau geworden, Dämmerung), da schaut die Mutter nach dem Jesusknaben um. Sie finden ihn nicht. Sie geht mitten durch alle Buben und frägt. Sie schütteln die Köpfe. Erschreckt berichtet sie Josef. Sie gehen zu allen Gruppen der Verwandten und Bekannten; niemand hat den Knaben gesehen. Am nächsten Tag gehen Maria und Josef ganz allein und bedrückt den ganzen Tag wieder nach Jerusalem zurück. Sie hatten dort Bekannte, ein paar alte Leute. Mit der Frau hat die Mutter dann geredet. In den Tempel konnten sie spät abends nicht mehr. Am nächsten Morgen sind sie dann gleich in das „große Haus" gegangen. Dort hat die Mutter mit einem Mann geredet, der Ordnung gehalten hat. Der ist mit ihnen hineingegangen und hat sie in einen besonderen Raum geführt. Da sind auf Stühlen Männer gesessen und mitten unter ihnen der Jesusknabe. Der hat mit denen geredet und die haben gestaunt. Weißt, wirklich gestaunt, das hat man ihnen angesehen. Weißt so, wie man bei uns sagt „M, e-iza ge-i" (M, jetzt geh aber). Aber so hams net gsagt. Auf Zwischenfragen, ob die Stühle im Kreis herumgestanden seien, gibt sie zunächst eine etwas unwillige Antwort, daß man von der „Hauptsache" ablenkt, sagt aber doch, daß sie ungefähr im Halbkreis gestanden hätten und befestigt waren „man hat sie nicht rucken (verrücken)" können. Und da sehen nun die Eltern den Knaben, und der Tempelhüter führt sie hin. Die Mutter hat mit dem Knaben wenig, aber hart, geredet, und der kleine Jesus hat erstaunt geantwortet („wußtet ihr nicht, daß ich in dem sein muß, was meines Vaters ist?" Lk 2,48. Therese hat diese Worte wohl gehört, aber nicht verstanden. Sie sieht nur das erstaunte Gesichtlein.) Josef hat kein Wort geredet. Der Jesusknabe aber hat sofort gefolgt und ist mit ihnen nach Nazareth zurückgegangen.

ÖFFENTLICHES WIRKEN JESU

Vorbemerkung: Die nun folgenden Ausschnitte aus dem öffentlichen Auftreten Jesu sind bis zum Einzug in Jerusalem hin den Visionen nacherzählt, die Therese Neumann gewöhnlich an den Sonntagen – in der Fastenzeit auch an Werktagen – des Jahres, auf welche kein besonderes Fest fiel, als Schauung des betreffenden Tagesevangeliums erleben durfte. Solche Visionen hatte sie aber nur, wenn in den Evangelien von aktivem Auftreten und Handeln Jesu die Rede war. Wenn als Evangelium ein Gleichnis vorgesehen war, stellte sich keine Vision ein. Das ist durchaus verständlich und einleuchtend und spricht für die phantasiefreie Realität der Geschehnisse in Konnersreuth.

Es ist bedauerlich, daß Therese Neumann nicht die neue liturgische Ordnung mit dem Dreijahreskreis der Schriftlesungen erlebt hat. Denn dann hätte sie sicherlich bei der strengen liturgischen Bindung, in der sich alles vollzog, im Ablauf von drei Jahren auch die neu hinzugekommenen Evangelienabschnitte, die im Einjahreszyklus nicht zur Vorlesung kamen, visionär miterlebt, womit das Bild, das uns die ihr zuteil gewordenen Visionen bieten, noch wesentlich geweiterter und differenzierter ausgefallen wäre.

Die Reihenfolge, in welcher die weiteren Visionen angeordnet sind, ist wiederum nicht an das Nacheinander der Evangelienfolge im Kirchenjahr gekoppelt, weil sonst die Berichte sich nicht an die Chronologie ihres Ablaufes im Leben Jesu halten würden. Es ist, dies zu erreichen, der Versuch gemacht, die Ereignisse im Rahmen der Synopsis der Evangelien (unter Miteinbeziehung des Johannesevangeliums) in eine zeitliche Ordnung nach ihrem Geschehen zu bringen, wozu das Buch „Synopse" von Josef

Schmid (Regensburg 4. Aufl. 1964) den Leitfaden geboten hat. Es ist aber bei jedem Visionstext angegeben, an welchem Tag des Kirchenjahres die Schauung stattfand. Alle diese Hinweise beziehen sich gemäß dem Gesagten auf die liturgischen Vorschriften, wie sie zu Lebzeiten der Therese Neumann bestanden.

Die Taufe Jesu

Quelle: eigenes Miterleben des Verfassers am 13. Jan. 1952 (oder 1953)

Unter ganz eigenartigen Umständen kam, wie ich schon erwähnte, das Erlebnis dieser Vision zustande. Pfarrer Naber hatte mich am Nachmittag des 13. Januar gefragt, ob mich vielleicht der Bernadette-Film (nach dem Roman von Franz Werfel) interessiere. Er würde zur Zeit in Marktredwitz laufen. Als ich sagte „den werde ich mir ansehen", meinte er, die Resl und er selbst würden ihn auch gerne sehen; ob ich sie wohl mitnähme. Mit Freude ging ich auf diesen Wunsch ein. Wir nahmen auch noch einen etwa 15jährigen Neffen mit. Auf der Heimfahrt sprachen wir über den Film und Resl zeigte sich erfreut über die gute Darstellung, die schönen Landschaftsbilder und vor allem über die sicher guten Ausstrahlungen eines solchen Films. „Aber" sagte sie „wenn man halt die Muttergottes wirklich der Bernadette hat erscheinen sehen, dann merkt man, wie unzulänglich alle unsere technischen Mittel sind, solch übernatürliches Leuchten einer himmlischen Erscheinung darzustellen. Ein aus sich selbst heraus strahlender Leib, hell wie die Sonne und doch anzuschauen, ohne daß einem die Augen weh tun, das ist doch etwas ganz anderes als eine Schauspielerin, und wenn sie noch so hell angestrahlt wird."
Auf einmal verstummte die Resl und der neben ihr auf

den Rücksitzen mitfahrende Neffe rief: „Die Pat (sie war seine Taufpatin) hat eine Schauung." Ich hielt an der nächsten Ausbuchtung der Straße an – es war zwischen Pechbrunn und Mitterteich – und schaltete das Deckenlicht ein. Aufmerksam beobachteten Pfarrer Naber und ich Gebärden und Verhalten der Ekstatischen. Ihr Angesicht zeigte große Aufmerksamkeit, Freude, beglückten, staunenden Aufblick und Erschrecken. Es dauerte ziemlich lange, wenigstens schien es uns so, denn es war eine Nacht mit strengem Frost von etwa 10 Grad Kälte, die einem bei stehendem Wagen schnell durch die Kleider dringt. Resl dagegen lüftete ihren Schal und man hatte den Eindruck, sie sei dem Schwitzen nahe.

Pfarrer Naber hatte mit mir inzwischen darüber gesprochen, daß am heutigen Tage, dem Oktavtag von Epiphanie, Thema des Tagesevangeliums die Taufe Jesu (Joh 1,29–34) gewesen sei und daß diese wahrscheinlich jetzt Gegenstand der Vision sei.

Als Resl dann nach der Vision in den Zustand der kindlichen Eingenommenheit kam, wickelte sie sich sofort eng in ihren dicken Wollschal, ihre ersten Worte waren „hutscherl is's jetzt da kalt, und grad hat mir d' Sunn so warm aufn Buckl brennt". Frage: „Ja wo bist du denn gewesen?" „An einem Wasser, aber net an einem großen stehenden (etwa so wie sie den See Genezareth sieht) sondern an einem laufenden, an dem, wo neulich die drei Manner mit ihren vielen Leuten und den Viechern durch ham müssen (sie meint den Zug der drei Könige durch den Jordan auf dem Weg nach Jerusalem und spricht von neulich, weil sie diese Vision erst vor einer Woche hatte). Da war der mit dem Vieh-Gwand (Johannes der Täufer), und da ist der Heiland kommen. Sie haben geredet miteinander." Johannes hatte, sich verneigend, den Heiland gegrüßt und wollte ihn zunächst nicht in das Wasser steigen lassen. Dann ließ er es nach dem Wechselgespräch doch zu und übergoß ihn mit Wasser. „Und wie nun der Heiland wieder aus dem Wasser herausgestiegen ist, da war auf einmal ein weißer Vogel aus lebendigem Licht über ihm und man hat vom Himmel her laut reden hören, aber wie mit einer Donnerstimme. Ich bin gleich erschrocken. – Aber der Vogel aus Licht, der war schön!" Resl sank dann, wie stets nach einer Vision und dem anschließenden Zustand der Eingenommenheit, in einen kurzen, erquickenden Schlaf, währenddessen wir den Rest des Heimweges durchfuhren. (Man vergleiche auch Mt 8,13–17)

Versuchung Jesu

Mt 4,1-11; Erster Fastensonntag. – Quelle: N 2,43

Eintragung vom 22. Februar 1931: Theres schaut den Heiland in der Wüste, an einem Ort, wo Gesträuch ist, zugleich mit wilden Tieren, Löwen (einen sieht sie ihn, wobei sie selber erschaudert, streichelnd), Gazellen (Pfarrer Naber macht darüber ein Fragezeichen), Vögeln. Auch eine Quelle war an diesem Platze, aber der Heiland hat nicht daraus getrunken, sondern sich dort nur gewaschen. Er hat die 40 Tage weder gegessen noch getrunken. Den Teufel (Luzifer) sieht sie als düstere männliche Schattengestalt. Die erste Versuchung ist abends, die zweite auf dem südöstlichen Tempelturm am heißen Mittag (dem nächsten Tag), die dritte an diesem zweiten Tag abends. Bei der ersten Versuchung hält der Teufel dem Heiland zwei Steine hin, bei der zweiten und dritten legt er ihm den rechten Arm um den Nacken und trägt ihn an den Schultern (auf den Berg stoßweise) durch die Luft. Bei der zweiten Versuchung schreit der Teufel vom Fuß des Turmes, wo Leute sind, hinauf zum Heiland. Nach dieser Versuchung wollte sich dieser wieder in die Wüste begeben. Auf dem Weg dorthin entführte ihn der Teufel auf den Berg, von welchem aus er ihn auf Jericho und die östliche Gegend wies. Wie ein Blitz (Theres gebraucht diesen Vergleich) fuhr er schließlich den Berg herunter und verschwand. Darauf erschienen um den Heiland viele Engel, von denen zwei ihn vom Berge heruntertrugen, unter den Armen ihn fassend. Durch Engel erhielt der Heiland jetzt auch Speise (Theres spricht von Früchten).

Es fällt schwer, den Inhalt dieser Vision als historisches Ereignis hinzunehmen. Beim Vergleich mit den Evangelien zeigt sich jedoch volle Übereinstimmung. Bei den drei Synoptikern findet sich der Hinweis, daß Jesus, als der Geist Gottes bei der Taufe am Jordan auf ihn herabgekommen war, „vom Geiste in die Wüste geführt wurde". Bei Markus, der am kürzesten darüber berichtet (1,12 f), lesen wir, daß Jesus dort unter wilden Tieren lebte, vom Satan versucht wurde und daß „die Engel ihm dienten". Die Versuchung bestand darin, die auf ihn gekommene göttliche Macht zum Eigennutz zu gebrauchen, nämlich Steine in Brot gegen seinen Hunger zu verwandeln, oder einer breiten Volksmenge durch imponierendes Herabschweben von der Tempelzinne eitel und unnütz seine Macht über die Elemente zu erweisen, oder schließlich seiner Messias-Sendung durch Übernahme irdischer Herrschaft untreu zu werden und die Welt, statt sie heilsfähig zu machen, in die Hände des Satans fallen zu lassen. Ob diese Versuchung sich faktisch, wie beschrieben, vollzogen hat, oder ob es geistige, vielleicht visionäre Versuchungen waren, bleibt offen. Jedenfalls läßt die drastische Darstellung das Ringen der höllischen und der himmlischen Mächte, das sich ständig unsichtbar um den freien Willen eines jeden Menschen vollzieht und der Geschichte je nach der Wahl der Menschen seine Stempel aufdrückt, anschaulich sichtbar werden.

Die Versuchung steht am Anfang des öffentlichen Wirkens Jesu, im unmittelbaren Anschluß an die Theophanie bei der Taufe, und läßt seine göttliche Natur und sein ultramaterielles Vermögen aufscheinen, die sich später noch mehrmals zeigen, z. B. – die entsprechenden Visionsbeschreibungen lassen es gleichfalls erkennen – beim Hinabstürzen vom Felsen in Nazareth, beim Entschwinden und Seewandeln nach der Brotvermehrung, bei der Verklärung auf Tabor, und die dann völlig in und nach der Auferstehung offenbar werden.

Die Hochzeit zu Kana

Joh 2,1-11; 2. Sonntag n. Erscheinung
Quellen: N 2,26; TB; V

Bevor ich die Aufzeichnung aus den angeführten Quellen wiedergebe, möchte ich vorausschicken, was mir der alttestamentliche Exeget Professor Franz Xaver Wutz, Eichstätt, zum Verständnis dieser Vision erzählt hatte. Es war damals, so sagte er, Sitte, eine größere Hochzeit mindestens 8 Tage lang zu feiern. Um das durchhalten zu können, war es üblich, daß die geladenen Gäste ihren Teil zum Verzehr von Speise und Trank beitrugen. Da Jesus und die mit ihm Geladenen wahrscheinlich bis in die letzten Tage hinein diesem Herkommen noch nicht entsprochen hatten, war es der Mutter wohl peinlich, als der Wein zur Neige ging.
Pfarrer Naber zeichnet in seinem Tagebuch für 1931 folgendes auf: Abends 8 Uhr ungefähr ist Theres unten in der Stube des Elternhauses, umgeben von etwa 20 Verwandten und Bekannten. Während sie an einem Tische sitzt, an dem sich einige an einem harmlosen Würfelspiel vergnügen, wird sie plötzlich zur Hochzeit in Kana entrückt. Im eingenommenen Zustand hernach plaudert

sie so gemütlich über das Geschaute, namentlich wie der Heiland sich verhalten, wie er das zu ihm hingebrachte gebratene Lamm zerteilt, wie er unter den Gästen herumging und sich freundlich mit ihnen unterhielt, wie Maria bei der Bedienung der Gäste mithalf. Wenn sie (Theres) hätte teilnehmen dürfen, dann wäre sie zu Maria hingegangen und hätte auch mitgeholfen.
Wiedergabe laut Tonband, etwa 20 Jahre später (die Ausdrucksweise ist tunlichst beibehalten, aber Dialekt ist in schriftdeutsche Sprache umgesetzt). Resl hat starke Herzschmerzen und kann kaum erzählen. Pfarrer Naber redet ihr gut zu. Sie sagt: „Nô, dann probiern mir's halt. Ma is net glei dout. Owa amal glei a" (Nun, dann probieren wir's halt. Man ist nicht gleich tot. Aber manchmal doch sofort.) Sie schildert:
Sie ist in einem großen Raum, viele Leute, offensichtlich ein Fest. Mehrere lange Tische sind da, Frauen und Männer sitzen getrennt, zwischen ihnen ist ein gesticktes Tuch gespannt. Das ist so der Brauch. Aber man sieht darüber. Unter den Gästen sieht sie den Heiland, auch die Mutter ist da und einige der Männer, die mit dem Heiland gehen, nicht alle, aber der junge Johannes ist dabei. Sie sind offenbar mit den Gastgebern verwandt oder wenigstens gut bekannt, denn die Mutter Jesu hilft mit beim Auftragen für die Gäste. Man hat gegessen und getrunken und der Heiland hat geredet. An einem anderen Tag geht die Mutter zum Heiland hin und sagt ihm etwas. Der Heiland antwortet erstaunt, aber dann doch freundlich. Den Inhalt hat Therese nicht verstanden.*

* Maria sagt zu Jesus, der Wein sei ausgegangen. Jesus antwortet laut dem griechischen Urtext des Johannesevangeliums: „Ti emoi kai soi", zu deutsch, wörtlich genommen: Was mir und dir. Diese Wendung wurde vielfach wahrscheinlich im falschen Sinn übersetzt: Was habe ich mit dir zu tun. Es schließt aber im Griechischen, wie im Lateinischen das Wort ti bzw. quid das Subjekt „das" oder „dieses" mit ein. Es wäre

Die Mutter geht nach diesem Gespräch hinaus in einen weiten Gang, auf dem „große Töpfe" (Krüge) stehen. Sie haben eine schöne Form, wie große Vasen, dickwandig, wie aus Stein, und sind in einem Gestell untergebracht, in der Mitte schwenkbar, so daß man sie zum Ausgießen kippen kann. „Sonst hätte man sie schlecht heben können, denn sie waren sehr groß." Auf die Frage wieviele es gewesen seien, sagt Therese, sie habe nicht so sehr darauf geachtet, es sei eine ganze Reihe gewesen. (Nach der Heiligen Schrift waren es sechs Krüge, von denen jeder etwa zwei bis drei Metretes – à ca. 39 l –, also durchschnittlich 1 hl faßte.) Es stehen da einige Diener bereit. Zu denen sagt die Mutter etwas (lt. Ev. „Was er euch sagt, das tuet").

Dann ist zu einer späteren Zeit der Heiland hinausgegangen und hat den Männern etwas „angschafft" (aufgetragen). Sie füllten daraufhin die Krüge. Als sie voll waren, ist der Heiland hingegangen, hat die Hände darüber gehalten, zum Himmel aufgeschaut und etwas gesagt. Dann hat er denen wieder etwas angeschafft. Die haben aus den Töpfen etwas herausgeschöpft und hineingetragen. Einer, der ein „Höherer" war, hat es probiert. Der hat dann ganz arg getan, er hat nicht gewußt, was passiert ist, und ist zum Herrn gegangen. Die Knechte haben dann erzählt, was geschehen ist. War da der Herr dann froh, daß sie wieder etwas gehabt haben, besonders war aber auch die Mutter froh, die hat es ihnen gegönnt. Das ist dann schnell durchgegangen, wie das geschehen ist. Ich hab es ja auch gewußt, weil ich es gesehen habe. Ha, das

sprachwidrig zu sagen „quid id mihi et tibi". Und sobald man sagt: Was dieses mir und dir (nämlich, daß sie keinen Wein mehr haben), kommt man zu der wohl richtigen Deutung „Was geht das mich und dich an". Denn sonst wäre die Folgehandlung, daß Maria hinausgeht und mit sicherem Auftreten den Dienern Weisungen gibt, das zu tun, was ihnen Jesus auftragen wird, unverständlich.

ist doch für den Heiland keine Arbeit. Wenn man ihn kennt, ist das nichts Besonderes. Er hat doch, bevor er gekommen ist, das Wasser überhaupt gemacht. Das war etwas, aber machen, daß das Wasser besser schmeckt, das ist doch für ihn nichts. Es entwickelt sich daraus ein langes, aber tiefgründiges Gespräch, aus dem ich einiges wiedergebe. Resl: Nô es ist doch viel weniger, dem Wasser einen „andern Gschmoch" (anderen Geschmack) zu geben, als das Wasser überhaupt zu machen. „Wenn i nix iß und trink und doch vom Heiland leb, dann is des doch a nix für ihn, und doch machn d' Leut so a Wesn draus" (Wenn ich nichts esse und trinke und doch vom Heiland – tägliche Kommunion – lebe, dann bedeutet das doch auch nichts für ihn, und doch machen die Leute so ein Wesen daraus). Pfarrer Naber: Aber Resl, daß einer aus Wasser einen Wein macht, das kann doch keiner. Resl: Aber daß einer aus nix a Wasser macht, das kann doch erst recht keiner. Wie das der Heiland gemacht hat, war er noch beim Vater im Himmel, und jetzt hat er halt auf der Welt denen noch besonders helfen wollen und hat das Wasser „guterer" gemacht (besser, d. h. in Wein verwandelt). „Ich mein, die Mutter ist in einer Verlegenheit gewesen, und da hat's den Heiland um etwas bitt und deswegen ist er dann später nausgangen. Der Probierer ist dann zu dem, um den sichs draht hat (um den es sich gedreht hat, dem Hausherrn oder Bräutigam) hingangen, und hat den was gfragt und dann haben sie's von den Knechten erfahren, was los war. Aber für den Heiland war das doch nix. Wie er noch beim Vater war, da hat er viel mehr kinnt (gekonnt). Wo der Heiland ist, da ist der Vater und wo der Vater ist, da ist der Lichterer (Heilige Geist) und das ist alles miteinander oins. Und wenn er da's Wasser machen kann, dann kô er doch leicht dem Wasser an andern Gschmoch geben." Naber: „Aber von uns bringts keiner fertig. Und deswegen haben sich die so gewundert. Der Heiland hat das gemacht, damit die Leute erkennen sollen, daß er mehr ist als ein Mensch." Resl: „No ja scho, aber das solln die Leute doch erst recht am Wasser überhaupt kennen. Alles ist eine Gabe Gottes und erst recht das Wasser, und das hat der Heiland beim Vater gemacht. Was tätest du im Garten, wenn du schöne Blümln hättest, und auf einmal kein Wasser mehr! Da muß man immer wieder dafür danken. Aber die Leute wollen bloß bitten, wenns etwas brauchen, aber nicht danken. Wie noch kein Wasser auf der Welt gewesen ist, kein Meer und kein Teich und kein laufendes Wasser, da hat es der Heiland gemacht." Ferdinand Neumann, um seine Schwester hochzubringen: „Das ist doch dann von selber entstanden." Resl: „Siehgst as, so redns', die Neungscheiterer (Siehst du, so reden sie, die neunmal Gescheiten). Das Wasser hat der Vater gemacht und was der Vater gemacht hat, das hat auch der Heiland gemacht, er sagt doch selber: Ich und der Vater sind eins. Das war lang, bevor er zu uns auf die Welt hat müssen. Ich denk jetzt, wie es da war, wie es noch kein Wasser und keinen Berg und sogar noch kein Licht gegeben hat, da hat der Vater nur gesagt: So soll es sein, und dann ist alles so geworden. Und da war der Heiland in ihm dabei und der Lichterer."

Der reiche Fischfang

Lk 5,1-11; 4. Sonntag n. Pf. – Quellen N 1,21; Mayr; V

Der Heiland wurde am See (bei Kapharnaum) so sehr von Menschen bedrängt, daß er keinen zum Sprechen geeigneten Platz fand. Er setzte sich deshalb in ein am Ufer liegendes Schifflein und bat Petrus, ihn ein wenig vom Land abzustoßen. Dann fing er an, zu der Menge am Ufer zu sprechen. Da der See hier noch seicht, aber ziem-

lich unruhig war, stieg Petrus hinaus und hielt das schwankende Schifflein fest. Der Heiland stand dann auf und redete mächtig zum Volk.
Nach der Predigt sagte er etwas zu Petrus (Aufforderung zum Fischfang), der nicht recht folgen wollte (es ging gegen jede Erfahrung, bei Tag zu fischen). Auf eine nochmalige Anweisung des Heilands hin fuhr er aber auf den offenen See hinaus. Und eine große Menge Fische verfing sich in den Netzen. Das zweite Schifflein mußte nachkommen und die Fische bergen helfen. Sie waren zum Teil sehr groß. Sie wurden mit Beinmessern geöffnet.
Petrus aber, erstaunt und erschreckt, warf sich vor dem Heiland auf die Knie und sagte zu ihm etwas („Herr geh weg von mir, denn ich bin ein sündiger Mensch"), worauf der Heiland gütig antwortete („Fürchte dich nicht, von nun an wirst du Menschenfischer sein").
Mayr, der diese Vision am 3. 7. 1949, dem vierten Sonntag nach Pfingsten dieses Jahres, miterlebte, fügt in seinem Bericht noch an: Da Resl im Zustand der kindlichen Eingenommenheit die normale Ausdrucksweise für Gegenstände, die sie sieht, nicht erinnerlich ist, prägt sie treffende Ersatzwörter; sie sagte für Schiff „Bretterkasten" und für Fische „Wasserhupfer".

Der Hauptmann von Kapharnaum

Mt 8,5-13; 3. Sonntag n. Ersch. – Quelle N 2,36

Der Inhalt der Vision dieser Begebenheit stimmt mit dem Tagesevangelium nicht genau überein. Darin ist zu lesen, der Hauptmann von Kapharnaum selbst sei zu Jesus gekommen: „Da er aber nach Kapharnaum kam, trat ein Hauptmann zu ihm und bat ihn: Herr mein Knecht liegt gelähmt zu Hause und leidet große Qual. Er sagte zu ihm:

Ich will kommen und ihn gesund machen. Der Hauptmann erwiderte: Herr, ich bin nicht würdig, daß du eingehst unter mein Dach, doch sprich nur ein Wort, und mein Knecht wird gesund. (Vers 5–8) . . . und Jesus sprach zum Hauptmann: Geh hin! Wie du geglaubt hast, soll dir geschehen! Und der Knecht wurde geheilt zu jener Stunde (Vers 13)."
Die Vision der Therese geht dann auch über den für den Tag vorgesehenen Abschnitt hinaus und gibt noch Mt 14–17 (Heilung der Schwiegermutter des Petrus und Krankenheilungen) wieder. Der Hauptabschnitt der Vision weicht jedoch vom Matthäus-Evangelium ab, deckt sich aber in seinem Inhalt mit dem an diesem Tag nicht zur Verlesung kommenden Abschnitt aus dem Lukas-Evangelium (7,1–10), der im Anschluß an die Wiedergabe der Vision zum Vergleich zitiert ist.
Pfarrer Naber berichtet unter dem 25. Januar 1931: „Heute hat Theres die Bekehrung des Saulus geschaut, ebenso das Evangelium des 3. Sonntags nach Erscheinung des Herrn. Letzteres sieht sie aber so: Sie sieht den Heiland vom Volke begleitet gegen Kapharnaum kommen. An einem Tor der äußeren Stadtmauer treten Abgesandte des Hauptmanns vor, daß er zu ihm kommen und den kranken Knecht gesund machen möchte (der Hauptmann stand im Dienste des Herodes Antipas. Den Knecht hatte er so lieb, weil ihm dieser auf einer Jagd das Leben gerettet hatte. Er war Monotheist).* Der Heiland geht eine Strecke weit mit den Abgesandten, dann bleibt er zurück. Als dem Hauptmann mitgeteilt worden war, daß Jesus von Nazareth kommen werde, da stiegen ihm Bedenken auf, ob er denn eines solchen Besuches würdig ist. Schließlich hält er sich nicht einmal für würdig, ihm entgegenzuge-

* Die Einfügung in Klammern stammt nicht vom Verfasser, sondern steht so im Naber'schen Tagebuch, wohl aus einer Nachfrage im erhobenen Ruhezustand.

hen, sondern schickt vier Freunde, die Jesus in seinem Namen sagen sollen: O Herr ich bin nicht würdig, daß du eingehst unter mein Dach, aber sprich nur ein Wort, so wird mein Knecht gesund. In einiger Entfernung von des Hauptmanns Kaserne (Haus) treffen diese mit dem entgegenkommenden Heiland zusammen, werfen sich auf den Boden und bringen ihren Auftrag vor. Der Heiland nimmt aus den gläubigen und vertrauenden Worten des Hauptmanns zunächst Anlaß, ernste Worte zu seiner Gefolgschaft aus dem Hause Israel zu sprechen, dann wendet er sich dem Hause des Hauptmanns zu, erhebt die Augen zum Himmel, und die Hände, wie um sie dem kranken Knecht aufzulegen und betet. Hierauf entfernt er sich durch ein Tor der inneren Mauer in der Richtung der Synagoge, spricht vor dieser noch vor dem Volke und geht dann auf des Petrus und Andreas Bitten hin mit zum Hause des Petrus nahe am See Genezareth.

Petrus war, als der Heiland in Kapharnaum eingegangen war, gleich nach Hause geeilt, um nach seiner Schwiegermutter zu sehen, die er krank wußte. Er fand sie sehr bedenklich und suchte darum schnell den Heiland wieder auf, um ihn zu bitten zu der Kranken zu kommen. Dieser ging auch allsogleich mit, legte der Kranken, zum Himmel blickend und betend die Hände auf und sie stand gesund auf und bewirtete den Heiland und die Seinen. Es waren aber trotz der Dunkelheit noch viele Leute mit Kranken draußen vor dem Hause und erwarteten das Hinauskommen des Wundertäters. Der Heiland ging auch wirklich hinaus, trieb mit scharfen, befehlenden Worten Teufel aus und heilte Kranke. Theres bemerkt da, daß der Heiland nicht a l l e Kranken von ihren Krankheiten befreit, daß er einen Teil derselben nur getröstet habe; diese aber seien infolgedessen ebenso zufrieden weggegangen wie die wirklich Geheilten. (Das Haus des Petrus, sagt Theres, sei nicht ganz klein gewesen; am See drunten habe er noch eine Fischerhütte gehabt)." Hier endet Pfarrer Nabers Aufzeichnung.

Das Lukas-Evangelium berichtet hierüber wie folgt: „Nachdem er alle seine Worte vor dem aufhorchenden Volk beendet hatte, begab er sich nach Kapharnaum hinein. Eines Hauptmanns Knecht war schlimm daran und lag im Sterben; er war ihm sehr teuer. Als er von Jesus hörte, schickte er Älteste der Juden zu ihm, mit der Bitte, er möchte kommen und seinen Knecht gesund machen. Diese kamen zu Jesus und baten ihn inständig: Er ist es wert, daß du ihm das gewährst; denn er liebt unser Volk und hat uns die Synagoge gebaut.
Jesus machte sich mit ihnen auf den Weg. Als er aber nicht sehr weit vom Hause entfernt war, schickte der Hauptmann Freunde und ließ ihm sagen: Herr bemühe dich nicht, denn ich bin nicht würdig, daß du eingehst unter mein Dach. Deshalb hielt ich mich auch selbst nicht für würdig zu dir zu kommen; doch sprich nur ein Wort, und mein Knecht wird gesund . . ."
Im Lukas-Evangelium schließt sich aber dann kein Bericht über die Schwiegermutter des Petrus an. Dieses Abweichen der Vision vom Tagesevangelium lt. Mt, das Th. Neumann wahrscheinlich in ihrem Missale gelesen hatte – denn sie pflegte die täglichen Meßtexte in der Kirche oder, wenn sie nicht zu einer hl. Messe in die Kirche gehen konnte, auch daheim zu beten – läßt eindeutig erkennen, daß ihre Visionen nicht durch Suggestion zustandekamen. Die Genauigkeit der Darstellung, das Unbeeinflußtsein durch Außenstehende, die auch die Details nicht kennen konnten, und die Synopsis (Zusammenschau) der Evangelien sprechen im Gegenteil für eine Erleuchtung der Visionärin bei ihren Schauungen.

Der Jüngling von Naim

Lk 7,11-16; 15. Sonntag n. Pf. – Quellen N 1,39; G 1,265; Mayr

Pfarrer Naber (und nach ihm Gerlich) berichtet unter dem 9. September 1928 (15. S. n. Pf.):
Theres schaut die Auferweckung des Jünglings von Naim, von der das heutige Sonntagsevangelium erzählt. Auf dem Wege nach Naim sieht sie den Heiland ein blindes Mädchen heilen. Bevor der Heiland den Toten erweckt, besprengt er die Leute mit Jordan-Wasser, das mitgebracht worden war. Die Theres hört aus dem Munde des Heilands das Wort „etpheta", worauf der Tote Augen und Mund öffnet. Nachdem der Heiland das Wort „kum" gesprochen, erhebt er sich von der Bahre.
Die Theres sagt (wohl auf Befragung im erhobenen Ruhezustand; V.), dieser Jüngling habe Martialis geheißen; sein Vater habe ihn so geheißen einem römischen Freund gleichen Namens zuliebe; seine Mutter habe viele Weinberge besessen; er sei unter des Heilands Jünger gegangen und ein Laienapostel geworden.

Wesentlich ausführlicher berichtet Prälat Mayr nach eigenem Erleben:

Sonntag, den 14. 9. 1952. Auf diesen Tag traf auch das Fest der Kreuzerhöhung. Das Evangelium des Sonntags dagegen war die Erweckung des Jünglings von Naim. Gegen 5 Uhr nachmittags ging ich mit P. Riedl zum neuen Garten der Resl, wo sich diese bereits aufhielt. Wir trafen dort auch Pfarrer Naber, die Schwestern Marie und Agnes und mehrere Kinder an. Wir setzten uns ins Gartenhäuschen und Resl zeigte uns die naturwissenschaftlichen Bücher, die sie dort verwahrte. Plötzlich entfiel der Resl das Buch, das sie gerade in der Hand hielt, und sie kam in Schauung. Ihr Blick war ruhig. Wir fragten uns, was sie wohl schauen möge. Wir konnten zunächst nicht erkennen, ob es die Schauung der Kreuzauffindung oder eine andere wäre. Plötzlich nahm ihr Gesicht einen überaus freudigen Ausdruck an. Jetzt wußten wir, sie sieht den Heiland. Es war also die Schauung von Naim. Sie dauerte ziemlich lange. Dann kam Resl in den kindlichen Zustand, der auch wieder ziemlich lange dauerte. Sie erzählte uns:

Der Heiland war auf der Wanderung. In seiner Begleitung waren die Apostel und viele Menschen, auch Frauen und „die Mutter" (Maria). Es war schon abgeerntet, also gegen Herbst. Da traf der Heiland eine Blinde und heilte sie. Dann ging er weiter auf eine Stadt zu. Da kam ein Leichenzug heraus. Die Leute waren alle „grau verhängt" und viele weinten. Männer trugen eine Bahre. Der Heiland ging auf die Mutter des Toten zu und grüßte sie. Aus allem merkte man, daß er die Frau schon kannte, und sie ihn. Dann befahl er den Männern, die Bahre abzustellen. Einige von diesen murrten und wollten weitergehen. Aber der Heiland bestand auf seinem Befehl. Dann wurde von der Bahre ein korbartiges Geflecht abgehoben, und darunter kam der Tote zum Vorschein. Er war mit Tüchern umwickelt, nach Art des Begräbnisses der Juden. Man entfernte die Tücher, so daß der Leichnam sichtbar wurde. Jesus sprach einige Worte, von denen eines wie „kum" klang. Er ergriff die Hände des Jünglings und dieser stand auf. Die Menschen waren ganz starr vor Überraschung. Einige riefen: „Marsiali" oder „Malsiari" (l und r waren nicht deutlich zu unterscheiden). So hat der Jüngling geheißen. Dieser stand auf und man warf einen Mantel um ihn. Er bedankte sich dann beim Heiland und wollte mit ihm gehen. Aber der Heiland ließ dies nicht zu, sondern wies ihn an seine Mutter. Die Mutter war nach allem eine reiche, vornehme Frau.

Während der Erzählung kam Resl plötzlich wieder in Schauung. Ihr Blick war zunächst wieder ganz ruhig. Der Pfarrer wußte selbst nicht, was Resl schauen würde. Er meinte, es könnte die Schauung von der Kreuzauffindung sein. Dann aber zeigte ihr freudiger Blick, daß sie wiederum den Heiland sah. So konnten wir uns gar nicht denken, worum es sich nun handelte. Die Schauung dauerte nicht so lange wie die erste. Nach ihrer Beendigung erzählte uns Resl:
Sie sah das Haus der vornehmen Frau, deren Sohn vom Tode erweckt worden war. In einem Saal war für ein Festessen gerichtet. Vor dem Haus war eine große Halle, darin waren viele arme Leute und Kranke versammelt. Die Frau gab Weisungen und Befehle. Sie war offenbar die Herrin und Witwe. Der junge Mann, der Marsiali, sprang umher. Dann kam Jesus. Er ging zwischen den Reihen der Armen und Kranken hindurch. Viele Kranke heilte er, aber nicht alle. Mit denen, die er nicht heilte, sprach er liebreich, so daß auch diese zufrieden und getrost waren. Dann ging er mit den ihn begleitenden Männern, den Aposteln, in den Saal und man legte sich auf die Polster an dem niederen Tisch. Es war schon Abend. Es waren auch viele Bekannte der Familie da, die immer wieder dem Marsiali riefen.
Dieser ist, wie Pfarrer Naber weiß, später zum Heiland gegangen und einer seiner Jünger geworden.

Der Seesturm

Mt 8,23-27 (vgl. Mk 4,35-41; Lk 8,22-25; 4. Sonntag n. Ersch. – Quelle: Mayr

Mayr hat aufgezeichnet: 31. 1. 1954, 4. Sonntag nach Epiphanie. Nach dem Abendessen war ich beim Herrn Pfarrer in der Küche. Resl saß bei uns und sprach sehr lebhaft mit uns. Plötzlich kam sie in Schauung:

Vorerst war ihr Blick sehr ruhig. Plötzlich erhellte er sich sehr stark, sie lächelte: Sie sah offenbar den Heiland. Später Überraschung, Angst. Dann scharfes Beobachten der Umgebung; horchen, dann staunender, freudiger Aufblick.

Dann, befragt im Zustand der kindlichen Eingenommenheit, erzählt sie: Sie hat gesehen, daß die Jünger und der Heiland in ein Schiff stiegen, sie nannte es „Bretterkasten". Es waren nicht alle Jünger im Schiff und keine fremden Leute. Dagegen waren mehrere Schiffe in gleicher Richtung unterwegs. Es war windig und schon spät. Man sah Sterne. Der Heiland legte sich hinten im Schiff zum Schlafen hin. Dann wurde der Sturm sehr stark, so daß „Wasserberge" entstanden und die Wellen ins Schiff hereinschlugen.

Die Jünger zeigten Angst, scheuten sich aber lange, den Heiland zu wecken. Sie wollten zuerst den „gung Mô, (Johannes) abrichten", das ist anstiften, den Heiland zu wecken. Dieser schien jedoch am wenigsten Furcht, dafür aber das größte Vertrauen zu haben. Er lehnte es ab, den Heiland zu wecken. Dann tat dies Petrus. Er mußte den Heiland tüchtig schütteln, bis dieser wach wurde. Der Heiland sprach dann zu den Jüngern, wobei er sie offenbar wegen ihres Kleinmutes tadelte. Dann stellte er sich aufrecht in das Schiff, das sehr stark schwankte, breitete die Arme über das Wasser aus, und sofort legte sich der Wind und die Wellen glätteten sich. Das Wasser und das Wetter waren sofort beruhigt. Die Jünger schauten mit einem Ausdruck der Furcht und des Staunens auf den Heiland („Wer ist wohl dieser, daß selbst die Winde und der See ihm gehorchen" Mt 8,27).

Diese Macht hinterließ bei allen, auch bei Resl, einen tiefen Eindruck. Resl schnaufte deutlich voller Erregung. Sie war dann sehr stolz und voller Freude über diesen gewaltigen Machterweis: „So was kann der Heiland!"

Heilung eines Gelähmten

Mt 9,1-8 (vgl. Mk 2,1-12; Lk 5,17-26); 18. Sonntag n. Pf. – Quellen: N 1,42; V

Pfarrer Naber bringt unter dem 30. 9. 1928 nur den Hinweis auf das Evangelium. Theres sieht den Heiland in dem Haus, das er in Kapharnaum bewohnte. Es drängt eine Unmenge Menschen um das Haus und in die offene Seite des Hauses. Der Heiland predigt. Einige bringen einen Gelähmten auf einer Bahre, kommen aber nicht durch die Menge. Sie steigen auf das Dach, machen eine Lücke frei und lassen den Gelähmten mit der Bahre hinab vor die Füße des Heilands. Dieser spricht voll Mitleid etwas zu ihm („Sei getrost, deine Sünden sind dir vergeben"). Da schauen die Schriftgelehrten und Pharisäer, die sich unter den Leuten befinden, den Heiland mißmutig an (sie denken – lt. Lk 5,21 – „Der lästert Gott, denn Gott allein kann Sünden vergeben"). Der Heiland, diese Gedanken durchschauend, spricht nochmals etwas zu allen und dann mächtig zum Gelähmten, über den er seine Rechte hält. Dieser springt auf, nimmt die Bahre und geht, Freude und Dank zeigend, weg. Alle sehen staunend zu.

Lt. Tagebuch Naber, Eintrag vom 29. Mai 1931, hat Therese die gleiche Vision am Freitag nach dem Pfingstfest erlebt, für welchen als Evangelium Lk 5,17–26 vorgeschrieben war.

In der Vaterstadt

Lk 4,23-30 (der Vision nach 14-30); Montag n. d. 3. Fa. So. – Quellen N 2,51; TB; Aufzeichnung V

Therese findet sich in den Ort versetzt, in dem der Heiland aufgewachsen ist. Diesem folgt sie in ein größeres Haus, das aber bei weitem nicht so groß ist wie das in der großen Stadt (Jerusalem). Es ist einfach, aber doch größer als die Wohnhäuser ringsum. Darin (die Synagoge von Nazareth) kommen viele Leute zusammen. Diese sitzen teilweise, teils stehen sie. Ein paar lesen etwas vor. Man steigt dazu ein wenig hinauf. „Da sind leinene Rudln (Rollen aus leinenartigem Material), die man aufdrehen kann." Der Heiland will auch hinaufsteigen, aber sie wollen ihn nicht lesen lassen. Das war in seiner ersten Zeit. Aber er ist doch hinaufgestiegen, hat etwas gelesen und dann geredet (gepredigt). Man hat ihm aufmerksam zegehört. Aber dann, dann haben „so Gscheitseinwöllerer" (Pharisäer) dagegengeredet. Es ging hin und her „So Wörter, die man öfter hört, habe ich mir gemerkt: l*i*am, gam*a*l (?), sal*e*m." (Betonung kursiv, lt. TB) Dann kamen sie plötzlich in Wut. Sie wollten sich das nicht gefallen lassen, was der Heiland gesagt hat. Da ist dieser aufgestanden und heruntergegangen, ein paar Staffeln. Dann haben sie ihn bedroht und wollten ihn aufhalten. Er hat sich aber nicht gefürchtet und ist hinausgegangen. Dort haben sie ihn umringt „oi Handvoll und nomal a Handvoll und nomal a Handvoll und nomal a Handvoll. Soviel werdens ungefähr gewesen sein, es können ein paar mehr oder weniger gewesen sein. Vor der Tür wollten sie den Heiland erst recht nochmals aufhalten; aber er hat sich nicht lassen. Dann sind sie ihm nachgelaufen. Da waren viele Leute, auch Fremde. Auf einmal haben sie dem Heiland Stöße gegeben, immer wieder und haben ihn vor sich hergestoßen. Dann haben sie auf eine Höhe hinaufgedrängt, den Heiland mit, und er hat nochmals geredet und die wieder dagegen und der Heiland wieder. Dann haben sie ihn wieder gepackt und in Wut auf ihn eingestoßen. Und dann haben sie ihn an den Rand eines hohen Felsens gedrängt, von dem aus man tief hinunterschauen konnte, und ihn darüberhinaus gestoßen. Aber den Heiland hat das garnicht beeindruckt. Er hat sich draußen in der Luft umgedreht, mächtig, und ist wieder hereingeschwebt. Da haben sie aber alle gschaut und sind alle auseinandergegangen und haben ihn durchlassen. Die weiter hinten, die das nicht gesehen hatten, wollten wieder mit dem Heiland hecheln, aber da ist er einfach verschwunden. Das kann der Heiland. Damals, wie die vielen Leute malka malka (König) geschrien haben, ist er auch einfach verschwunden, weil sie ihn sonst nicht ausgelassen hätten." (Mit diesen Worten bezieht sich Resl auf das Geschehen nach der Brotvermehrung, das sie von einer anderen Vision in Erinnerung hat. V) „Das war schön, wie der Heiland da denen, die ihm so widersprochen haben und so gewalttätig waren und ihn nix gelten lassen wollten, so machtig gezeigt hat, was er kann, wenn er will. Es hat ja schon der alte Mann im großen Haus, wie der Heiland als Butzerl bei ihm war (Simeon, vgl. Darstellung im Tempel) zu der Mutter gesagt, daß ihm widersprochen werden wird, und jetzt ist das wieder einmal geschehen. Die hätten doch den Heiland kennen müssen, weil er dort aufgewachsen ist. Aber meistens ist es so, daß man da nix gilt und daß oan nix glauben. Mit fremden Leuten tut man sich da oft viel leichter. Sie waren mißtrauisch und haben ihm nicht recht geglaubt. Ja bei solchen Gscheitseinwöllerern ist Hopfen und Malz verloren. Warum die wohl so a Wut kriegt ham?" Pfarrer Naber erläutert dann Resl den Grund: Daß der Heiland, weil sie nicht glaubten, sondern verlangten, er solle ihnen durch Wunder wie in Kapharnaum seine Macht beweisen, ihnen vorhielt, es seien auch zu Elias' und Elisäus' Zeiten nicht die Ungläubigen in Isreal, sondern einfache fremde Leute von Gott besonders auserwählt worden. Letzten Endes habe er ihnen aber doch durch sein Schweben in der Luft und sein Verschwinden seine Macht gezeigt, wenn auch in ganz anderer Weise, als sie es verlangt hätten.

Nach dieser Darstellung der Geschehnisse geht dem Hörer auf, wie es kommen konnte, was der Evangelientext so einfach ausdrückt: Er aber schritt mitten durch sie hindurch. In diesem Zusammenhang sei auch die Schriftstelle bei Markus (6,5 f) zitiert „Er konnte dort keine Kraft wirken lassen, nur einigen Kranken legte er die Hände auf und heilte sie. Und er wunderte sich über ihren Unglauben". Und Matthäus schreibt (13,58) „Er vollbrachte dort nicht viele Wundertaten wegen ihres Unglaubens". Man denke über diese Sätze nach, wenn man heute verlangt, es sollten in Konnersreuth Wunder geschehen, damit man daran glauben könne. Was geschehen ist und von Zeugen berichtet wird, will man nicht gelten lassen. Aber es heißt nicht in der Schrift: Fordert und ihr werdet empfangen, sondern es heißt: Bittet und ihr werdet empfangen. Das sind zwei sehr verschiedene Grundhaltungen – Gott gegenüber.

Erweckung des Jairus-Töchterleins

Mt 9,18-26 (vgl. Mk 5,21-43; Lk 8,40-56) 23. Sonntag n. Pf.
– Quellen N 1,46; G 1,272; Spiegl S. 55, 56

Über den Inhalt dieser Schauung bringen Naber und Gerlich lediglich kurzen Hinweis auf das Evangelium. Der Eintrag Pfarrer Nabers vom 4. November 1928 lautet: Gegen Abend schaut Theres den Inhalt des Sonntagsevangeliums: Die Heilung des blutflüssigen Weibes (es war dies Veronika) und die Auferweckung des Töchterleins des Synagogenvorstehers Jairus von Kapharnaum.
Anni Spiegl berichtet über diese Vision: Resl schaute die Auferweckung des Töchterleins des Jairus. Sie war entsetzt über den Lärm der Flötenspieler. Noch mehr darüber, daß sie den Heiland auslachten, als er sagte: „Das Mägdlein schläft nur!" Resl beschrieb genau das Haus,

die Liegestatt und das Mädchen. Besonders freute sich Resl über das Entsetzen der Flötenspieler, als das Mädchen aufstand.

Die Samariterin am Jakobsbrunnen

Joh 4,5-42; Freitag n. d. 3. Fastensonntag – Quelle N 2,52

Pfarrer Naber berichtet unter dem 13. März 1931 nur: „Theres schaut den Heiland mit der Samariterin am Jakobsbrunnen." Er hat anscheinend, als sich in der Fastenzeit fast täglich eine Vision einstellte, nicht genügend Zeit zu einer eingehenden Befragung und deren Niederschrift gefunden und sich mit einem Hinweis begnügt. Wenn sich in diesem Fall und in gleichartigen Fällen kein anderer Augenzeugenbericht finden läßt und auch der Verfasser diese Vision nicht miterlebt und aufgezeichnet hat, verbietet es die Sorgfaltspflicht getreuer Berichterstattung, weiteres dazu so darzustellen, als ob es ein Visionsinhalt wäre. Andererseits soll aber der Leser dieses Buches nicht trockenen Hinweisen gegenüberstehen, weshalb sich der Verfasser nach Beratung mit anderen Zeugen entschlossen hat, in Stichworten den Inhalt des betreffenden Evangelienabschnittes wiederzugeben, soweit dies nicht schon aus dem Text von Pfarrer Naber hervorgeht. In diesen wenigen Fällen ist zur deutlichen Unterscheidung das Wort Jesus gebraucht, während in den nach den Schilderungen von Theres Neumann wiedergegebenen Visionsberichten stets vom Heiland die Rede ist.
Bei der Vision des Zusammentreffens Jesu mit der Samariterin am Jakobsbrunnen in Sichar geht es vor allem um ein Gespräch zwischen den beiden, um ein allerdings sehr tiefes und langes Gespräch über „das lebendige Wasser". Davon hätte aber Therese, da die Unterredung in einer für sie nicht verständlichen Sprache geführt ist,

doch nicht viel mehr als eben das lange Sprechen miteinander berichten können, wenngleich uns die örtlichen Beschreibungen und Einzelheiten sehr interessieren würden.

Pharisäer fordern ein Zeichen

Mt 12,38-50; Mittwoch n. d. 1. Fastensonntag;
Quelle N 2,45

Pfarrer Naber berichtet auch in diesem Falle unter dem 25. Februar 1931 lediglich: „Theres schaut das Evangelium der Feria."

Inhalt: Jesus hatte einen stummen und blinden Besessenen geheilt und war von den Pharisäern beschuldigt worden, er treibe durch Beelzebub, den obersten der Teufel, die Teufel aus. Daraufhin hatte er die Pharisäer „Schlangenbrut" geheißen und ihnen vorgehalten „Über jedes unnütze Wort, das die Menschen reden, haben sie Rechenschaft zu geben am Tage des Gerichtes". Nun wurde er von Schriftgelehrten und Pharisäern aufgefordert, durch ein Wunderzeichen die Berechtigung zu solchen Worten zu erweisen. Er weigerte sich und verkündete, ohne daß die Zuhörer es verstanden, seinen Tod und seine Auferstehung mit den Worten „Diesem bösen und ehebrecherischen Geschlecht wird kein anderes Zeichen gegeben als das des Propheten Jonas. Gleich wie Jonas drei Tage und Nächte im Bauche des Ungetüms war, so wird auch der Menschensohn drei Tage und Nächte im Schoße der Erde sein."

Und als man ihm sagte, seine Verwandten stünden draußen, um mit ihm zu sprechen, streckte er seine Hände aus über seine Jünger und sagte „Wer den Willen meines Vaters tut, der im Himmel ist, der ist mir Bruder, Schwester und Mutter."

Dämonen-Austreibung

Lk 11,14-28; 3. Fastensonntag
Quellen N 1,60 (= G 1,296); N 2,51

Pfarrer Naber (und mit ihm Gerlich) bringt unter dem 3. März 1929 und unter dem 8. März 1932 jeweils nur den Hinweis auf das Sonntagsevangelium, eine Dämonen-Austreibung durch Jesus und die Seligpreisung Mariens durch eine Frau aus dem Volke.
Es handelt sich hier um das gleiche Ereignis, diesmal jedoch vom Evangelisten Lukas erzählt und am dritten Fastensonntag vorgelesen, das in der vorhergehenden Vision laut Matthäus beschrieben ist. Hinzu kommt jedoch die Seligsprechung Mariens „Selig der Leib, der dich getragen, und die Brüste, die dich genährt haben", worauf Jesus antwortet „Gewiß, aber nicht weniger selig, die das Wort Gottes hören und sich darnach richten".

Speisung der Fünftausend

Joh 6,1-15 (vgl. Mt 14,13-21; Mk 6,32-44; Lk 9,10-17). 4. Fastensonntag (Laetare) – Quellen: N 1,3; 2,54; G 1, 229; TB

Eintrag Naber vom 18. März 1928 (4. Fa. So.) „Gegen Abend schaut Neumann das Wunder der Brotvermehrung, von dem das heutige Evangelium erzählt". Gerlich berichtet inhaltlich das Gleiche. Pfarrer Nabers Aufzeichnung vom 15. März 1931, 4. Fastensonntag, bietet auch nichts Ergänzendes aus dem Inhalt des Evangeliums, ist jedoch hinsichtlich aller Visionen aufschlußreich, weil daraus deutlich zu lesen ist, daß nicht Wunschvorstellungen oder Suggestion Anwesender dazu erforderlich waren, eine Vision herbeizuführen. Der Eintrag lautet:

„Schauung der Brotvermehrung. Dazu sind wir alle zu spät gekommen, wie auch sonst die Theres in Vision kommt, ohne daß jemand zugegen ist, gewiß ein Zeichen, daß ihre Schauungen nicht durch andere herbeigeführt sind. Etliche Male haben wir auch schon das Zimmer von innen verschlossen gefunden, während Theres drinnen in Vision war. Sie erzählte dann im Zustand der Eingenommenheit von drinnen aus uns vor der verschlossenen Türe Stehenden von dem Geschauten."

Eine sehr lebendige Darstellung dieser schönen Vision ist jedoch aus den Jahren um 1950 auf Tonband festgehalten. Ihr Inhalt: Therese befindet sich auf einem mit Gras bewachsenen, mit Felsen durchsetzten Berg, dessen Hang terrassenartig zu einem großen Wasser (See Genezareth) abfällt. Es sind sehr viele Leute da, zum Teil mit „großen, buckligen Tieren" (Kamelen), die an Pfählen angebunden sind. Es ist Abend, alle sind müde, auch der Heiland. Er setzt sich auf einen Stein und fordert auch die Leute auf, sich zu lagern.

Theresens gutes Bauerngefühl und auch die Armut ihrer Jugendzeit scheinen auf, wenn sie sagt „mich hat das schöne Gras greut, das sie zusammentreten ham; das wenn unser Vater hätt!" Auf Befragen gibt sie an, es seien auch Frauen und Kinder in der Volksmenge dabeigewesen, aber nicht mit den Männern zusammen, sondern etwas weiter unten am Berg, die Männer weiter oben. Es seien aber weniger Frauen als Männer gewesen. „Auch die Mutter war dabei, mit ihrem Wagerl. Der Heiland hat dann mit denen, die immer bei ihm sind, durcheinandergeredet und ihnen etwas geschafft." Sie brachten daraufhin große gebratene Fische. Naber: Wieviele? „oin und nô oin, so lang wie a Arm, jeder auf einem Brettl, darauf waren grüne Blätter und drauf der broune Wasserhupfer (gebratener Fisch). Und andere ham Brote bracht, längliche, flach und nicht sehr hoch und eingeritzt, alle auf einer großn Plattn (großen Platte)." Wieviele? „Oins und oins und oins überzwerch (quer) und nô oins und nô oins" (also fünf). Auch Honig hatten sie „der ghört dort alleweil ganz selbstverständlich dazu zum Brot, den hams hernach a mit ausdolt (ausgeteilt)." Der Heiland ließ dann Ordnung schaffen und die Leute sich truppweise zusammensetzen. „Dann hat er zum Himmel aufgschaut, seine Hände über die Brote und die Wasserhupfer ghalten und dabei etwas gebetet." Er ließ sich Körbe bringen, teilte die Fische und brach die Brote auseinander und legte alles in die Körbe. Dann mußten die um ihn (Apostel) verteilen „und die ham einfach immer heruntergschnittn und gebrochen und es is net alle worn (nicht zu Ende gegangen). Hunger hatten die Leute und haben viel gegessen. Und wies' alle gnug ghabt ham, hat der Heiland das Übrige einsammeln lassen und da sind die Körbe, die sie ghabt ham, alle wieder voll worn. Zuerst waren die Leute schon schläfrig, aber wie sie gegessen ghabt ham, sind sie wieder frisch worn. Die Männer vom Heiland sind dann heruntergangen zum Wasser und mit ihrem Bretterkasten (Boot) wieder weggfahrn. Das Volk hat gschrien malka, malka (König) und immer wieder malka. Da ist der Heiland zur linken Seite hin ausgewichen. Man hat ihn aber noch gesehen. Wie aber die Leute ihm nachgelaufen sind und nicht aufgehört haben, malka zu schreien, da ist der Heiland einfach verschwunden. Niemand hat ihn mehr gesehen, ich auch nicht. Die Männner aber sind mit den Körben über das Wasser hinüber. Sie werden dann das an die armen Leute ausgeteilt haben, meine ich. Das Wasser aber, meine ich, das ist das große Wasser, wo ein Wind gegangen ist und der Heiland dann über das Wasser daherkommen ist."

Verfasser: Dieses nunmehr aus dem Gedächtnis berührte Ereignis des Wandelns auf dem See schließt sich in den Evangelientexten bei Mt und Mk an die Brotvermehrung an, liegt also zeitlich später. Dennoch konnte sich Therese daran als schon geschehen erinnern, weil der Evangelienabschnitt hierüber liturgisch für den Samstag nach dem Aschermittwoch festgelegt war und sie die Vision dieses Ereignisses deshalb drei Wochen vor der Vision der Brotvermehrung gehabt hatte. Außerdem ist schwer zu sagen, inwieweit in späteren Jahren im eingenommenen Zustand Erinnerung an die Visionen früherer Jahre bestand.

Im Anschluß an den vorhergehenden Bericht entwickelte sich dann noch ein Gespräch, das in gewissem Sinne an die Schlußworte der Vision des Wunders bei der Hochzeit zu Kana anklingt und dem Leser nicht vorenthalten sein soll. Ich berichte.
Therese sagt: „Der Heiland kann alles machen. Er ist es, der alles wachsen läßt, und ob er das jetzt langsam aus der Erde wachsen läßt oder ob er es schnell mehrer werden läßt, das ist für ihn gleich. Oder wenn du nichts ißt und doch nicht stirbst oder wenn du ißt und stirbst, das ist für den Heiland das gleiche. Du bist im Heiland seinen Händen (in des Heilands Händen), mag es so sein oder mag es so sein. Es hängt ja doch von ihm ab, wie er mag."
Naber: „Aber wir müssen halt essen und trinken, damit wir nicht sterben; und du?"
Resl: „Ich brauch halt nix z'essn. Schau, so wie der Heiland das nicht gar hat werden lassen, das ist nix anderes als wenn er das Brot aus der Erde herauswachsen läßt. Nur ist das eine alltäglich, deshalb meinen die Leute, es muß so sein, und das andere hat der Heiland ein wenig auffallender gemacht."

Jesus wandelt auf dem See

Mk 6,47-56 (vgl. Mt 14,22-23; Joh 6,16-21); Samstag nach Aschermittwoch – Quellen: N 2,43; V

In den Evangelien schließt sich diese Begebenheit unmittelbar an die Brotvermehrung an. Die Apostel waren mit ihrem Boot in der Nacht abgefahren und hatten Jesus auf seinen Wunsch auf dem Berg der Brotvermehrung zurückgelassen, wo er, wie wir in der letzten Vision gehört haben, den Blicken entschwand. Sie hatten zur Zeit, als ihnen Jesus „um die vierte Nachtwache", also gegen 3 Uhr morgens, dann auf dem See begegnete, laut Johannes „etwa 25–30 Stadien" (ca. 5 km) zurückgelegt und waren mitten auf dem See, schwer mit den Wellen kämpfend, denn es wehte heftiger Gegenwind (Mt), der das Wasser stark aufwühlte.

Therese sieht nun, wie sich die Apostel in ihrem Boot mit dem Rudern abmühen. Plötzlich kommt der Heiland auf dem Wasser daher. Die im Schiff Erschreckenden schreien aus Furcht, aber der Heiland redet sie gütig an. Darauf spricht Petrus ein paar Worte, auf die der Heiland kurz antwortet. Petrus steigt aus dem Boot und geht dem Heiland entgegen. Plötzlich versinkt er und schreit um Hilfe. Der Heiland reicht ihm die Hand und zieht ihn herauf, als ob er kein Gewicht hätte. Sie steigen ins Boot, und sogleich legt sich der Wind und es glätten sich die Wellen. Die im Boote werfen sich auf die Knie vor dem Heiland. Auf Befragen gibt Therese an, der Heiland sei nicht unmittelbar auf der Wasserfläche gegangen, sondern darüberhin geschwebt, wenngleich seine Bewegungen so waren, als würde er über eine ebene Fläche gehen.

Die gleiche Vision hatte Therese jeweils auch am 6. Juli, dem – laut früherer Liturgie – Oktavtag von Peter und

Paul, an welchem das gleiche Ereignis, jedoch aus dem Matthäus-Evangelium zur Vorlesung kam (N 1,26).

Die Griechin aus Syrophönizien

Mt 15,21-28 (vgl. Mk 7,24-30); Donnerstag n. d. 1. Fastensonntag – Quelle N 2,45

Eintrag Naber vom 26. Februar 1931. Theres schaut das Flehen des chanaanäischen Weibes um die Heilung ihrer besessenen Tochter und die Heilung dieser – Als ich zu Theresens Zimmer kam, fand ich dieses versperrt und wir (es waren außer dem H. Benefiziat Härtl und mir noch Prälat Geiger von Bamberg, Curat Baierlipp von Berneck und ein Pfarrer neben den Hausangehörigen dort) konnten nicht ins Zimmer, da Theres schon in Vision war und auch im darauffolgenden Zustand der Eingenommenheit nur mit uns vom Kanapee aus, wo sie war, sprach, aber nicht öffnete. Wir konnten sie aber durch den Ventilator beobachten.

Heilung eines Taubstummen

Mk 7,31-37; 11. Sonntag n. Pf. – Quellen N 1,35; G 1, 261; V (1950)

Der Heiland war aus dem Gebiet von Tyrus und Sidon (am Mittelmeer, heutiger Libanon) wieder an den See Genezareth zurückgekehrt. Theres sieht, daß man einen Mann zu ihm bringt, der taub ist und nur lallen kann, und den Heiland bittet, ihn zu heilen. Dieser geht mit dem Kranken beiseite und steckt ihm die Finger in die Ohren. Dann spuckt er auf die Fingerspitzen, legt diese auf die Zunge des Taubstummen und sagt: Effetach (oder etfetach, das ch ist jedenfalls ausdrücklich zu hören und wird von Naber und Gerlich schon unter dem 12. August

1928 bestätigt, im Gegensatz zur Schrift, in welcher es im griechischen Text Ephata und im lateinischen gewöhnlich Ephpheta heißt). Sogleich hört der Mann und kann richtig sprechen. Therese sieht die Anwesenden staunen und den Heiland bewundern, der sie durch Erheben der Hand anweist, Gott zu danken.

Zweite Brotvermehrung

Mk 8,1-9 (vgl. Mt 15,29-39); 6. Sonntag n. Pf.
Quellen: N 1,26; V

Therese sieht den Heiland wieder auf einer unwirtlichen Höhe über dem See Genezareth zu einer riesigen Volksmenge sprechen, die einen müden Eindruck macht und anscheinend schon lange bei ihm ausgehalten hat. Wiederum will er sie, wie bei der ersten Brotvermehrung, nicht ohne Stärkung entlassen. Er frägt deshalb seine Jünger etwas, worauf ihm diese sieben Brote und einige kleine Fische bringen. Er blickt zum Himmel, hält die Hände über die Speisen und läßt verteilen. Die Leute lagern sich, und als nach geraumer Zeit alle satt sind, läßt der Heiland die übrigen Stücke einsammeln, und es werden sieben Körbe voll. Daraufhin verabschiedet sich der Heiland von der Volksmenge und steigt mit den Jüngern in ein Schiff, das dann vom Lande abstößt.

Heilung am Teich Bethsaida

Joh 5,1-15; Freitag nach dem 1. Fastensonntag
Quelle: N 2,46 v. 17. 2. 1931; V

Theres sieht in Jerusalem einen Teich, umgeben von einigen Hallen. Er liegt an der Stadtmauer neben einem Tor. Viele Kranke aller Art umlagern beobachtend das Wasser; sie warten auf etwas. Es kommt der Heiland und hat Mitleid mit einem besonders elenden Kranken. Er spricht mit ihm, der Kranke antwortet. Darauf hält der Heiland die Hand über ihn und gibt ihm einen Auftrag („Steh auf, nimm dein Bett und geh"). Der Kranke, der den Heiland nicht kennt, steht auf und geht mit seinem Bette weg. (Diese Heilung geschah an einem Sabbat, was die Juden Jesus zum Vorwurf machen, worauf er sich im Tempel verteidigt.)

Das Laubhüttenfest

Joh 7,1-13; Dienstag nach dem Passionssonntag
Quelle N 2,55

Pfarrer Naber schreibt unter dem 24. März 1932 lediglich ein: Schauung des Ferialevangeliums.
Das Evangelium berichtet, daß Jesus von Galiläa aus zum Laubhüttenfest nach Jerusalem aufbricht, jedoch später als seine Umgebung, weil er zurückgezogen gehen will „so, daß es niemand merkt". Von der Mitte der Festwoche an tritt er jedoch öffentlich im Tempel auf und lehrt.

Das Laubhüttenfest war eines der drei großen jüdischen Feste, zu denen jeder Mann dem Gesetze gemäß zu einer Wallfahrt nach Jerusalem verpflichtet war. Freilich wurden die alten Vorschriften zur Zeit Jesu nicht mehr streng gehandhabt. Es genügte eine einmalige Wallfahrt im Jahr. Die drei, jeweils eine Woche lang gefeierten Feste waren: Passah, am Sabbat nach dem Frühlingsvollmond zur Erinnerung an den Auszug aus Ägypten gefeiert, Pfingsten, sieben Wochen nach dem Passah-Fest – der Name hängt mit dem griechischen Zahlenwort pentecoste, zu ergänzen hemera = der 50. Tag, zusammen – war ein Dankfest für die Getreideernte und das mosaische Gesetz, und das Laubhüttenfest schließlich, das in die Mitte unseres Monats Oktober fiel, war das allgemeine große Dankfest, sowohl für die Wein- und Ölernte, als auch überhaupt für das Geschenk des verheißenen Landes. Es war das höchste der drei Feste. Während seiner Dauer mußten die Israeliten in Hütten aus grünen Zweigen wohnen, die sich besonders in Form von Palm- und Ölbaumzweigen oder von Weinranken anboten. Die Witterung pflegt dort um diese Zeit stets trocken und warm zu sein.

Das Christentum hat dann an Stelle des Passah-Festes das Osterfest gesetzt, weil Jesus am Morgen nach dem Passah-Sabbat auferstanden ist, und an Stelle des Pfingst-Sabbats das Pfingstfest (Herabkunft des hl. Geistes während des jüdischen Pfingstfestes). Für das Laubhüttenfest trifft kein hervorzuhebendes christliches Ereignis zu. Deshalb ist sein Andenken im christlichen Bereich erloschen, wenn auch Erntedankfest und Kirchweihfest in ihren ländlichen Bräuchen gewisse Erinnerungen wecken. Als drittes, richtiger als erstes Hochfest hat das Christentum dagegen das Fest der Geburt des Herrn, das Weihnachtsfest, eingeführt.

*

Auch die folgenden drei Visionen führen uns zu Ereignissen, die sich während der Anwesenheit Jesu in Jerusalem anläßlich dieses Laubhüttenfestes im Tempel abspielen.

Jesus, Quell lebendigen Wassers

Joh 7,32-39; Montag n. d. Passionssonntag
Quelle N 2,55

Pfarrer Naber verweist unter dem 23. März 1931 auf das Ferialevangelium: Therese sieht den Heiland im Tempel lehrend.
Das Evangelium spricht davon, daß die Hohenpriester und Pharisäer Leute aussenden, den während des Laubhüttenfestes im Tempel lehrenden Jesus zu ergreifen. Jesus spricht „Ihr werdet mich suchen, aber nicht finden, und wo ich bin, dahin könnt ihr nicht kommen." Die Juden wissen sich dieses Wort nicht zu deuten. Jesus spricht weiter „Wenn jemand dürstet, komme er zu mir und trinke. Wer an mich glaubt, aus dessen Leib werden Ströme lebendigen Wasser fließen" (Gnadengaben des hl. Geistes, vgl. das Gespräch mit der Samariterin am Ja-

kobsbrunnen). Das Evangelium sagt uns weiter (in den nicht mehr an diesem Tag verlesenen Versen), daß die von den Reden Jesu beeindruckten Diener ohne Erfüllung ihres Auftrages zurückkehren („Noch niemals hat ein Mensch so geredet, wie dieser Mensch redet" 46) und dafür schwer getadelt werden. Nur Nikodemus tritt für Jesus ein.

Das Licht der Welt

Joh 8,12-20; Samstag n. d. 4. Fastensonntag
Quelle N 2,55

Wiederum verweist Pfarrer Naber unter dem 21. März 1931 nur auf das Ferialevangelium, wonach Therese den Heiland im Tempel lehrend und disputierend sieht.
Im zitierten Evangelienabschnitt kommt jenes bedeutende und anspruchsvolle Wort Jesu vor, das in der altchristlichen, vornehmlich in der byzantinischen Kunst oft unter oder um Pantokrator-Darstellungen (Jesus als Herrscher über das Weltall) oder auf Jesus-Bildnissen in griechischer oder kyrillischer Schreibweise zu finden ist: „Ich bin das Licht der Welt. Wer mir nachfolgt, wandelt nicht im Finstern, sondern hat das Licht des Lebens."

Jesus und Abraham

Joh 8,46-59; Passionssonntag
Quelle N 1,4; 2,55

Das in den Eingangsworten der vorhergehenden Schauungen Gesagte trifft auch auf diese von Pfarrer Naber unter dem 25. März 1928 und dem 22 März 1931 berichtete Vision zu: Therese sieht wieder den Heiland im Tempel im harten Zwiegespräch mit Schriftgelehrten und Pharisäern, die schließlich Steine aufheben, ihn aber nicht mehr sehen können. Die Reden selbst versteht Therese nicht.

Ich zitiere aus dem Evangelium: „Wer von euch kann mich einer Sünde zeihen? Wenn ich Wahrheit verkünde, warum glaubt ihr mir nicht?" „Wahrlich, wahrlich, ich sage euch: Wenn einer auf mein Wort achtet, wird er den Tod nicht schauen in Ewigkeit." „Abraham, euer Vater jubelte, daß er meinen Tag sehen werde. Er sah ihn und freute sich." Da sagten die Juden zu ihm „Noch nicht 50 Jahre bist du alt und hast Abraham gesehen?" Jesus sprach zu ihnen „Wahrlich, wahrlich, ich sage euch: *Ehe Abraham ward, bin ich."*

Heilung eines Blindgeborenen

Joh 9,1-38; Mittwoch n. d. 4. Fastensonntag
Quelle N 2,55

Pfarrer Naber schreibt unter dem 18. März 1931: Schauung des Ferialevangeliums, die Heilung des Blindgeborenen.
Johannes berichtet, Jesus habe (nachdem er sich vor den Widersachern, die ihn steinigen wollten, verborgen hatte und aus dem Tempel hinausgegangen war; vgl. die vorhergehende Vision) „im Vorbeigehen" einen Blindgeborenen gesehen. Jünger fragen, ob dieser oder seine Eltern gesündigt hätten, daß er blind geboren wurde. Jesus korrigiert solche alttestamentliche Auffassung. Er macht aus Speichel und Erde einen Teig, streicht ihn über die Augen des Blinden und gebietet diesem, sich im Teiche Siloa zu waschen. Er tut es und sieht. Die Pharisäer regen sich auf, weil die Heilung an einem Sabbat geschah. Der Blinde tritt energisch für Jesus ein und wird aus der Sy-

nagoge ausgestoßen. Jesus hört davon. Da geschieht das Ergreifende dieses Ereignisses: Jesus trifft den Mann nochmals und gibt sich ihm zu erkennen mit der Frage: „Glaubst du an den Menschensohn?" Der andere antwortet „Herr, wer ist es?" „Der mit dir redet, der ist es." Der Geheilte sagt „Herr, ich glaube" und fällt vor Jesus nieder.

Die Ehebrecherin

Joh 8,1-11; Samstag n. d. 3. Fastensonntag
Quelle N 2,53

Unter dem 14. März 1931 berichtet Pfarrer Naber „Theres schaut Jesus und die Ehebrecherin": Der Heiland ist im Tempel. Man bringt eine Frau vor ihn und klagt sie offenbar an. (Man hatte sie, lt. Ev., bei einem Ehebruch in flagranti ertappt, worauf das jüdische Gesetz Steinigung als Strafe vorschrieb.) Der Heiland bückt sich und fährt mit dem Finger wie schreibend über den Boden. Die Leute reden weiter auf ihn ein, da richtet er sich gerade auf und schaut sie, jeden einzeln, mit scharfer Rede, forschend und durchdringend an („Wer sündelos ist unter euch, der werfe den ersten Stein"), und einer nach dem anderen verdrückt sich. Dann bückt sich der Heiland nochmals und schreibt wieder mit dem Finger. Wiederaufgerichtet spricht er mit ernstem Gesichtsausdruck zu der Frau („Gehe hin und sündige fortan nicht mehr"), die dann weggeht.

Im Johannes-Evangelium findet sich diese Begegnung innerhalb des Berichtes über die Lehren Jesu während des Laubhütten-Festes. Es gibt Auffassungen in der neutestamentlichen Exegese, dahin gehend, daß die Textstelle über die Ehebrecherin vielleicht bei der Niederschrift verschoben worden sein könnte, weil sie in manchen alten

Niederschriften fehle und sich nicht harmonisch in die Berichte über die Lehren Jesu im Tempel einfüge. Es heißt jedoch am Anfang dieses Berichtes (8,1 f) „Jesus aber ging zum Ölberg. Frühmorgens kam er wieder in den Tempel . . ." Wir werden aus späteren Visionsbeschreibungen, namentlich denen über den Apostel Johannes, erfahren, daß Jesus auf Sion, in der Nähe des Ölberges, in einer dem Nikodemus gehörigen Herberge ein ständig für ihn bereitgehaltenes Quartier hatte, das er aufzusuchen pflegte, wenn er in Jerusalem weilte. Wohl zur abendlichen Sammlung und Entspannung begab er sich oftmals vorher in die Einsamkeit des Ölbergs. So ist es durchaus einsehbar, daß er auch in den turbulenten Tagen des Laubhütten-Festes abendlichen Frieden auf dem Ölberg suchte, womit sich die oben zitierte Stelle des Johannes-Evangeliums und der Bericht über die Ehebrecherin innerhalb des Laubhüttenfestes rechtfertigt. Dennoch habe ich diese schöne und in vielen Gemälden und Skulpturen dargestellte Begegnung, in welcher einseitiger harter Gesetzesvollzug von der alle Seelen durchschauenden göttlichen Gerechtigkeit verhindert wird und verzeihender Barmherzigkeit weichen muß, aus der Reihenfolge des Johannes-Evangeliums genommen, um die eigentlichen Lehren während des Festes nicht zu unterbrechen.

Verklärung Christi

Mt 17,1-9 (vgl. Mk 9,2-13; Lk 9,29-36); Fest am 6. August. Derselbe Evangelienabschnitt aus Mt kam am 2. Fastensonntag zur Vorlesung.

Quellen: N 1,33; 1,60; 2,46 f; G 1,261; 1,296; Witt 1,245; V.

Am ausführlichsten berichtet über diese Vision, und zwar über ihr erstmaliges Vorkommen am 6. August 1926, Pfar-

rer Leopold Witt. Ich gebe seinen Bericht gekürzt und zusammen mit einigen Notizen aus Gesprächen mit Pfarrer Naber wieder. Therese sagt:
Der Heiland steht auf einem Berg. Dieser ist ziemlich flach, nicht wie der Kalvarienberg, aber doch etwas felsig. Der Heiland trägt seinen rotbraunen Rock und über eine Schulter her noch ein Tuch wie einen Überwurf (vermutlich das dort übliche Schweißtuch). Er betet stehend. Drei von denen, die immer bei ihm sind, sitzen an Felsen gelehnt auf dem Boden und schlafen. Rechts vom Heiland lehnt einer mit kurzen Haaren; er scheint der älteste von den Dreien zu sein. Links sitzt der, den ich unter dem Kreuz sehe. Er hat keinen Bart. Vorne sitzt einer, der etwas älter ist.
Eben geht die Sonne unter. Plötzlich schwebt der Heiland etwa einen halben Meter in die Höhe. Sein Angesicht wird leuchtend, heller als die Sonne, und doch kann man hineinschauen, ohne daß man geblendet wird. Ich sehe seine Augen und seine Züge. Seine Kleider sind weiß, strahlender als frischer Schnee in der Sonne. Unter seinen Füßen ist eine dichte weiße Wolke. Er blickt aufwärts, mittendrin auch einmal gut auf mich. Zu seiner Rechten steht auf einer eigenen kleinen Wolke ein Mann mit ziemlich langem Bart. Seine Montur (Kleidung) ist faltig, mantelartig. Auf der linken Seite steht wieder auf einer eigenen Wolke ein anderer Mann, mit kurzem Bart und einem Gewand, das gegürtet aussieht. Beide sind auch hell leuchtende Lichtgestalten, aber der eine links scheint aus Fleisch zu sein (Elias, den Therese auch am Allerheiligen-Fest ebenso wie Jesus und Maria zwar als helle Lichtgestalten, aber als fleischliche Lichtgestalten sieht, im Gegensatz zu den anderen Heiligen und Seligen, die nur aus Licht, wenn auch dem Angesicht nach erkennbar, zu bestehen scheinen. V.), während der andere aus Licht ist. Sie reden mit dem Heiland.

Plötzlich schrecken die drei aus ihrem Schlaf auf, man hat den Eindruck, daß sie sich nicht auskennen, aber den Heiland doch kennen, und der eine, der rechts gesessen hatte, sagt etwas. Da werden auf einmal die kleinen Wolken zu einer großen und ich sehe die Lichtgestalten nicht mehr. Aber aus der Wolke kommt eine helle, feste, kräftige Stimme. Was sie sagt, habe ich nicht verstanden („Dieser ist mein geliebter Sohn, an dem ich Wohlgefallen habe, auf ihn sollt ihr hören"). Die drei Menschen erschrecken und fürchten sich und werfen sich vorwärts auf ihr Gesicht. Und plötzlich ist der Heiland wieder dagestanden, wie er vorher war. Er geht zu den Dreien, hebt sie auf und nimmt den auf der rechten Seite beim Arm. Dann gehen sie den Berg hinunter. Das Licht, in dem ich den Heiland auf dem Berg gesehen habe, war noch viel schöner und heller als das Licht, das ich sonst gesehen habe (sie meint die Lichtvisionen bei ihren Heilungen).

Pfarrer Naber (und von ihm Gerlich) bringt in seinen Tagebuchnotizen folgende Hinweise:

6. August 1928. Ungefähr 8 Uhr abends sieht Theres die Verklärung des Heilands auf Tabor, wie die Evangelisten sie berichten, und hernach die Heilung des mondsüchtigen besessenen Knaben (die sich am selben Tag ereignete, Mt 17,15-18).

24. Februar 1929 (2. Fastensonntag). Bei Sonnenuntergang schaut Theres die Verklärung des Heilands und dann die Heilung des taubstummen besessenen Knaben am Fuße des Verklärungsberges.

1. März 1931 (2. Fastensonntag). Schauung der Verklärung Christi. Theres erklärt, sie habe beim erstmaligen Schauen der Verklärung Christi (6. August 1926) Hunger und Durst auf dem Tabor gelassen. Ich hatte damals auch den Eindruck, daß sie von jenem Tage an nichts mehr an Speise und Trank, eigentlich bloß an Trank benötigt

hätte. Feste Speise hat sie ja schon seit Anfang des Jahres 1923 nicht mehr zu sich genommen. Vom 6. August 1926 bis Weihnachten dieses Jahres nahm Theres nur noch auf Drängen der Mutter etwas Flüssigkeit – es mochte in der Woche vielleicht eine Tasse ausmachen – mußte sie aber dann wieder erbrechen. Sie schmierte die Mutter auch aus, wie sie sagt, indem sie mit der Flüssigkeit Blumen begoß, die aber dann zugrunde gingen. Von Weihnachten 1926 bis in den September 1927 hinein erhielt Theres nur gelegentlich bei der hl. Kommunion ein wenig Wasser, weil ich glaubte, sie könne das Teilchen Hostie, das sie ihres kranken Halses und der dadurch verminderten Schluckfähigkeit wegen nur gereicht erhielt, so nicht schlucken. Seit September 1927 hat sie nicht das Geringste an Speise und Trank, auch nicht einen Tropfen Wasser, mehr zu sich genommen. Die Ausscheidungen aus Blase und Darm, die zuletzt schon sehr selten geworden waren (etwa alle 14 Tage etwas Wasser und alle zwei bis drei Monate unter großem Schmerz etwas Schleim aus den Gedärmen), haben mit Beginn des Jahres 1930 überhaupt aufgehört. Wenn man Theres fragt, wovon sie denn lebe, sagte sie einfach: „Vom Heiland." Sie meint: Von der hl. Kommunion. Es erfüllt sich da an ihr *buchstäblich* das Wort des Herrn: „Mein Fleisch ist wahrhaft eine Speise und mein Blut ist wahrhaft ein Trank." Daß Theres Hunger und Durst gerade auf dem Verklärungsberge beim Schauen der Herrlichkeit des Heilands verloren hat, erinnert mich an die Worte der Schrift: „Satiabor, cum apparuerit gloria tua." (Ich werde gesättigt sein, wenn deine Herrlichkeit erscheint).
Ende der Notizen Pfarrer Nabers.

Heilung des Wassersüchtigen

Lk 14,1-11; 16. Sonntag n. Pfingsten – Quelle N 1,41

Eintrag Naber vom 16. September 1928: Theres schaut, was das Tagesevangelium über die Heilung des Wassersüchtigen und das Gastmahl, gelegentlich dessen sie stattfand, berichtet.
Kurzer Inhalt: Jesus ist an einem Sabbat von einem führenden Pharisäer zum Essen geladen. Er sieht einen Wassersüchtigen und frägt, ob man am Sabbat heilen dürfe. Man schweigt. Er heilt den Kranken und frägt erneut, ob sie nicht auch am Sabbat ein Kind oder ein Haustier, das in den Brunnen fällt, herausziehen würden. Sie können darauf nichts erwidern. Anschließend folgt, da er sieht, wie sich die Gäste die besten Plätze aussuchen, der Verweis hierüber und die Aufforderung, sich auf den letzten Platz zu setzen und dem Gastgeber Gelegenheit zu geben zu sagen: Freund, rücke höher hinauf. „Jeder, der sich selbst erhöht, wird erniedrigt, und wer sich selbst erniedrigt, wird erhöht werden."

Heilung der zehn Aussätzigen

Lk 17,11-19; 13. Sonntag nach Pfingsten
Quellen N 1,38; G 1,263; Mayr

Eintrag Naber (übernommen von Gerlich) vom 26. August 1928: Theres sieht, was das Evangelium dieses Tages über die Heilung der zehn Aussätzigen berichtet.
Prof. Mayr hat die Vision 1952 miterlebt und aufgezeichnet. Er schreibt: Am 13. Sonntag nach Pfingsten in Konnersreuth.
Resl sieht die zehn Aussätzigen. Ihre Blicke und ihre Gebärden zeigen großes Entsetzen.

Die Aussätzigen erblicken den Heiland, bleiben in einiger Entfernung stehen und rufen. Der Heiland geht auf sie zu. Da springt Petrus auf ihn hin und will ihn zurückhalten. Jesus wehrt ihn beruhigend ab. Dann spricht er mit den Aussätzigen und gibt mit der Hand ein Zeichen, daß sie fortgehen sollen. Resl verfolgt die Aussätzigen mit ihren Blicken und sieht, wie plötzlich der Aussatz von ihnen abfällt und sie rein werden. Ihre Blicke verraten großes Erstaunen und Freude.
Einer der Geheilten kehrt zurück und verneigt sich tief vor Jesus. Er ist anders gekleidet als die übrigen, er hat etwas Rotes in seinem Gewand. Der Heiland spricht recht freundlich mit ihm. Resl kann dies nicht verstehen. Sie sagt, der Heiland hat doch alle fortgeschickt; die andern folgen alle seiner Weisung, dieser aber hat nicht gefolgt. Und doch ist der Heiland so freundlich zu ihm. Pfarrer Naber mußte ihr dann den Zusammenhang, wie er aus dem Evangelium ersichtlich ist, erklären, und dann freute sie sich über den dankbaren Samariter.

Heilung des blinden Bartimäus

Lk 18,31-43 (vgl. Mk 10,46-52). Quinquagesima
Quellen: N 1,59; 2,43

Pfarrer Naber berichtet an beiden Stellen, unter dem 10. Februar 1929 und dem 15. Februar 1931, daß Therese den Inhalt des Tagesevangeliums schaute.
Jesus zieht inmitten einer großen Volksmenge zum Passah-Fest nach Jerusalem. In der Nähe von Jericho sitzt ein Blinder am Weg, nach Mk 10,46 heißt er Bartimäus, Sohn des Timäus, und frägt, was der Lärm bedeute. Man sagt ihm, Jesus ziehe vorüber. Da ruft er laut „Jesus Sohn Davids, erbarme dich meiner". Man will ihn am Rufen hindern. Er aber schreit noch lauter. Jesus hört ihn, läßt

ihn zu sich bringen und frägt ihn, was er wolle. Er erbittet Heilung von der Blindheit. Jesus sagt: „Sei sehend, dein Glaube hat dir geholfen." Sogleich sieht der Blinde und alle preisen Gott.

Zachäus

Lk 19,1-10; Kirchweihfest
Quellen N 1,43; G 1,271; V nach N

Naber und Gerlich berichten hierüber für den 21. Oktober lediglich: „Therese schaute den Inhalt des Kirchweih-Evangeliums: Jesus kehrt beim Oberzöllner Zachäus ein". Da sonst keine schriftliche Fixierung dieser Vision zu finden ist, kann ich nur einige Notizen nach einer Darstellung Pfarrer Nabers wiedergeben.

Therese erzählt, sie habe viele Leute auf einem Weg gesehen, an dessen Rand einige niedrige Bäume standen. Mitten in der Menge sei der Heiland gegangen. Die Gegend kommt ihr bekannt vor: In der Nähe sei ein großer Ort gewesen (Jericho), aber nicht der ganz große Ort (Jerusalem). Plötzlich schaut der Heiland in die Höhe auf einen Baum und ruft etwas hinauf. Da sitzt ein Mann droben, aber nicht dieser Mann hat den Heiland angerufen, wie der andere damals in der gleichen Gegend (vgl. unmittelbar vorrhergehende Vision der Blindenheilung, die sie ein halbes Jahr vorher gesehen hatte), sondern der Heiland ihn. Dann ist der Mann voll Freude herunter geklettert und mit dem Heiland gegangen und hat ihn in sein Haus mitgenommen. Dort hat der Heiland mächtig zu ihm gesprochen („Heute ist diesem Hause Heil widerfahren..." Lk 19, 9) und sich mit ihm und seinen Hausgenossen zu Tisch gesetzt und dann bei ihm genächtigt.

Auf dem Weg nach Jerusalem

Mt 20,17-28; Mittwoch n. d. 2. Fastensonntag
Quelle N 2,49

Jesus ist mit den Aposteln, der Mutter, nahestehenden Frauen und anderen Begleitern auf dem Weg zum Passahfest, jenem letzten, das ihm Leiden und Verherrlichung bringen wird.

Das Evangelium berichtet, daß Jesus den Zwölfen seine Gefangennahme, Verspottung, Geißelung, Kreuzigung und Auferstehung voraussagt. Die Apostel nehmen davon nicht viel Notiz, sondern streiten, wer bei Christus in seinem Reiche ihm zunächst sitzen dürfe. Jesus sagt „Wer unter euch der Größte sein will, der sei euer Diener; so wie der Menschensohn nicht gekommen ist, sich bedienen zu lassen, sondern zu dienen und sein Leben hinzugeben für viele.“

Pfarrer Naber schreibt über diese Vision unter dem 4. März 1931: Theres schaut recht eindrucksvoll das Ferialevangelium. Dabei sieht sie den Heiland und die Apostel auch essen. Vor und nach dem Essen erheben sie die Augen und die ausgebreiteten Hände zum Himmel. Theres zeigt schon bei der Vision und hernach beim Erzählen derselben im eingenommenen Zustand ein ziemlich großes Verständnis für den Inhalt dieser Reden, die sie gehört, aber im Wortlaut nicht verstanden hatte.

Daß sie das heutige Evangelium schauen werde, hat Theres schon vor drei Tagen im erhobenen Ruhezustand gesagt und vom Inhalt desselben gesprochen, obwohl weder ich noch sie im gewöhnlichen Zustand eine Ahnung davon hatten, was für ein Evangelium auf den heutigen Tag treffe.

Auferweckung des Lazarus

Joh 11,1-45; Freitag n. d. 4. Fastensonntag
Quellen: N 2,55; TB und Zeugenberichte

Pfarrer Naber berichtet unter dem 20. März 1931, daß Therese die Auferweckung des Lazarus gesehen habe. Die weitere vor etwa 30 Jahren erfolgte akustische Aufzeichnung dieser sehr wichtigen Visionenfolge über das eindrucksstärkste Wunder Jesu auf einer Wachsplatte hat leider so sehr gelitten, daß man nur noch Bruchstücke verstehen kann. So setzt sich der Bericht hierüber, da auch ich die Visionen in keinem Jahr selbst miterlebt und mitaufgezeichnet habe, aus diesen Bruchstücken und aus dem, was ich von Therese selbst aus gelegentlichen Gesprächen weiß und von Pfarrer Naber und anderen Augenzeugen darüber gehört habe, zusammen. Es handelt sich um eine Folge von drei Visionen, von denen zwei das unmittelbar Vorausgehende aufhellen, während in der dritten die eigentliche Totenerweckung gesehen wird. Theresens Bruder Ferdinand hat während dieser Visionen auch einige eindrucksvolle Lichtbilder gefertigt, von denen zwei in diesem Buch wiedergegeben sind.
Vorgeschichte zum Verständnis der Vision: Jesus hatte sich anläßlich des Tempelweihfestes* nach Jerusalem begeben, dort auf die Frage der Juden, ob er der Messias sei, die anspruchsvollen, seine Wesensgleichheit mit dem Vater betonenden Worte gesprochen: „Ich sagte es euch, aber ihr glaubt mir nicht ... Ich und der Vater sind eins". Die Juden wollten ihn deshalb als Gotteslästerer steinigen, „er aber entkam ihrer Hand". Er mied Jerusalem und begab sich auf der östlichen Jordanseite, im Gebiet von Peräa, nach Norden (Joh 10,22-42). Im Hause seiner

* Das 8 Tage dauernde Tempelweihfest, Chanukka genannt, wurde im Dezember, etwa um unsere Weihnachtszeit gefeiert.

Freunde in Bethanien hatte er vielleicht hinterlassen, wo er sich in der nächsten Zeit aufhalten wolle. Denn wie hätten ihn sonst die Boten, von denen hernach die Rede sein wird, gefunden!

Erste Vision: Theres sieht den Heiland und die Apostel in der Nähe der Gegend, wo „der mit dem Vieh-Gwand (mit dem Tierfell, Johannes der Täufer) das Wasser über ihn geschüttet hat und der lichte weiße Vogel plötzlich da war". Es kommen Männer zu ihnen, die dem Heiland etwas ausrichten (Boten von Maria und Martha aus Bethanien, die ihm von der Krankheit des Lazarus berichten). Der Heiland schickt sie wieder weg. Ende der ersten Vision. Sie geht nach kurzer Pause und, ohne daß dazwischen Zeit zu Fragen geblieben wäre, über in die

zweite Vision: Therese sieht den Heiland noch in der gleichen Gegend, aber er gibt offenbar den Aposteln einen Auftrag. Sie widersprechen ihm und wehren sich, Petrus sieht sie sogar mit einem Fuß stampfen. Dennoch brechen sie nach wechselseitigem Gespräch auf und gehen mit dem Heiland weg.

Zur Erläuterung: In dieser, etwa zwei Tagemärsche von Bethanien entfernten Gegend am Jordan in Peräa war Jesus noch zwei Tage geblieben. Die Apostel wehren sich nun dagegen, daß Jesus jetzt wieder dorthin gehen wolle, wo man ihn habe steinigen wollen. Er aber belehrt sie über den inzwischen erfolgten Tod des Lazarus und dann gehen alle mit (Joh 11, 6-16).

Dritte Vision: Der Heiland und seine Begleitung kommen nach Bethanien, Martha kommt ihm entgegen und spricht lange mit ihm. Er tröstet sie. Sie eilt weg und kommt mit ihrer Schwester Maria und vielen Leuten aus dem Hause wieder. „Das Moidl" (Maria) wirft sich dem Heiland zu Füßen und redet ihn weinend an („Herr, wärest du hier gewesen, so wäre mein Bruder nicht gestorben"). Da weint auch der Heiland – auch Resl während der Vision – und läßt sich zum Grabe führen. Er deutet auf eine Steinplatte über dem Grab. (Dieses ging in eine Höhlung in dem leichtansteigenden Terrain. Die Platte lag fast waagrecht und es führten, wie die Visionärin selbst dem Verfasser im gewöhnlichen Zustand erzählte, eine Reihe von Stufen hinunter.) Der Heiland will offenbar, daß man die Platte wegnehme, Martha aber möchte ihn hindern. (Sie sagt: Herr, er riecht schon; er liegt schon vier Tage.) Der Heiland redet sie streng an, worauf man den Stein weghebt. Ein abschreckender Verwesungsgeruch scheint aus dem Grab zu dringen, denn Therese, die visionär am Rande des Grabes steht, hält sich die Nase zu (siehe unsere Abbildung). Der Heiland schaut zum Himmel auf und spricht dann etwas ganz Mächtiges in das Grab hinunter. Da kommt der Verstorbene aus der Grabeshöhle herauf: Ein schauerlicher Anblick, wie der Totgewesene mit umbundenen Händen und Füßen und verhülltem Angesicht dem Grabe entsteigt. Man ist stumm und starr. Doch alsbald wird er auf ein Wort des Heilandes hin von den Binden befreit und, in einen Mantel gehüllt, in sein Haus zurückgeführt. Man kann das Geschehene noch kaum fassen und wagt es noch kaum, sich zu freuen, bis die erkannte Wirklichkeit dann in Freudentränen zum Durchbruch kommt. Auch Resl weinte wiederum gegen Schluß der Vision mit, aber dieses Mal sichtlich vor Freude.

VOR DER PASSION

Einzug in Jerusalem

Evangelientexte: Mt 21,1–9; Mk 11,1–10; Lk 19,28–44; Joh 12,12–19
Feier am Palmsonntag. Quelle: TB, 2 Teile

Erste Vision: Theres Neumann befindet sich in einer Landschaft am Jerusalem abgewandten Fuß des Ölberges. Blick in Richtung Jerusalem, das man aber, durch den Berg verdeckt, noch nicht sieht. Hinter ihr liegt der Ort des „Lebendigworerers" (des Lebendiggewordenen, Lazarus, Bethanien). Sie fügt ein: Der war beim Zug dann auch dabei. Daneben, auf der Seite abwärts, ein kleines Örtl (der Flecken Bethphage). Es ist Festzeit, viele Fremde, die dort Zelte aufgeschlagen haben. Therese sieht den Heiland dort zu ihnen reden (predigen) und dann, daß er Zweien, die nicht immer bei ihm sind (Jünger, im Gegensatz zu den Aposteln, die sie gewöhnlich als die, die immer bei ihm sind, bezeichnet) einen Auftrag gibt. Sie gehen dann hinunter in das kleine Örtl, das „hübsch feucht" da unten im Tal liegt. Auch dort sind viele Fremde mit „Pfarln" (Reittiere, vor allem Esel). Davon haben die Zwei eines mit einem Jungen „einfach weggenommen". Die Leute haben zunächst kritisiert, sie wollten es nicht hergeben. Aber als die Zwei sagten, der Heiland brauche die Tiere für einige Zeit, hatten sie nichts mehr dagegen. Der Heiland hat inzwischen mächtig geredet und zum Himmel aufgeschaut. Er hatte da nicht seinen schönen, wollweißen Rock an, sondern den braunen. Immer mehr Leute kommen hinzu. Der Heiland geht redend mit ihnen bis zu einem kleinen Ort vor dem großen (vor Jerusalem); der liegt an einem Hang, „wo das Zeug schon schön grün herausgekommen ist" (Frühling). Es sind auch hier wieder viele Leute auf der Straße, denn sie hatten erfahren, daß der Heiland komme. Auch Kranke sind dabei. Der Heiland hilft den einen, anderen redet er gut zu. Inzwischen, während er den Leuten hilft, kommen die mit dem „Pfarl". Eines haben sie geführt, das andere ist mitgelaufen. Es wird nun hergerichtet zum Zug (nach Jerusalem). Auch die Mutter Jesu ist dabei und viele Frauen (Therese beschreibt dann einige, die sie schon von anderen Visionen her kennt) und an Männern nicht nur die, die immer mit dem Heiland gehen, sondern viele andere. Ein paar davon schaffen an und machen eine schöne Ordnung. „Immer zwei nebeneinander, denn es ist ein enger, steiniger Weg, keine Fahrstraße, eingerahmt von hohen Weinstöcken, wild durcheinander. Männer richten das Pfarl her, legen Decken darauf, so daß nur der Kopf herausschaut; das war schön!" Der Heiland hat seinen schönen wollgelben Rock angezogen; der war lang, gebunden und mit einem schönen breiten Gürtel umschlungen, mit funkelndem Zierat. Zwei Männer setzen den Heiland auf das Tier, der eine hat ihn gehoben, der andere von der anderen Seite her nachgeholfen. Er hatte nicht das alte Pfarl genommen, sondern das junge. Sie hatten keinen Lederzügel sondern ein breites Band, das sie unter dem Kopf zusammenbanden. Sie mußten das Tier festhalten und tüchtig führen (verständlich, da es laut den Evangelien das Füllen einer Eselin war, auf dem noch niemand gesessen hatte. V.). Das alte Tier ist dann ohne Führung nebenher gelaufen. Auch viele Fremde gingen mit dem Zug. In dem kleinen Ort gibt es Bäume mit herunterhängenden Zweigen, keine schöne Rinde haben sie (Palmen), da haben die Leute ganze Arme voll abgeschnitten und auf den Weg, auf dem der Heiland dahergeritten ist, hingeworfen, auch Tücher von ihren Kleidern. „Eine Frau hat einen Mantel hingeworfen und auch den von einem ihrer Moidln." Kinder sind viele mitgelaufen; es war ein langer, langer Zug und es ging langsam voran. Sie haben gesungen und geschrien bargafidam, bargafidam (oder bardafidam, nicht genau verständlich). Zuerst war der Zug ganz ordentlich: Männer gingen voraus, dann kam der Heiland, gleich anschließend die Mutter und die anderen Frauen, dann wieder Männer, die öfter mit dem Heiland gehen. Aber da, wo es auf den Berg zu geht und diese Bäume gibt, da sind dann Männer und Frauen vorgelaufen, um die Zweige „hinzuschmeißen". Der Heiland hat sie hinten aufstellen lassen, er hat nicht gewollt, daß so viele vorne sind, aber sie haben sich nicht mehr halten lassen. „So ist zum Schluß der Heiland bald der allerletzte worn. Er hat aber nichts dagegen gesagt, denn das war lauter Jubel." Viele, viele Neugierige liefen heran, um zu schauen, was da los ist, und sie taten, als sie es hörten, im Jubel mit. Dann ging es höher auf den Berg hinauf.

Zweite Vision: Der Zug rückt auf der Höhe vor, bis man in das Tal hinunter- und nach Jerusalem hineinsieht. Es geht schon auf den Abend zu. Da steigt der Heiland ab und auch die anderen haben sich gelagert und nehmen etwas Essen zu sich; sie waren müde. Der Heiland hat sich allein auf einen Stein gesetzt. Wörtlich sagt nun Therese Neumann „jetzt kommt was net Schöns" (nichts Schönes): Der große Ort liegt da, schön und leuchtend in der Abendsonne, der Heiland schaut hinein, und da fängt er auf einmal an zu „greinen"* (weinen). "Ich hab ihn schon einmal greinen sehen, da, wie er den aufgeweckt hat (Lazarus), aber da hat er net so viel greint wie jetzt."

* Das im Oberpfälzischen noch da und dort gebräuchliche Wort „greinen", statt weinen, hat sich im kirchlichen Bereich noch verschleiert erhalten im Worte Gründonnerstag, ursprünglich Grein-Donnerstag, weil der Herr an diesem Tag auf dem Ölberg blutige Tränen weinte. V.

Als Johannes den Meister weinen sah, ging er zu ihm hin und fing auch zu weinen an, und „der steife, lange von den Männern beim Heiland" – Pfarrer Naber sagt dazwischen Bartholomäus – kommt und weint auch. Pfarrer Naber fragt dazwischen „hast du net greint?" Resl: „Wenn der Heiland greint, muß man doch mitgreinen" – Sie hatte tatsächlich während der Vision Tränen vergossen, deshalb Pfarrer Nabers Frage. – Der Heiland hat ihnen etwas Trauriges gesagt (den Klageruf über Jerusalem Lk 19,41–44).
Als sie dann eine Weile beisammen gesessen waren und sich die Leute erholt hatten, brach man wieder auf. Sie hoben den Heiland auf das Füllen, dem man eine ganz besonders schöne Decke aufgelegt hatte. „Weißt, wo man solche schönen Decken macht?" frägt Theres Neumann. „In dem großen Haus (Tempelbezirk), da hinten, wo die Mutter, als sie klein war, drinnen war, nachdem sie die Eltern über die Drahltreppen hinaufgeführt hatten (Tempelschule; vgl. Vision Mariä Opferung). Da sind viele Stuben, jede hat einen eigenen Vorhang. Und drinnen sind Webstühle und alles Zeug, was man dazu braucht, und da machen sie so schöne Sachen. Heute bin ich da nicht hingekommen, aber ich habe schon gesehen, daß sie das dort machen. Auch den schönen, breiten Gürtel vom Heiland, auf dem etwas aufgekragelt war (hebräische Schriftzeichen eingestickt). Den hab ich an ihm nur heute, nie vorher und auch niemehr nachher gesehen. Dann sind sie in den Vorort hineingezogen, wo wir neulich des Nachts auch hineingegangen sind, wo es soviel Kinder gibt, die dann alle geschrien haben: Slam, Slam, Slam (dialektische Form für Schelam = Friede, Heil). Die haben kaum eine Montur (Kleider) an, weil die Leute dort so arm sind, aber es ist dort auch nicht kalt. Oh, die sind neulich auf den Heiland zugestürmt, die Männer wollten sie nicht her lassen, aber der Heiland ist mit-

ten unter die Kinder gegangen und hat ihnen die Hände aufgelegt (Theres Neumann erzählt hier aus der Erinnerung die Vision vom Kinderfreund; Mt 19,13–15; Mk 10, 13–16; Lk 18,15–17). Die haben auch heute wieder geschrien, was sie konnten, aber ich hab nichts verstanden vor lauter Plärren." Das war in einem Vorort Jerusalems (wohl Ophel). „Da ist der Zug auch heute wieder durchgegangen und dann unter dem großen Tor durch die Mauer hindurch und hinauf auf den Berg. Da schien die Sonne so schön hin auf den sehr weiten Platz unterhalb des großen Hauses. Hier sind lauter „Klappala" herum (wohl Tierkäfige mit Klappgittern), und was da war, das hätte mir gefallen. Da waren viele Schouferln (Schäflein) drinnen, sehr schön hergerichtet, mit farbigen Bändern; und grünes Zeug lag da, das haben sie gefressen. Das war aber nicht beim großen Haus, sondern viel weiter herunten. Dann kamen wir an die innere Mauer vor den Höfen des großen Hauses. Da hat der Heiland etwas sehr Ernstes gesagt. Hier ist er abgestiegen und durch das große Tor hineingegangen. Da hat es Leute gegeben, ach, so viele Leute. Und auch da haben sie gehandelt. Und sie hatten auf kleinen Tischen auf Schnüren aufgereihtes Geld. Da ist der Heiland energisch geworden und hat ihnen die Tische umgeworfen und das Vieh zum Tor hinausgetrieben. Die Händler haben sich nichts zu sagen getraut. Das war noch nicht im großen Haus selber, es war weiter heraußen, wo die Leute absteigen, die von weit her kommen. Aber auch hieher hätten die Händler nicht mehr herein dürfen (der Hof gehörte bereits zum geheiligten Tempelbezirk). Da drinnen haben viele auf den Heiland gewartet. Es hatten sich viele gesammelt, Fremde, aber nicht die, die dann später schelappo, schelappo (ans Kreuz mit ihm) geschrien haben. Wo mögen wohl die da gewesen sein? Diese da beim Tempel waren es sicher nicht, diese haben ihm jubelnd zugerufen." Der

Heiland heilte dann noch einige Kranke und ging anschließend mit den Seinen wieder aus der Stadt hinaus.

Tempelaustreibung und Heilungen

Mt 2,10-17; Dienstag n. d. 1. Fastensonntag
Quellen: N 2,45; TB

Der Inhalt dieser von Pfarrer Naber unter dem 24. Februar 1931 erwähnten Vision ist in der Beschreibung des Einzugs in Jerusalem bereits niedergelegt, weil sich das Ereignis unmittelbar an den Einzug anschließt, richtiger noch zu diesem gehört: Es geschieht in dem Augenblick, in welchem der von Bethanien her gekommene Zug an seinem Ziel, dem Tempel in Jerusalem, ankommt.

Joh 2,13-25; Montag n. d. 4. Fastensonntag
Quellen: N 2,55; TB

Der Evangelist Johannes bringt die Tempelaustreibung am Anfang seines Evangeliums, nach dem Bericht über die Hochzeit zu Kana. Theres Neumann sieht aber wieder die gleiche Szene, die sie beim Einzug in Jerusalem geschaut hat. Vielleicht hat Johannes die Ereignisse nicht so sehr zeitlich, als nach einem geistigen Ordnungsprinzip geordnet, vielleicht sind auch Teile bei Abschriften verschoben worden; es ist nicht Sache des Verfassers das zu beurteilen, er hat lediglich zu berichten, was Theres Neumann gesehen hat.

Die Steuerfrage

Mt 22,15-21 (vgl. Mk 12,13-17; Lk 20,20-26); 2. Sonntag n. Pfingsten – Quellen: N 1,44, G 1,271; V.

In den wenigen Tagen zwischen dem Einzug und dem Beginn der Passion lehrte Jesus täglich im Tempel, und viele seiner Diskussionen mit den Gegnern, harte Worte gegen sie und passende Gleichnisse sind in den vier Evangelien aus diesen Tagen noch berichtet. In den Nächten weilte er entweder im Hause des Lazarus in Bethanien oder in dem ihm in der Herberge des Nikodemus am Ölberg bereitgestellten Raum. In dieser Zeit ereignete sich auch der Inhalt der im folgenden aufgezeichneten Vision.

28. Oktober 1928: Therese schaut abends, was das Evangelium des 22. Sonnntags nach Pfingsten erzählt: Die Pharisäer lassen Jesus fragen, ob man dem Kaiser Steuern zahlen solle. Die Heuchler werden von ihm nach Betrachten einer Münze mit dem Bildnis des Kaisers abgefertigt mit den Worten „Gebet dem Kaiser, was des Kaisers ist, und Gott, was Gottes ist." (Therese hat aber den Inhalt der Worte nicht verstanden, sie sah nur das Geschehen.) Im Anschluß daran sieht sie, wie der Heiland vom Tempel weg nach Bethanien geht und dort im Hause des Lazarus speist.

Salbung in Bethanien

Evangelium vom Montag nach Palmsonntag Joh 12,1–9; vgl. dazu Mt 26, 3–13; Mk 14,3–9. Quelle N 2,57; TB

Theres Neumann ist visionär in die Gegend von Bethanien versetzt. Sie sagt, sie stehe beim Haus hinter dem Berg. Das „hinter dem Berg" ist von der Sicht von Jerusalem aus zu verstehen, von wo aus Bethanien hinter dem Ölberg liegt. „Das Haus liegt schön am Hang in der Sonne da, oh, da ist es schön." Es ist das Haus des Lazarus und seiner Schwestern. Sie sieht den Lazarus und sagt, man merke es ihm noch an, daß er krank und tot gewesen ist. Zeitlich befinden wir uns in den Tagen nach dem Einzug Jesu in Jerusalem, in welchen er tagsüber im Tempel lehrte und die Nächte im Hause des Lazarus verbrachte. Des kommenden Passahfestes wegen sind noch

die vielen Fremden in ihren Zelten da und werden täglich mehr, von denen schon bei der Vision vom Einzug die Rede war. Wie ein Lauffeuer hat sich die Erweckung des Lazarus herumgesprochen, und das Haus ist „umstürmt von den Fremden, die alle den Lebendigworerer sehen und mit ihm reden möchten".
Therese sieht den Heiland kommen und gut mit den Fremden reden. Um ihn sind Apostel und Jünger, auch die Mutter Jesu ist da und das Moidl (Magdalena), „no ja, die is ja sowieso da daheim" und andere bekannte Frauen. Da kommt ein gutgekleideter würdiger Mann daher, er hatte einen Mantel an, bestickt mit lauter „Blümeln", und einen schöngestickten Gürtel; am Arm hatte er etwas angehängt, das hat gefunkelt. Er war früher sicher schwer krank, das sieht man: Sein Angesicht hat lauter Löcherl, die ausgeheilt sind (Simon der Aussätzige; Mt 26,6). Er hat noch einen zweiten Mann bei sich, der nicht so vornehm angezogen ist, nur die übliche, aber gute Kleidung und bloße Arme. Der vornehme macht vor dem Heiland eine ganz tiefe Verbeugung und lädt ihn höflich und dringend ein, zu einem Gastmahl mit all den Seinen mitzukommen, welcher Bitte der Heiland nachkommt. Alle Männer und Frauen um ihn gehen mit. Sie gehen hinter dem Berg herum hinüber, wahrscheinlich um den Fremden auszuweichen, der Heiland mit dem Mann voraus, die anderen hinterdrein, und kommen zum Hause des Mannes.
„U, da war ein ganz großer offener Saal, an den Seiten keine Mauer, nur Säulen, und dazwischen grüne Büsche und Bäumerl, zum Teil blühend." Auf den Säulen ruht ein großes Dach mit einem Lichtschacht in der Mitte, der bei Regen mit Klappen abgedeckt werden kann. Da waren lange Tische aufgestellt. Der Heiland geht mit dem Mann an der Seite hinein und die Männer nehmen mit ihnen Platz. Auf der anderen Seite werden für die Frauen

Plätze angewiesen. Aber man konnte da hinüberschauen, es war nicht wie einmal, wo ein Vorhang zwischen den Männern und Frauen war (vgl. Vision der Hochzeit zu Kana). Der andere Mann (der mit Simon gekommen war), es ist der „Anschaffer im Haus", stellt nun vor den Heiland ein gebratenes Lamm hin, das dieser zunächst der Länge nach und dann in Teile zerschneidet und dann an den Gastgeber und die Männer um sich austeilt. Dann gibt er es zurück und der Haus- und Speisemeister teilt weiter an die anderen Leute aus. Auch die Frauen bekommen üppig zu essen hingestellt. „Unter dem Essen (während des Essens) ist der Heiland aufgestanden und hat geredet, viel geredet, auch zu den Leuten, die zu diesem Mann gehörten" (wohl Dank für die Bewirtung und Bedienung; man spürt aus den Beschreibungen der Visionen immer wieder heraus, mit welch natürlichem Feingefühl, welchem Takt und welcher Liebenswürdigkeit der Heiland in seiner Umgebung oder gegenüber Kranken und Armen auftrat, während er gegen die Eitlen und Dünkelhaften ernst und gegen die falschen Menschen vernichtend scharf sein konnte. V). Dann setzte er sich wieder nieder und aß weiter.

Er hatte bei dieser Einladung seinen wollweißen Rock an und saß halb liegend, wie es damals Sitte war, „auf einem halben Kanapee, das nur auf einer Seite Polster hat", wobei einer seiner Füße etwas herunter hing, während der andere noch auf dem Polster ruhte. „Plötzlich kommt da ganz leise, wie furchtsam, ein Moidl von hinten her, das ist schon einmal kommen, da ist der Heiland barfuß gewesen (Gastmahl beim Pharisäer Lk 7,36–50), und heute da hat er Sohlen angehabt, angeriemelt." Das Moidl, Magdalena, hatte einen hellen Mantel an und darunter etwas versteckt. Es war ihr hart, „sie hat alleweil greint, ich weiß nicht warum". Sie trat leise hinter den Rücken des Heilands. Die Männer, die sie sahen, schau-

ten so, daß man merkte, es sei ihnen nicht recht. Sie schauten dann alle auf den Heiland und meinten, er müsse sich umdrehen, „aber der Heiland braucht das doch nicht, der schaut doch inwendig hinein. Sie hat dann das Riemchen aufgemacht, und dann ist die Sohle herunter gefallen, das hat man gehört". Sie hatte sich auf den Boden niedergekniet, übergoß den Fuß mit Salbe und weinte. Der Heiland drehte dann den anderen Fuß auch so, daß sie etwas von der Salbe darübergießen konnte. Zum Verreiben des Salböls und zum Abtrocknen der Füße benützte sie ihren Schleier. „Direkt anglangt (angerührt) hat sie den Heiland net, das hab ich genau gsehn." Die um den Heiland herum murrten und brummten, besonders der Falsche, aber auch der Lange. Das war ihnen allen nicht recht. Der Heiland sagte etwas zu Magdalena, die dann aufstand, und man meinte, sie wolle gehen. „Aber sie ist nicht gegangen, sie hat es wohl im Sinn gehabt, aber da hat der Heiland nochmals etwas zu ihr gesagt. Da tut sie aus dem Mantel noch etwas raus, das hat so weiß und leicht färbig geschimmert, wie Perlmutter. Das hat sie über dem Haupt des Heilands zerdrückt. Ach, Herr Pfarrer, ich kann gar nicht sagen, wie das dann gut gschmeckt (oberpfälzische Mundart für gerochen) hat, u, nicht ein künstlicher Gschmoch, sondern ein lebendiger Gschmoch (Duft)." Die Leute staunten, und man hat es bis zu den Frauen hinüber gerochen.
Als sie weggehen wollte, „hat der Falsche (Judas) seinen Arm so hinghalten, daß das Moidl net vorbeikinnt hat (nicht vorbeikommen konnte". Er sagte etwas zu Magdalena und die fing dann wieder zu weinen an und war sehr betrübt. Die anderen alle schauten auch recht unfreundlich drein. „Da ist der Heiland aufgestanden, er is nicht sitzengeblieben dabei, und hat etwas gesagt, das war sehr hart, ich hab es gespürt, da hat er vom Sterben geredet. Auch die Mutter hat da greint (geweint). Dann

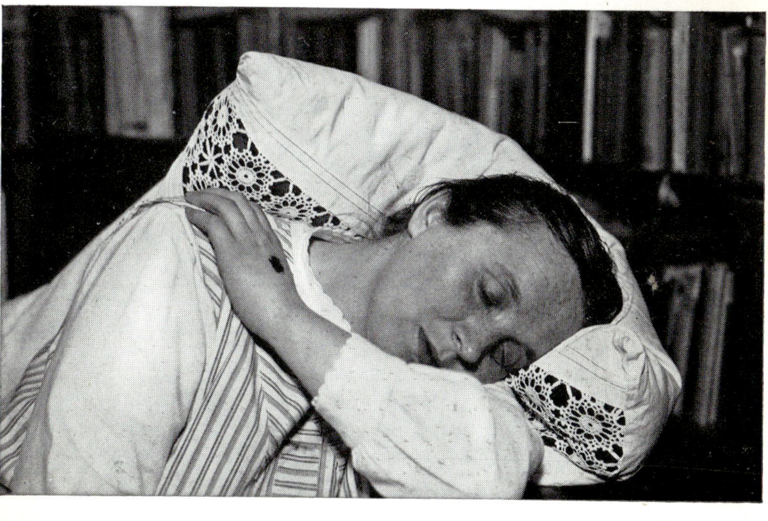

Oben: Eine Vision in Eichstätt, ca. 1931
Unten: Im Erholungsschlaf nach dieser Vision

Vision der Auferweckung des Lazarus. Oben: Interessierte Teilnahme. – Unten: Wahrnehmung des Verwesungsgeruches

setzte sich der Heiland wieder nieder und es ist eine Art Spannung geblieben. Das, was der Heiland gesagt hat, haben sie nicht recht begriffen („Sie hat im voraus meinen Leib zum Begräbnis gesalbt" Mk 14,8). Dann, es hat gar nicht lang gedauert, da ist der eine ganz wild aufgesprungen, hat das Moidl und den Heiland wild angeschaut und ist furtgrennt (fortgerannt). Es ist schon Nacht geworden und es haben Schnabellichterl gebrannt. Ich hab es dem Moidl gegönnt, daß der Heiland so zu ihr gehalten hat. Die hat es wirklich gut gemeint. Da ist der Heiland schon gern draußen gewesen, bei diesen guten Leuten, aber weißt, a Schneid hat schon herghört; es hat sich gfürcht, des Moidl (es hat sich gefürchtet, dieses Mädchen)."

Bemerkung des Verfassers: Um Magdalenens Mut zu verstehen, müssen wir uns die Gepflogenheiten des Orients vor Augen halten, wo auch heute noch großenteils die Frauen verschleiert gehen und die Männer es in der Regel nicht dulden, daß man eine Frau auf der Straße ohne Erlaubnis fotografiert. Sicher waren vor 2000 Jahren diese Auffassungen noch viel strenger, man denke an die Hochzeit zu Kana, wo der Vision nach Männer und Frauen durch einen Vorhang getrennt waren, oder an die Samariterin am Jakobsbrunnen, wo sich die Apostel wundern, daß Jesus mit einer Fremdstämmigen spricht.

Wenn auch hier in Bethanien infolge der engen und freundschaftlichen Verbundenheit der Personen die Verhältnisse gelockerter waren, muß man doch angesichts der vielen Leute, die an dem Gastmahl teilnahmen, dem Ausdruck der Therese Neumann zustimmen „a Schneid hat schon herghört". Man denke, da drängt sich ein Mädchen, vielleicht durch Worte Jesu und durch Vorahnungen getrieben, durch eine große Gesellschaft, „fällt auf", wie wir heute sagen, durch ihr Benehmen und wird deshalb von allen Seiten unwillig und mürrisch beobachtet.

Denn niemand kann diese Salbung als Voraussalbung zum Begräbnis Jesu verstehen; niemand, außer Jesus selbst, weiß, daß er in einer Woche nicht mehr leben wird. Jesus aber, der es weiß, salviert die Tat glänzend durch die Worte: „Wo immer das Evangelium verkündet werden wird in der ganzen Welt, da wird auch, was sie getan hat, zu ihrem Gedächtnis erzählt werden" (Mt 26,13). Und nach seiner Auferstehung verstehen es auch die Apostel und Jünger, so wie sie die Prophetenworte verstehen „Fürchte dich nicht, Tochter Zion! Siehe, dein König kommt auf einem Eselsfüllen" (Zach 9,9) und erkennen, daß sie selbst dabei mitgewirkt haben.

DIE PASSION

Evangelien: Mt K 26, K 27; Mk K 14 ab V. 12, K 15; Lk K 22, K 23; Joh K 13 mit K 19

DIE VISIONEN DER PASSION

Die eindrucksvollste und, weil hiezu jahrzehntelang Besucher aus nah und fern kamen, auch weltbekannte Vision war die Vision des Leidens Christi, das sogenannte Freitagsleiden. Im Gegensatz zu den anderen Visionen, die sich nur im Kreislauf des Kirchenjahres in strenger liturgischer Bindung wiederholten, hat Theres Neumann diese Schauungen, in denen die Passion und deren Vorabend in etwa 35 bis 50 Teilvisionen je nach Beginn und Ende sich vor ihren Augen zutrugen, im Laufe des Lebens gegen 700mal gehabt. Sie pflegten sich jeden Donnerstag/Freitag zu wiederholen, fielen aber in den kirchlich-freudvollen Festzeiten (von Weihnachten bis Septuagesima und von Ostern bis zum Freitag nach der Fronleichnamsoktav) und in der übrigen Kirchenjahreszeit an den Freitagen aus, auf die ein Festtag fiel (und an Freitagen, die in Festoktaven fielen), z. B. Marien- und Apostelfeste, Josefi, oder auch das Fest des Konnersreuther Kirchenpatrons Laurentius (10. August) oder des Diözesanpatrons St. Wolfgang.
Die liturgische Bindung war so streng, daß in den letzten beiden Fällen die Leiden nur ausfielen, wenn Theres am Laurentiusfeste in Konnersreuth und am St. Wolfgangsfeste in der Diözese weilte. Da sie hiefür keine Erfahrung hatte, wurde sie zweimal im Leben auswärts vom Leiden „überrascht", weil sie mit Freiheit für den nächsten Freitag gerechnet und deshalb auswärtige Besuche angesetzt hatte. Der eine Fall ereignete sich in Schloß Zeil, der andere in Eichstätt*.

* Theres Neumann pflegte, wenn der Festtag des Regensburger Diözesanpatrons St. Wolfgang (31. Okt.) auf einen Freitag fiel, kein Freitagsleiden zu haben. Im Jahre 1941 traf das wieder so zu. Therese legte deshalb eine schon länger notwendig gewordene Fahrt nach Eichstätt für diese Woche fest. In der

Die Freitagsvisionen unterschieden sich von allen anderen Visionen sehr wesentlich auch dadurch, daß sie sich am Körper der Visionärin ausprägten. Von der Ölbergschauung an begann das Blut aus den inneren Augenwinkeln über die Wangen zu fließen, später fingen die Stigmen zu bluten an, das Blut der Geißelungswunden drang am Karfreitag durch Hemd und Bettjacke, die Dornenkrönungswunden durchbluteten in neun großen und mehreren kleineren Stellen das weiße Kopftuch. Bei der Kreuztragung schwoll in der Fastenzeit die Schulter an und Blut durchdrang dann als großer Fleck die Jacke. Wer zu diesen Visionen kam, sah ein vollendetes und erschütterndes Marterbild, das aber stets edel und ergreifend, in keiner Weise unästhetisch wirkte. Man konnte sehen, wie sich die Hände zum Kopf hin bewegten und die Dornen auszuziehen versuchten, wie sich nach der Schauung der Annagelung ans Kreuz die Finger der vorgestreckten Hände lebhaft zuckend vor Schmerz bewegten, wie sie mit der Zunge über die dürstenden Lippen fuhr. Die Erscheinungen des Blutens waren nicht jeden Freitag gleich, sie pflegten sich an den Freitagen der Fastenzeit bis zum Höhepunkt hin, dem Karfreitag, zu steigern. An den Tagen Gründonnerstag und Karfreitag gingen die Schauungen auch über die sonst übliche Ausdehnung hinaus. Während sie gewöhnlich mit der Schauung des Ganges zum Ölberg kurz vor Mitternacht einzusetzen pflegten

Nacht vom Donnerstag zum Freitag sah nun der Bruder Ferdinand gegen ½2 Uhr Licht in der Hauskapelle Wutz brennen. Er sah nach und fand Resl auf dem Teppich am Boden sitzend, mit Blutstreifen aus den Augen über die Wangen mitten in den Freitagsleidensvisionen. Sie hatte sich zum Gebet in die Kapelle begeben, war dort vor Mitternacht vom Leiden überrascht worden, wobei auch Blut in ihr Gebetbuch tropfte, und hatte sich dann auf den Boden gesetzt. Weil sie die Heimatdiözese Regensburg verlassen hatte und in eine andere gereist war, in der der Wolfgangstag kein kirchlicher Festtag ist, war das Freitagsleiden unerwartet eingetreten.

und mit dem Tode Jesu am Freitag gegen Mittag 1 Uhr aufhörten, begannen sie am Gründonnerstag schon mit der Vision der Vorbereitung des Abendmahles und endeten am Karfreitag erst mit der Schauung der Grablegung. Die Todesstunde Mittag 1 Uhr stimmt mit der Todesstunde Jesu in Jerusalem überein. Dort ist die Sonnenzeit bereits etwa zwei Stunden weiter, sie steht auf 3 Uhr; es war also zur Zeit des römischen Reiches, in dem die Stunden von morgens 6 Uhr an gezählt wurden, die neunte Stunde. Die letzten Visionen über den Tod Jesu hinaus hatte sie jeweils auch schon am Freitag vor dem Palmsonntag, dem sog. Schmerzhaften Freitag (liturgisch: Gedächtnis der sieben Schmerzen Mariens) die Fußwaschung und Einsetzung des Heiligsten Altarsakramentes sah sie nicht nur am Gründonnerstag abends, sondern jeweils am Morgen des Fronleichnamsfestes.
Mit zunehmendem Alter fielen die Freitagsleiden auch im Advent und außerhalb der angegebenen Festzeiten und Festtage dann manchmal aus, oder waren verkürzt, wenn Theres Neumann durch eine Krankheit oder ein Sühneleiden zu sehr erschöpft war; in den letzten Lebensjahren hatte sie die Leidensvisionen außerhalb der Fastenzeit nur noch an den Herz-Jesu-Freitagen.
Im folgenden ist eine Darstellung der Visionen gegeben, wie sie am Gründonnerstag und Karfreitag aufzutreten pflegten. Ich folge im wesentlichen den Aufzeichnungen von Pfarrer Naber, von Gerlich, Kardinal Kaspar, Erzbischof Teodorowicz, ergänzt durch eigene Aufzeichnungen und Schilderungen der Theres Neumann. Als Quelle von nicht zu übertreffender Bedeutung standen hiezu auch die unter den am Anfang des Buches angeführten Quellen angegebenen Tonaufzeichnungen zur Verfügung. Sie ermöglichten in einzigartiger Weise Kontrolle und Ergänzung des sonstigen Materials.

Gründonnerstag gegen ½11 Uhr nachts. 1. Vision: Der Heiland auf der Straße mit 10 Aposteln; es fehlen Petrus und Johannes (die vorausgeschickt waren).

2. Vision. Ein Saal (sie sagt, „eine schöne, große Stuben"), in den der Heiland durch einen „guten Mann" geführt wird; es ist hergerichtet (gedeckt). Die Männer waren um „einen und noch einen" – ihre Zählweise im Zustand der Eingenommenheit zwischen den Visionen – mehr als vorher auf der Straße. Petrus und Johannes waren jetzt dabei.

3. Vision. Weitere Zurechtrichtung des Saales, keine Stühle, sondern Sitze mit schräg ansteigenden Lehnen, schwarzbraune Teller, aber nicht recht rund, Messer, aber keine Gabeln, sondern hakige „Kratzerl". Vor dem Heiland ein großes Messer. Es brennt ein Feuer. Es sind drei Lichter im Dreieck aufgestellt, mit „kleinen Schnaberln", aus denen Flammen brennen. Ein Mann mit einer „Spitzkappn" bringt viel Grünzeug und das Osterlamm an einem Spieß. Der Heiland streicht Blut an die Türe und schüttet davon auch ins Feuer.

4. kurze Vision. Beginn des Mahles.

5. Vision. Der Heiland geht mit den Männern herum. Dabei wird gesungen, der Heiland beginnt (Theres macht während der Vision das Kreuzzeichen), die anderen fallen ein. „Der Heiland hat hell vürgsungen." Dabei gehen sie auch vor die Tür hinaus. Auf die Frage, ob Therese vom Gesang etwas gehört hat, sagt sie die Worte „Halleluja, Eloim, Adonai".

6. Vision. Der Heiland wäscht den Männern die Füße. Einer will sich nicht waschen lassen, dann aber, nach Zureden, bereitwillig (Petrus).

7. Vision. Theres blickt ehrfürchtig nach oben, dann widerwillig und finster zur Seite, dann wieder froh nach oben. (Jesus blickte vor der Wandlung des Brotes und Weines zum Himmel. Theres folgt seinem Blick.) Inhalt der Schauung: Der Heiland spricht „etwas Großes" (die Einsetzungsworte) und gibt jedem ein Stück. Er sagt etwas, worauf einer, „der mit den roten Haaren", davoneilt. Dann spricht der Heiland wieder und gibt den Männern zu trinken.

8. Vision. Die Männer reden durcheinander. Der Heiland steht auf und betet (das Hohepriesterliche Gebet). „Es ist ihm hart." Als er sich wieder setzt, legt ihm der „junge Mô (Johannes) sein Gsicht in die linke Seitn. Von den Mannern sind dann die einen gestanden, die andern gesessen". Hernach geht der Heiland mit allen zur Türe hinaus.

Diese Gruppe von Visionen bis hieher hatte Theres nur am Gründonnerstag und teilweise am Fronleichnamsfest. Mit der nächsten Vision begannen an den sonstigen Donnerstagen und Freitagen gegen ¾12 Uhr nachts die Schauungen.

9. (normalerweise 1.) Vision. Theres schaut suchend herum. Es ist dunkel. Sie folgt dem Zug auf dem Gang zum Ölberg.

10. Vision. Der Heiland geht mit den Männern über eine kleine Brücke (Bach Cedron), den Berg links hinauf, in einen Garten. Da kommt zuerst ein kleines Häusl, dann ein größeres. Hier bleibt ein Teil der Männer. Gefragt, wieviele, zählt Therese auf ihre Weise, die Gruppe überschauend „oiner und no oiner usw." bis acht. Der Heiland geht mit den dreien weiter.

11. Vision. Der Heiland betet im Garten kniend und geht dann zu den dreien zurück (erstes Beten). – Theres treten wässerige Tränen in die Augen.

12. Vision. Das zweite Gebet des Heilandes. Abermals geht er zurück und kehrt wieder um, nachdem er die Apostel schlafend findet. Theresens Augen bluten sich ein, die ersten Tropfen Blutes treten aus den Augenwinkeln.

13. Vision. Der Heiland betet zum dritten Mal. Er schwitzt Blut. Ein Engel („lichter Mô") kommt und tröstet ihn. Er geht zurück zu den dreien und weckt sie. Es waren der „junge Mô und ein älterer und ein noch älterer". – Therese hat bereits Blutstreifen über die Wangen herunter, einzelne Tropfen träufeln schon auf die Nachtjacke, die Herzwunde beginnt zu bluten.

14. Vision. Die Häscher kommen „mit brennenden Holzscheiteln" (wohl Fackeln) von der Straße herauf. Einer geht voran, es ist der, der „davongrennt ist, wie ihm der Heiland das Brot geben hat".

15. Vision. Zusammenstoß zwischen Aposteln und Judas. Die Apostel rufen: Machada, machada (was ist los?). Dann erkennen sie Judas und rufen: „Ganapa, magera" (du Schurke, ein Schwert!). Petrus zieht das Schwert und schlägt drein (Theres nennt ihn fortan in der Eingenommenheit „Waschlschneider".* Die Häscher rufen auf Fragen, was sie wollen: Jeschua Nazarea (Jesus von Nazareth). Jesus antwortet: „Ana" (Ich bin es). Alle Häscher fallen hin, die „groden Manna" (römischen Soldaten) aber nicht. Auf das Wort Jesu: „Kume" (Stehet auf) erheben sie sich wieder.

* Einige Kritiker haben es Therese Neumann verübelt, daß sie für Petrus, den Vollmachtträger der Kirche und deren ersten Papst, keinen würdigeren Ausdruck gefunden hat. Therese Neumann hat als erste der historischen Visionen die Passionsvision erlebt; sie hatte Petrus wohl beim Abendmahl, aber hier nicht hervortretend, sonst aber nie vorher gesehen. Und da fällt ihr nun auf dem Ölberg der mutig dreinschlagende Mann, der einem Gegner des Heilands das Ohr abhaut, ganz besonders auf. Weil sie beim Gespräch im Zustand der kind-

16. Vision. Theres lächelt. Sie hält den Judaskuß für ein Freundschaftszeichen. Dann aber geht der Ausdruck in Entsetzen über. Sie klagt über Schmerzen an den Händen. Man hat den Heiland gebunden und ihm einen Gürtel umgelegt, mit Häkchen nach innen, die ihn stechen, wenn einer der Büttel an den Riemen, deren drei sich am Gürtel befinden, zieht. Vorher hat er dem Verletzten (Malchus) das Ohr wieder „anpicht". (Es hing noch am Körper und war nach der Berührung durch den Heiland wieder angeheilt. Der Geheilte hat ihm nichts mehr getan, er hat sich zurückgehalten. TB) Das Stigma des linken Handrückens reißt am Rande auf und beginnt zu bluten.

17. Vision. Man führt den Heiland fort. Er ist matt und durstig. Einem „jungen Mô" (vgl. Mk 14,50 ff.) hat man den Kittel genommen. Als man ihn daran festhalten wollte, riß er die Spange auf der rechten Seite ab und lief davon.

18. Vision. „Man hat den Heiland in das Wasser gestoßen; er hat aus dem schmutzigen Wasser getrunken" (beim Übergang über den Bach Cedron). Auch das rechte Handstigma und die Fußstigmen beginnen zu bluten.

19. Vision. Der Zug geht durch einen Vorort, in welchem Arme Mitleid mit dem Heiland haben, sich auf die Straße knien und rufen Jesch*u*a bardaf*i*dam, Jesch*u*a Nasar*i*a, Jesch*u*a m*a*lka.* Sie gehen mit, werden aber abgedrängt.

lichen Eingenommenheit niemand, wenn sie ihn zum ersten Mal sieht, bei seinem Namen kennt und weder über seine bisherige noch spätere Geschichte Bescheid weiß, belegt sie ihn mit dem Ausdruck, der für sein Verhalten bei diesem für sie ersten Auftreten spricht, und behält diesen dann in der Regel auch bei in anderen Visionen, bei denen sie die betreffende Person wiedererkennt. In ihrem normalen Zustand sprach sie stets mit großer Ehrfurcht vom hl. Petrus, wenn man mit ihr eine Vision besprach, in welcher er vorkam. V

* Die kursiv gesetzten Buchstaben geben wiederum und auch künftig die Betonung an, laut TB.

Man führt den Heiland, der barfuß ist, weiter über steinige Seitenwege zur Innenstadt und in ein großes Haus mit einem Hof, in welchem Feuer brennen.

20. Vision. Johannes, der dem Heiland in den Vorhof gefolgt ist, redet einer Frau am Tor zu, auch Petrus hereinzulassen. Sie beobachten in gewissem Abstand den weiteren Fortgang. Es kommt ein alter Mann mit langem Bart heraus, zu dem der Heiland geführt wird (Annas).

21. Vision. Er steht vor diesem alten Mann, redet aber zunächst nichts mit ihm. Endlich gibt er ihm in stolzer Haltung eine Antwort. „Da gibt einer dem Heiland eine Schelln um nichts. Der Heiland hat zu dem was Scharfes gsagt." Es fließt hellrotes Blut aus dem linken Handstigma über den Handrücken. Theres stöhnt wegen der Schmerzen an der Stelle der Herzwunde.

22. Vision. Der Heiland wird verspottet. Die Handstigmen bluten erneut. Es ist zu bemerken, daß ihre Oberfläche sich etwas senkt, wenn Blut herausfließt (Gerlich 1, Seite 284). Der Alte kritzelt etwas auf eine Rolle, steckt diese dem Heiland in den Gürtel und läßt ihn weiterführen.

23. Vision. Der Heiland steht vor einem anderen Mann mit glänzendem Gewand, so etwas wie mit „Hörndln auf dem Kopf und etwas Besonderem auf der Brust"; Theres fährt mit der Hand in Strichen nach unten und quer über die Brust. Sie meint das Brustschild (Ephod) des Hohenpriesters, auf dem in 12 Plättchen die Namen der 12 Stämme Israels eingeschrieben sind.

24. Vision. Feuer im Vorhof. „Der Waschlschneider wird angredt" und leugnet, den Heiland zu kennen. Therese hört das Kikeriki des Hahnes und schildert es hernach im eingenommenen Zustand mit den Worten: „Das Vieh hat be-igt." (Das oberpfälzische Dialektwort be-igen gilt für alle Tierlaute, es ist uns auch schon in der Dreikö-

nigsvision begegnet, als die Kamele und Pferde beim Niedergehen des Sterns auf den Aufenthaltsort der heiligen Familie erschreckte Laute ausstießen.)

25. Vision. „Der Mann mit den Hörndln hat seinen Kittl zerrissen. Er schneidet ihn mit einem Messerlein an und reißt dann weiter." Der Hohe Priester Kaiphas zerreißt sein Kleid als Verurteilungsgeste. Einige haben dagegen geredet „aber das hat nichts geholfen".
Der Heiland wird erneut arg verspottet: Man legt ihm einen rotbraunen Mantel um, setzt ihm einen Strohkranz auf und darauf eine Spitzkappe und bespeit ihn von allen Seiten mit den höhnenden Rufen „Malka, malka, schelam malka" (König, König, Heil dir, König).
Petrus wird von einem alten Weib angesprochen und leugnet nochmals, mit Jesus bekannt zu sein. Wieder kräht der Hahn. Im selben Augenblick wird der Heiland an ihm vorbeigeführt und schaut ihn „weh, aber gut" an, worauf er weinend hinausgeht.

26. Vision. Der Heiland wird in „ein finsteres, kaltes Luch" geführt, in das ein niedriger, schmaler Gang führt, so daß man gebückt eintreten muß. Der Kerker ist eine schmale Zelle, in der höchstens zwei Personen nebeneinander stehen können. Dort wird er um den Hals angehängt, kann weder sitzen noch liegen und bleibt bis zum Morgen eingesperrt. „Der, der in der Nacht bei ihm war (Nikodemus), hat gegen die Behandlung protestiert."
Nachher sind viele Leute weggegangen. Auch Johannes geht hinaus zu der wartenden Mutter und den Frauen. „Da bin ich mitgangen; ach, da war der Mutter hart!" Man hat sie dann in Begleitung in ein Haus in der Nähe weggeführt.
Hier, gegen zwei Uhr nachts, brechen dann die Visionen ab. Sie dauerten vom Gang zum Ölberg an bis hieher gut zwei Stunden, im einzelnen etwa zwei bis fünf Minuten,

und waren immer wieder vom Zustand der Eingenommenheit unterbrochen, in dem Theres in kindlicher Weise das Geschaute auf Befragung zum Ausdruck brachte. Während der Visionen saß sie aufgerichtet mit etwas erhobenen, vorgestreckten Händen in ihrem Bett. Im Zustand der Eingenommenheit sank sie kraftlos in die Kissen zurück, wobei die Hände auf das Oberbett fielen. Nach dieser letzten Vision pflegte der erhobene Ruhezustand aufzutreten, in dem sie in gewohnter Frische erzählte, der Heiland stärke sie jetzt.
Am Morgen sind die Blutstreifen, die aus den Augen über die Wangen herunterziehen, angetrocknet, die Augen verklebt, die Jacke ist über dem Herzen mit Blut getränkt, obwohl Theres vor Beginn des Leidens noch besondere Kompressen auf die Herzwunde gelegt hat. Auch um die Handgelenke ziehen sich angetrocknete Blutstreifen, die von den Handstigmen ausgehen.

27. Vision. Am Morgen bringen die Priester und ihre Begleitung Jesus vor Pilatus. „Sie bleiben vor den Stufen stehen. Pilatus kommt heraus und läßt sich eine Art Kanapee bringen, auf das er sich setzt." Therese, die visionär auch dasteht, spürt, daß Pilatus keinen Haß gegen Jesus hat, sondern gerecht sein möchte. „Aber er hat sich von den vielen Leuten einschüchtern lassen." Er merkt an der Sprache, daß Jesus ein Galiläer ist und schickt ihn deshalb zu Herodes, dem König von Galiläa, der des Passahfestes wegen in Jerusalem ist.* Vorher läßt er ihn wa-

* Es handelt sich hier um Herodes Antipas, einen der vier Söhne des Königs Herodes, der zur Zeit der Geburt Jesu, damals etwa in der Mitte der 60er Jahre stehend, lebte und den bethlehemitischen Kindermord befahl. Dieser hatte als judenfeindlicher Vasall der Römer rücksichtslos und mit vielen Morden die Macht an sich gebracht und war von Kaiser Octavianus Augustus zum König von Judäa ernannt worden. Er residierte in Jerusalem (vgl. die Visionen von Dreikönig und Kindermord) und überlebte den Kindermord nur mehr

schen, weil „er voller Blut und ganz verspien ist". Die ganze Schar der Ankläger und viele „Gscheitseinwöllerer und Gassenschreier und Neugierige (man müßte wohl heute schreiben Sensationslüsterne. V) ziehen mit".

Der Heiland steht stolz vor Herodes. Man merkt, daß er ihn verachtet. „Er hat so auf ihn niedergschaut, während der ihm schön tun wollte, und hat ihm keine Antwort gegeben. Das hat den Mann da geärgert, aber er hat auch nichts gegen den Heiland unternommen, sondern ihm aus Spott einen weißen Kittel anziehen lassen und zum Ichtrauminet (Pilatus) zurückgeschickt."

28. Vision. Während der Heiland von Herodes zu Pilatus zurückgeführt wird, sieht Therese die Frau des Pilatus diesen um etwas betteln. Er gibt ihr „etwas Schönes, Funkelndes mit. Das sollte wohl etwas bedeuten, und das Weib ist froh weggegangen."

29. Vision. Der Zug mit Jesus kommt zu Pilatus zurück. „Man kennt, daß es ihm nicht recht ist, daß sie den Heiland wieder bringen." Er nimmt dann Jesus erneut ins Verhör, und „er ist der einzige, dem der Heiland auf Fragen Antwort gibt". Draufhin versucht Pilatus erneut, ihn zu retten, aber man hört von der aufgehetzten Menge immer nur den Sprechchor „schel*a*ppo" (kreuzige ihn). Da läßt Pilatus den Räuber Barabbas vorführen und hinstellen und ruft fragend in die Menge. Alles schreit „Bar*a*b-

kurze Zeit, starb vermutlich an Genitalkrebs und hatte in seinem Testament, das der römische Kaiser anerkannte, sein Reich unter drei Söhne aufgeteilt: Archelaos erhielt Judäa (vgl. Mt 2,22), Samaria und Idumäa, Herodes Antipas wurde Tetrarch von Galiläa und Peräa, Herodes Philippus Tetrarch von Ituräa und Trachonitis.

Dieser Herodes Antipas war es auch, der seine erste Frau verstoßen und Herodias, die Frau eines Bruders, geheiratet hatte. Johannes d. T. hatte ihm das als unerlaubt vorgehalten und war von dem offensichtlich charakterschwachen und eitlen Mann auf Betreiben der Herodias enthauptet worden. (Vgl. Mt 14,1–12; Mk 6,14–29.)

ban". Daraufhin gibt Pilatus einen Befehl und Jesus wird abgeführt.

30. Vision. Theres schaut entsetzt und wendet den Kopf bald nach rechts, bald nach links. Sie sieht die Geißelung. Der Heiland wird, worüber er sehr betrübt umherblickt, völlig nackt ausgezogen, die Hände werden ihm erneut gebunden und er dann, mit dem Angesicht gegen eine Säule, an dem Strick, der die Hände bindet, mit nach oben gestreckten Armen hochgezogen, bis er nur noch auf den Zehen steht. Dann beginnen drei Gruppen (zu je zwei Mann) von trunken gemachten Schergen mit vollen Leibeskräften und unverhohlener Lust mit verschiedenartigen Geißeln auf ihn einzuschlagen. Als sie sehen, daß die erreichbaren Körperstellen schon angeschwollen sind und bei weiteren Hieben aufreißen, drehen sie den Heiland herum und geißeln in gleicher Weise auch die Vorderseite. Nach Vollzug ist der Heiland so mitgenommen, daß er sich kaum bücken kann, um seine auf dem Boden liegenden Kleider aufzunehmen. Da gibt diesen ein halbwüchsiger Bub mit den Füßen einen Stoß, daß sie ein gutes Stück weit fliegen. Bei Theres brechen während der Geißelung an Brust und Rücken Wunden auf, die die Bettjacke durchbluten. Sie hat einen ganz besonderen Zorn auf den Buben und äußert ihn mit lebhaften Worten. „Wenn ich ihn erwischt hätte, hätte ich ihm eine heruntergehauen."

31. Vision. Dornenkrönung. Die Dornenkrone besteht nicht, wie in den Darstellungen üblich, nur aus einem Kranz von Dornzweigen, sondern sieht orientalischen Kronen ähnlich, die nicht wie die bei uns üblichen offen, sondern geschlossen sind (vgl. die heute noch übliche Kopfbedeckung der ostkirchlichen Patriarchen), einer Art Korb gleich, mit vielen spitzigen, langen Dornen, der Jesus über das Haupt gestülpt und, damit sich die Knechte

Die großen Passions-Visionen (Karfreitag 1953):
Während der Kreuzigungsvision

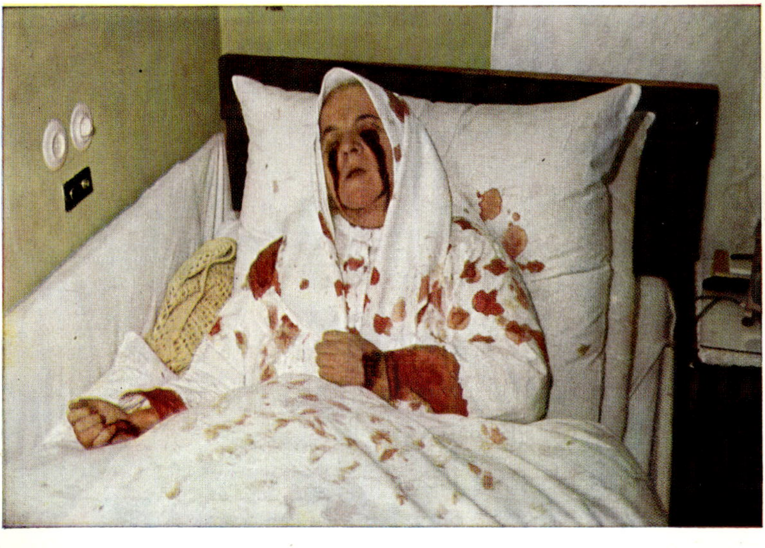

Wie tot zurückgesunken nach der Vision des Todes Jesu

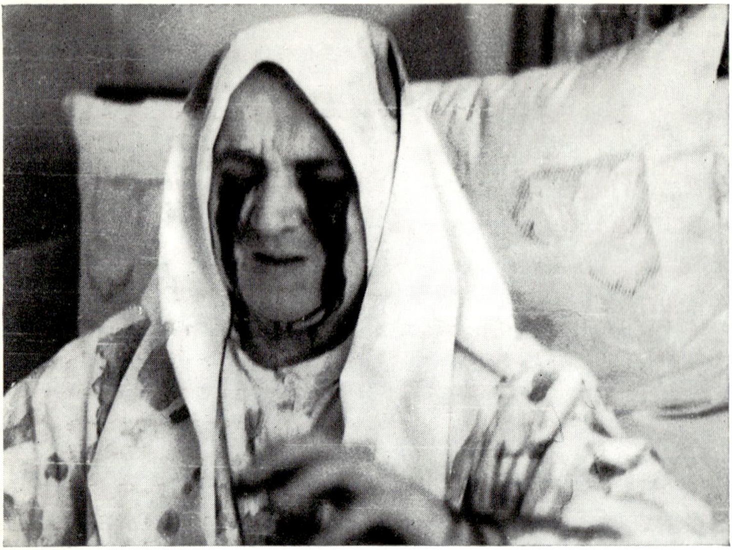

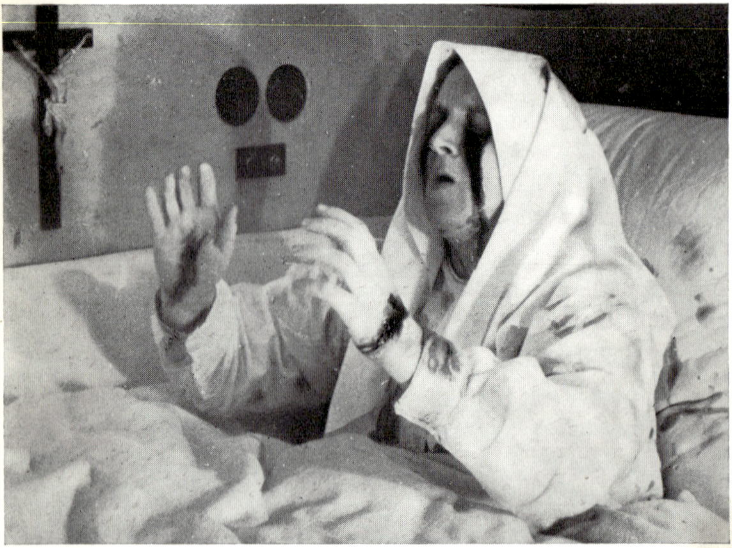

Weitere Szenen des Miterlebens und Mitleidens bei der Kreuzigungs-Vision

selbst nicht an den Dornen verletzen, mit Stöcken eingetrieben wird. Von da an durchbluten die Wunden der Dornenkrönung das Kopftuch, auf dem neun besonders große Trocknungshöfe bei jedem Freitagsleiden an der gleichen Stelle auftraten.

32. Vision. Pilatus läßt den Heiland wieder bringen. Er hat die Dornenkrone auf dem Haupt und einen zerfetzten roten Mantel an, geht gebückt und zittert. Pilatus schaut ihn offensichtlich voll Mitleid an und ruft etwas herunter. Aber er hört nur schelappo. Es kommt ein „groder Mo" (Soldat) und bringt Pilatus ein Täfelchen und den Ring, den er vorher seiner Frau gegeben hatte, was ihn sichtlich beunruhigt („Habe nichts zu schaffen mit diesem Gerechten . . ." Mt 27,19). In der Menge sieht Therese auch die Mutter und Johannes. Pilatus bemüht sich noch mehr die Menge umzustimmen, „aber da war der Alte (Annas) noch da und der Kittelschneider (Kaiphas); wie denen die Zeit nicht lang worn is!" Die haben stets gehetzt und gegen Pilatus geschrien. Und dazu haben alle immer wieder schelappo gerufen.

33. Vision. Pilatus läßt sich dann eine Schüssel bringen und Wasser über die Hände gießen. Er ruft etwas herunter, dann haben die unten alle wieder geschrien. Da läßt er sich einen Mantel bringen und setzt „etwas Funkelndes" (Stirnreif) auf den Kopf. Er steht auf und ruft etwas herunter „das hat ihnen dann gepaßt" (Todesurteil). Einige haben zwar dagegen gesprochen aber sie werden von der tobenden Menge überschrien.
Während der folgenden allgemeinen Verspottung hört Theres die Henkersknechte „Schelam rabusah" (Heil, Euer Gnaden / Übersetzung Teodorowicz) rufen. „Der Heiland hat vor lauter Durst den Mund offen, und sie speien ihm hinein."
Pilatus hat etwas aufgeschrieben und denen gegeben.

Dann schreibt er nochmals etwas, das läßt er irgendwohin schicken. Dann bringt man ihm ein braunes Holz, „da hat er weiß etwas affikragelt (in für Therese unleserlicher Schrift geschrieben), eine Zeile und noch eine Zeile und noch eine Zeile, jede in einer anderen Schrift (den Text ‚Jesus der Nazarener, König der Juden' in hebräisch, griechisch, lateinisch). Und dann hats denen auf einmal pressiert, daß sie wegkommen."
Pilatus läßt dann viele Soldaten zusammenstellen „mit Blasern dabei" (Trompeten). Dem Heiland zieht man den roten Mantel aus, „er war am Buckel angepicht und wie sie ihn wegrissen, ist dem Heiland das Blut heruntergelaufen". Dann brachten sie zwei „recht wilde Manner", die hatten Holz auf den Buckel gebunden; einer von ihnen hat geschimpft und dauernd geschrien, der andere war still.
Dann bringt man für den Heiland Hölzer, „ein langes und zwei kürzere Trümmer". Die hat man zusammengebunden und ihm auf die Schulter geworfen. Dann legten sie ihm wieder den „Gürtel mit Hackerln und den Stricken dran" um und führten ihn fort. „Das waren nicht Soldaten, sondern kleine, braune Männer, mit struppigem Haar und nur um die Mitte etwas an, sonst waren sie nackt."
Therese hatte, weil sie die bevorstehende Kreuzigung noch nicht kennt, gemeint, man lade dem Heiland Bauholz auf die Schulter. Das Kreuzholz, das sie sieht, hat nicht die uns bekannte Form, sondern besteht zunächst aus drei noch nicht zusammengefügten, mit Stricken zusammengebundenen Hölzern, einem langen unbehauenen Stamm und zwei kürzeren, behauenen Balken. (Diese scheinen schon vor längerer Zeit behauen worden zu sein, denn Theres sieht sie schon etwas verwittert). Die durch die Geißelung zerschundene Schulter fängt unter dem Druck der Last zu schwellen und zu bluten an. Ein großer Blut-

fleck wird auf der Bettjacke über der rechten Schulter sichtbar.

34. Vision. Jesus geht den Weg auf den Kalvarienberg. Er stürzt mit dem Kreuzholz und wird gewaltsam wieder hochgerissen.

35. Vision. Auf dem Kreuzweg sieht Jesus seine von Johannes und einigen Frauen begleitete Mutter. Theres hört ihn „Immi" (Der Anlaut kann auch zwischen i und ä, also ungefähr „Ämmi" klingen = meine Mutter) rufen. Einer der „Lausbuben", die den Henkern das Werkzeug tragen, zeigt, als er merkt, daß es sich um die Mutter Jesu handle, dieser aus einem Kästchen unter Verhöhnung zwei Kreuzigungsnägel, worauf Maria ohnmächtig und von Johannes im Niederfallen aufgefangen wird.

36. Vision. Man winkt einen Fremden herbei, er solle Jesus das Kreuz tragen. Theres winkt auch fortwährend mit der linken Hand. Auch sie will offenbar den Fremden bestürmen, dem Heiland zu helfen.

37. Vision. Der durch seine andersartige Kleidung und Haar- und Barttracht als Fremdling erkenntliche Mann (ein Grieche, Simon von Cyrene), kommt mit einem Stock unter dem Arm und zwei Knaben, einem größeren und einem kleineren, daher. Sie wollen sehen, was sich da tut. Der Mann wird aufgefordert, das Kreuz tragen zu helfen. Er weigert sich energisch. Einer der Henker zwingt ihn. Er ist voller Zorn über solche Zumutung und Belästigung, schimpft lebhaft und verschuldet durch sein Verhalten den zweiten Fall Jesu. Da wendet sich der Heiland im Aufstehen nach ihm um und sieht ihn mit einem „Göttlichen Blick" an (Äußerung bei Erzählung im normalen Zustand. Dieser „Göttliche Blick" kommt auch ganz gelegentlich in anderen Visionen vor, vgl. z. B. die Dreikönigsvision.) Auf diesen Blick hin gibt Simon nicht nur augenblicklich den Widerstand auf, sondern faßt das

Kreuzesholz so kräftig unter der Mitte, daß dem Heiland kaum mehr eine Belastung übrigbleibt. Resl geht in der Nähe des Heilands auf dem Kreuzweg weiter. Sie hört weiter hinten im Zuge lauten Lärm. Es ist die Gruppe um die Schächer.

39. Vision. Eine Frau kommt heran mit einem jungen Mädchen, das einen Krug mit Wasser trägt. Resl kennt die Frau: Es ist die, die sich heimlich dem Heiland genähert und sein Kleid berührt hatte, und dabei vom Blutfluß geheilt worden war (Veronika, Mt 9,18–26). Dieser geht es tief zu Herzen, wie sie nun das mit Blut verklebte, entstellte Antlitz des Heilandes sieht; sie nimmt ihr Schultertuch ab und reicht es ihm. Er drückt das Tuch „mit einer Hand, mit der anderen hat er nicht auslassen können", an sein Gesicht und gibt es ihr zurück: Der Abdruck seines Angesichts ist darauf sichtbar.

40. Vision. Der Zug ist am Torbogen angekommen.

41. Vision. Frauen mit Kindern stehen am Wege. Sie weinen. Resl hört den Heiland sagen „Benat Jerusalema" (Töchter Jerusalems). Die „groden Manna" (geraden Männer = Soldaten) drängen die Frauen zurück.

42. Vision. Außerhalb des Tores ist der Weg ganz anders, recht holperig. Der Heiland kann nicht darauf achtgeben, er stolpert, ein Fuß verwickelt sich in einem der Stricke, mit denen man ihn führt, und er stürzt der ganzen Länge nach hin.

43. Vision. Die Schergen rufen „Kum" (steh auf) und fassen den Heiland bei der Schulter, um ihn hochzuziehen. Sie haben Angst, daß er sterben könnte, bevor sie ihn gekreuzigt hätten. Bei einer späteren Vision erzählt Therese in ihrer Zählweise – ôimal und nô ôimal etc. – ergänzend noch, daß der Heiland viermal in die Knie gebrochen und dreimal hingefallen sei. Die Schergen hätten ihn immer wieder hochgerissen. Nach dem schweren

Sturz am Tor, bei welchem er ganz in voller Länge am Boden gelegen sei, hätte der Soldatenführer die Schergen, die den kraftlosen Heiland auch jetzt wieder hochreißen wollten, „stark ausgschimpft, der hat Mitleid mit ihm ghabt". Deshalb hätten ihm dann die Schergen in die Höhe geholfen.

44. Vision. Der Zug ist am Ort der Kreuzigung auf dem nicht sehr hohen Kalvarienberg angekommen. Er macht halt. Der Heiland wird in ein altes, teilweise verfallenes Grab geführt.

45. Vision. Die drei Balken des Kreuzes werden zusammengefügt. Die mit Zapfen versehenen Enden der beiden behauenen Seitenbalken werden in entsprechende Stemmlöcher des langen unbehauenen Holzes getrieben und mit Holzkeilen und Holzstiften fixiert.

46. Vision. Der Heiland muß sich zur Probe auf das Kreuz legen. Sie stoßen ihn nieder. Man markiert Lage des Kopfes, der Hände, der Fersen und der Leibesmitte. Dann wird er hochgezogen, „von selber hätt er nimmer aufstehn können", und wieder in das Grab zurückgeführt. Resl sieht ihn dort sitzen, noch bekleidet, aber zitternd vor Kälte. „Läßt sich wohl denken", sagte sie mir einmal im normalen Zustand dazu, „es war ja noch früh in der Jahreszeit und außerdem hatte er sicher schon hohes Fieber von den vielen Verwundungen."

Nach dieser Vision, bei der es gegen 11 Uhr vormittags zu sein pflegte, trat wieder eine längere Pause von etwa einer Stunde ein, während der Therese erneut durch den erhobenen Ruhezustand gestärkt wurde. In dieser Zeit wurde, wie mir Resl im normalen Zustande im Sommer 1947 erzählte, das Kreuz folgendermaßen vorbereitet (sie sieht es hernach bei Beginn der Kreuzigungsvision so daliegen): Der unbehauene Stamm ist auf der Oberseite von oben an bis zu dem für die Fersen markierten Punkt ent-

rindet und geglättet. Es sind drei Mulden eingehauen, eine für die Dornenkrone, eine in der Leibesmitte und eine starke für die Fersen. Anschließend an den Einschnitt für die Fersen ist aus anderem Holz ein Keil zur Abstützung der Füße angenagelt. An den für die Hände markierten Stellen sind zwei Löcher vorgebohrt, in den Fußausschnitt ein drittes. Oben am Stamm ist ein Einschnitt, in den vor der Aufrichtung die Inschrifttafel eingesteckt wird. In den felsigen Boden – der Golgatha-Hügel ist Kalkstein – ist ein senkrechtes Loch geschlagen zur Aufnahme des Kreuzes nach der Aufrichtung.
Gegen 12 Uhr schnellt Theres aus der kraftlosen Liegestellung wieder zu gestraffter sitzender Haltung empor und streckt die beiden Hände vor. Es beginnt die große Schauung der Kreuzigung, die bis gegen ¾1 Uhr dauert. Der Heiland wird herangebracht und man reißt ihm die durch getrocknetes Blut am ganzen Körper angeklebten Kleider vom Leibe. Alle Wunden werden dadurch wieder aufgerissen. Nackt steht der Heiland da und schaut, ob der Schändung aufs tiefste betrübt, Abhilfe suchend um sich. Da nimmt eine mutige Frau ihr Schultertuch ab und reicht es ihm. Mit dankbarem Blick nimmt er es und bindet es sich um. Die Schergen werfen dann den Heiland aufs Kreuz und binden ihn um die Hüften fest an. Dann binden sie den rechten Arm in der Nähe des Handgelenkes stramm an den Kreuzbalken und treiben den Nagel durch die rechte Hand in das vorgebohrte Loch. Bei der linken Hand sehen sie, daß das Loch zu weit außen sitzt. Sie binden einen Strick um das Handgelenk, einer kniet sich auf den rechten Arm, und die anderen ziehen, bis die Hand hinpaßt. Sie reißen dabei den Arm aus dem Schultergelenk. Dann wird auch dieser Arm festgebunden und der Nagel durch die Hand getrieben. Theres hört die einzelnen Hammerschläge. Sie zieht ruckartig, wenn der Nagel in die Hand dringt, unter der Decke die Knie

hoch. Aus den Wunden und den Stigmen fließt frisches Blut. Die einwärts gekrümmten Finger bewegen sich von da an dauernd zuckend.

Einschaltung des Verfassers: Infolge der Abstützung an Fersen und Gesäß und der mehrmaligen Anbindung zog an den Händen weitaus weniger Gewicht, als wenn der Leib nur mit drei Nägeln an einem glatten Holz befestigt worden wäre. Infolgedessen verlieren auch die anatomischen Bedenken sehr an Boden, die Handflächen müßten ausgerissen sein, wenn die Nägel durch die Handmitte getrieben worden waren. Dr. med. Hynek, Prag, z. B. meinte ursprünglich, veranlaßt durch die Abdrücke im Turiner Leichentuch, über das er 1936 eine Studie veröffentlicht hatte, die Annagelung Jesu hätte durch die Handwurzeln erfolgen müssen. Pfarrer Naber erzählte mir nach dem Zweiten Weltkrieg, Hynek habe aber, als er die Stigmenblutungen in Konnersreuth sah und feststellte, daß das aus den Handstigmen ausfließende Blut in der Regel bis zu den Handwurzeln floß und sich dann um diese auftrocknend verteilte, und als er von den Abstützungen und Anbindungen hörte, seinen Standpunkt revidiert und zugegeben, daß die großen, um die Handgelenke angesammelten Blutmengen unter der chemischen Wechselwirkung mit Myrrhe und Aloe, mit denen der Leichnam gesalbt wurde, einen kräftigeren Abdruck im Leichentuch hätten hinterlassen können als die Annagelungswunden selbst, zumal seine Bedenken wegen des Ausreißens der Hände durch die Abstützung und vor allem auch durch die Anbindung in der Nähe der Handgelenke ausgeräumt seien.
Es soll hier nicht versucht werden, dem Konnersreuther Stigmenbild unbedingt Anspruch auf getreue Nachbildung der Wunden Jesu zuzuschreiben. Es sollte nur die Diskussion hierüber dargestellt werden. Denn charismatische Stigmen weichen oft, wie die Geschichte der Stigmatisierten erweist, vom Urbild ab. Auch der hl. Franziskus wird schon in zeitgenössischen Abbildungen stets mit den Stigmen auf dem Handrücken oder im Handteller, nicht an den Handwurzeln, dargestellt.
Ich habe im Meinungsaustausch über diese Frage mit Prof. Mayr, dem besten der noch lebenden Kenner von Konnersreuth, korrespondiert. Er schreibt mit Brief vom 22. 5. 72: „Vor allem ist festzustellen, daß die Wundmale aller Stigmatisierten nicht getreue Abbilder der Wunden des Heilandes zu sein brauchen. Sie sind lediglich Zeichen der innigen Vereinigung der stigmatisierten Person mit dem leidenden Christus. Bei Th. N. weisen die Lage der Herzwunde sowie Gestalt und Gestaltänderung der Handstigmen darauf hin. P.

Ulrich Veh O.Cap. ist der Ansicht, daß es für Resl eine zu große Behinderung bei der Bewegung der Hand und zu schmerzhaft gewesen wäre, hätte sie das Stigma an der Handwurzel gehabt. In gewisser Hinsicht seien die Stigmen vielleicht auch ein Schmuck für die Begnadeten. Wir halten es daher sehr wohl für möglich, daß trotz der Verhältnisse bei Th. N. der Heiland die Wunden im Handgelenk hatte. Dr. med. Mittendorfer meint allerdings, die Bänder der Hand seien so stark, daß sie die in Frage kommende Belastung ausgehalten hätten."

In Ergänzung der oben angegebenen Darlegungen sei noch darauf hingewiesen, daß Th. N. auf den Handrücken große, ästhetisch wirkende Stigmen, auf den Innenflächen der Hand jedoch nur kleine, schnittartige aufwies, während die Darstellungen Christi am Kreuz, besonders eindrucksvoll die des Matthias Grünewald am Isenheimer Altar, die Annagelung aus anatomischem Gespür heraus zumeist auf der Innenseite der Hände beginnen lassen, so daß also hier ein mindestens ebenso großes Stigma wie auf dem Handrücken sich befinden müßte. Wenn wir aber die Gesichtspunkte: Vermeidung starker körperlicher Behinderung und auszeichnender Schmuck eines Begnadeten gelten lassen, verstehen wir die Lage der Stigmen, die bei Th. N. laut ihrer eigenen Aussage ohnehin durch die Hände und die Füße hindurchgingen und damit schmerzhafte Behinderungen für sie bedeuteten, und nicht etwa nur an der Oberfläche lagen.

Die Annagelung der Füße sah Therese folgendermaßen: Zunächst werden auch die Knie niedergebunden. Dann halten die Henker den rechten Fuß auf dem Podest fest und treiben einen Nagel von der Länge der Handnägel durch denselben. Dieser Nagel wird wieder herausgezogen und beiseite geworfen (er wird später von den Anhängern Jesu aufgelesen und gleich den anderen Nägeln als teures Andenken mitgenommen). Er sollte nur vorbohren, damit der Fuß bei der weiteren Annagelung nicht abrutscht. Dann wird der rechte Fuß über den linken gehoben, ein langer Nagel durch den bereits durchbohrten rechten Fuß gedrückt und mit einem kräftigen Schlag und einigen weiteren Schlägen auch durch den linken Fuß in das vorgebohrte Loch im Holz getrieben.

Die Schergen bringen das Schild an, erheben das Kreuz

mit Hilfe einiger Hölzer und lassen es in das in den Stein gehauene Loch fallen. Man spürt aus dem Zusammenzucken und dem Gesichtsausdruck der Resl, welch furchtbarer Schmerz den Leib des Herrn beim Aufstoß durchfahren haben mag. Theres sieht den Heiland für einige Zeit in Ohnmacht sinken; sein Haupt fällt nach vorn herab. Das Kreuz ist nicht tief genug in den Boden gedrungen; es hat nicht genügend Halt. Die Schergen heben es nochmals heraus, meißeln das Loch tiefer und wühlen Steinbrocken heraus. Dann setzen sie das Kreuz etwas behutsamer als das erste Mal wieder ein. Es steht zunächst nicht senkrecht, sondern hängt, von der Last des Körpers beschwert, nach vorne über. Man scheint damit gerechnet oder von anderen Kreuzigungen Erfahrungen zu haben: auf beiden Seiten neben der geglätteten Fläche des Stammes waren, etwas zurück und ziemlich weit oben – so geben es die Tonbandaufnahmen wieder – bereits zwei Ringe angebracht, von denen Stricke herunterhingen. Mit diesen Stricken wird das Kreuz nach rückwärts gezogen und dann an zwei Pflöcken im Winkel verspannt. Dann werden in das Standloch noch Steine eingestampft und Holzkeile getrieben. Gefragt, nach welcher Richtung der Heiland geschaut habe, sagt Therese, sie, die dem Heiland gegenüberstand, habe zum Tempel gesehen; der Heiland sei also mit dem Rücken zur Stadt gekreuzigt gewesen. Die Kreuze der Schächer seien etwas vorn und schräg so aufgestellt gewesen, daß der „Heiland beide im Blick hatte". Die Anordnung dürfte also etwa drei Seiten eines Achtecks entsprochen haben.

Zwischenhinein schildert Therese auch die Kreuzigung der Schächer, die nach ihrer Vision ganz anders als die des Heilands vor sich ging (Quelle TB): Es wurden zuerst die Kreuze aufgerichtet und im Boden stabil verankert. Sie bestanden aus einem senkrechten Stamm und „einem Holz so quer durch". An beiden Seiten des senkrechten Stammes waren von unten her bis in etwa gut ½ m Höhe links und rechts abwechselnd ein paar kurze Pflöcke eingesetzt. Von hinten war eine Leiter angelehnt. Die Schächer wurden dann um die Brust „angschlaupft" (mit einer Seilschlinge umgürtet), den Knopf im Rücken, und von einem Mann, der auf die Leiter hinter dem Kreuz stieg, hochgezogen, während sie, mit dem Rücken zum Kreuzesstamm, auf den eingesetzten Pflöcken hochsteigen mußten (vgl. den Ausdruck „das Kreuz besteigen" V). Dann wurden ihre Arme zurück- und um das Querholz gebogen, „daß man meinte, sie müßten brechen", und sie an den Armen, am Körper und an den Beinen sehr stramm festgebunden. Sie wurden nicht angenagelt.

Von da an geht Theresens Blick empor. Sie hört das Spotten und die Worte Jesu, mit denen er für Spötter und Henker um Verzeihung bittet. Sie wendet den Kopf zu den Schächern, die inzwischen auch gekreuzigt wurden. Sie fühlt den Inhalt ihrer Reden und schaut empört zum linken und freundlich zum rechten. Sie hört den Heiland rufen „Am*e*n, am*e*n, am*a*rna l*a*ch te *e*mmi bard*e*sa" (wahrlich, wahrlich, heute noch wirst du mit mir im Paradiese sein).
Blutbäche sind inzwischen aus den äußeren und inneren Handstigmen geflossen, vereinigen sich in der Gegend der Handgelenke und trocknen dort ein. Wieder hört sie vom Heiland Worte, die er nach unten spricht: Maria und Johannes sind unterdessen herangekommen und stehen unter dem Kreuz. Ein paarmal blickt Theres zärtlich und mitleidsvoll von oben nach unten, von Jesus zu Maria und Johannes, wobei sie von den Worten behalten hat „char ämmach" (siehe, deine Mutter). Auf die Worte Jesu hin geht Johannes zur Mutter und stützt sie. Therese sieht auch Maria Magdalena: „Das Moidl ist ganz nah am Kreuz gwen und voll Blut worn."
Finsternis tritt ein. Sie legt sich auch auf die Seele des im Todeskampf ringenden Heilands und entringt ihm die von Resl gehörten Worte: *E*loi, *E*loi, l*a*ma, sabakt*a*ni – Mein Gott, warum hast Du mich verlassen! Der schwerste, der elendeste Augenblick in seinem Leben ist gekommen. In der Natur herrscht Düsternis, ein fahles un-

bestimmtes Licht. Es ist „gruselig". Theres hört die Vögel erschreckte Schreie ausstoßen.

Sie sagt – laut Tonaufnahme – „Dem Heiland war's so, wie wenn der Vater von ihm nix mehr wissen wollt, und mir ist's so gwen (gewesen), wie wenn der Heiland von mir nix mehr wissen möcht." Die Fieberglut läßt ihn noch sagen Aes-che – Mich dürstet.* Man reicht den Schwamm mit Essig. Der Heiland saugt daran, gewinnt nochmals Kraft und ruft: Sal*e*m kul*e*chi – Es ist vollbracht! Und nach einer Weile: *A*bba, bejad*a*ch *a*fkedh ruch*i* – Vater, in Deine Hände befehle ich meinen Geist. Resl sieht noch, wie Felsen zerspringen. Der Heiland neigt sein Haupt und gibt den Geist auf. Im selben Augenblick sinkt auch Resl wie tot in die Kissen zurück. Wie bei einer Leiche fällt der Unterkiefer etwas herab, der Mund öffnet sich ein wenig, das Gesicht wird aschfahl, die Nase wird spitz; man meint, eine Tote zu sehen.

Damit endeten in der Regel die Leidensvisionen. Am Schmerzhaften Freitag und am Karfreitag jedoch traten nach einiger Zeit noch einige Visionen ein:

1. Den Schächern werden die Gebeine zerschlagen. Mit Schaudern wendet sich Resl ab und wagt kaum zum Heiland hinzusehen, weil sie gleiches Schicksal befürchtet. Doch da kommt ein Soldat mit einer Lanze und stößt sie dem toten Heiland in die Seite.

2. Die Mutter Maria steht unter dem Kreuze. Man zieht die Nägel heraus, bindet den Heiland los und läßt mit Hilfe eines langen Tuches den Leichnam heruntergleiten.

* Als dieses Wort das erstemal fiel, wollte es Professor Wutz nicht glauben. Er hatte ein anderes erwartet – sachena – und sprach es Resl vor. Aber sie ging nicht davon ab, Aesche gehört zu haben. Darauf schlug Wutz in Spezialwerken nach und fand, daß es das Wort Aes-che für „Ich dürste" gibt. Laut seinen Feststellungen ist es ein neuhebräisches Wort. Das Neuhebräische scheint zwischen Hebräisch und Aramäisch zu stehen. Das widerlegt wie manch andere Beispiele jeden Suggestionserklärungsversuch.

Die dabei mithelfen, kennt Therese schon. Sie waren in der Nacht beim Heiland (Josef von Arimathäa und Nikodemus). Die Leiter sieht nicht aus, wie wir sie zu sehen gewohnt sind; es war eine starke Stange mit rechts und links abwechselnd eingesetzten, etwas schräg nach oben gehenden Stiften.

3. Die Mutter Jesu sitzt auf einem Teppich und lehnt sich an einen Stein. Man legt ihr den toten Sohn in den Schoß. Resl sitzt ganz ruhig und schaut innig bewegt zu.

4. Resl atmet mit geblähten Nasenflügeln ein. Sie spürt Wohlgeruch, den Duft der Salbe, mit der Maria Magdalena, noch mit blutbespritztem Kleid, das lange Linnen bestreicht – vielleicht das Tuch der Kreuzabnahme – das den Heiland umhüllen soll. Theres legt eine Hand über die andere und deutet damit an, wie man die Hände Jesu legt. Dann wird der eingehüllte Leichnam noch mit Binden gewickelt. Theres bewegt die Hand in der Art des Einwickelns, während sie zusieht. Dann sieht sie noch, wie man den Leichnam fortträgt, wobei auch „der, der den Heiland durchstochen hat", und ein anderer Soldat mithelfen, und ins Grab legt, das nicht weit vom Kreuzigungshügel entfernt ist, und, in einer weiteren Vision, wie Priester und Pharisäer sehr zeremoniell das Grab versiegeln. Sie fällt zurück in die Kissen und versinkt in tiefen, todesgleichen Schlaf.

So verliefen im allgemeinen die Freitagsvisionen. Sie waren nicht jedesmal ganz genauso von Vision zu Vision abgeteilt, wie sie hier aufgezeichnet sind. Aber dem Inhalte nach waren sie stets gleich, d. h. Theres sah nie etwas anderes, als sie es an einem anderen Freitag gesehen hatte, wenn sich auch der Umfang des Geschauten im Laufe des Lebens, teils sich entwickelnd, teils sich verkürzend, veränderte.

Ich habe mir bei einer Besprechung mit Theres Neumann im normalen Wachzustand im Jahre 1947 über die Leidensvisionen noch folgende Worte von ihr ergänzend notiert: „Als der Heiland am Kreuze hing, sah man zwischen seinen Armen und den Kreuzbalken etwas hindurch, aber nicht so, wie man bei uns mit dem waagrechten Kreuzbalken durchsieht, daß die Balken oben und die Arme unten sind, sondern umgekehrt. Der eine Kreuzesarm war etwas tiefer eingesetzt, als der andere." Ich habe daraufhin in ihrem Beisein die nachstehende Skizze gefertigt, die sie als ungefähr richtig bezeichnete. Sie sagte dazu noch folgendes: „Longinus war nicht der Hauptmann, der ausgerufen hat: ‚Wahrlich, hier stirbt Gottes Sohn.' Dieser Hauptmann sprang beim Tode des Heilands vom Pferde und hat den Oberbefehl niedergelegt und den nächsten Untergebenen weiterbeauftragt. Dieser war Longinus, der dann den Lanzenstich führte. Beide waren an Pfingsten bei der Taufe dabei. Auch die Frau des Pilatus war bei der Pfingsttaufe. Diese war sogar schon bei der Himmelfahrt des Heilands bei denen, die dabei sein durften."

In den Tonaufnahmen findet sich noch folgende interessante Ergänzung: Als die Soldaten die Kleider geteilt und den Leibrock verlost hatten (nicht etwa mit Würfeln, sondern mit Holzstückchen), ging der „alte Mann, der in der Nacht beim Heiland war" (Nikodemus), zu ihnen und bot ihnen Geld für Kleider und Rock. Sie verkauften sie ihm gerne. „Waren die froh und haben sich gefreut, daß sie für die blutigen Gewänder Geld kriegt ham; und der andere hat sich noch mehr gfreut, aber er hat's net merken lassen." Unter der Voraussetzung historischer Treue dieser Vision wären also die Kleider Jesu von Anfang an wieder bei seinen Anhängern gewesen, und ein Überkommen in unsere Zeit – z. B. der Heilige Rock in Trier – gewinnt dadurch an Glaubwürdigkeit.

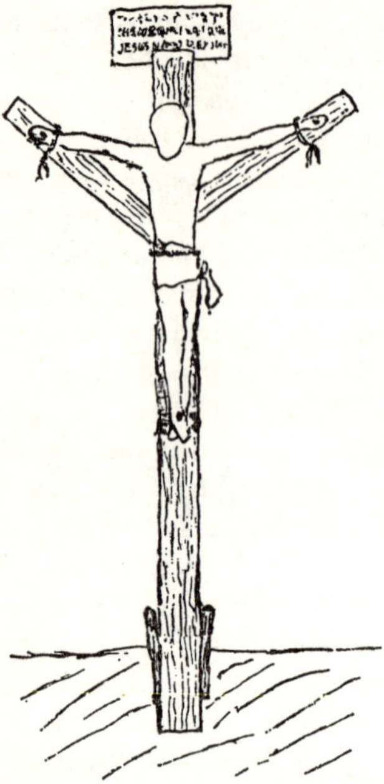

Therese korrigierte mich: Das Kreuz sei etwas zu hoch, die Mutter und Johannes hätten, danebenstehend, dem Heiland ungefähr bis zur Brust gereicht.

Es sei mir zum Schluß der großen Passionsschauung erlaubt, eine Eintragung aus Pfarrer Nabers Tagebuch zu zitieren, die unter dem 6. März 1930 vermerkt ist. Der Tod dieses heiligmäßigen Mannes mag der folgenden Wiedergabe den Vorwurf der Indiskretion nehmen: „Theres hat die Freitagsleidensekstase. Während der Kreuzigungsekstase bin ich gelegentlich des Wechsels der Besucher allein vor Theres und betrachte in ihr mitleidsvoll den sterbenden Heiland. Da öffnet sie die Augen und schaut mich herzlich-wehmütig an. Im Zustand der Eingenommenheit hernach heißt es: „Dich habe ich auch unter dem Kreuz des Heilands gesehen; du hast mitleidsvoll auf den Heiland und der Heiland gut auf dich geschaut.“

Ich glaube, und deshalb zitiere ich die Stelle, Pfarrer Naber weist uns mit dieser Erfahrung einen Weg, auf dem ihm jedermann folgen kann. Die im Gebet Angesprochenen schauen nicht unbeteiligt zu, wenn wir beten. Manchmal werden wir dessen inne. – – Therese Neumann zitierte mir einmal das folgende, an sich in verschiedenen Abwandlungen altbekannte Verslein zur Beherzigung: „Überall in der Natur siehst du des großen Gottes Spur. Doch, willst du ihn noch größer seh'n, so bleib vor einem Kreuze steh'n."

*

Im Rahmen der Passionsvisionen sind noch die Schauungen an zwei bestimmten Festtagen der Kirche darzustellen, nämlich die von den Tagen Septem dolorum B.M.V. (Sieben Schmerzen Mariens) und Pretiosissimi Sanguinis D.N.I.C. (Fest des kostbarsten Blutes Jesu Christi).

Sieben Schmerzen

Freitag vor Palmsonntag (sog. Schmerzensfreitag)
und 15. September

Dieser Tag, an welchem die Kirche nicht nur der Passion des Herrn, sondern im besonderen Maße auch der seelischen Schmerzen seiner Mutter gedenkt, die sie beim Miterleben der Passion empfinden mußte, wurde seit 1423 in einigen Gegenden besonders im vorgenannten Sinne gefeiert und 1727 für die ganze Kirche eingeführt (Benedikt XII.). Papst Pius VII. setzte dann zur Wiederholung dieses Gedankens außerhalb des Passionszeit noch einen eigenen Festtag, den 15. September, den Tag nach dem Feste Kreuzerhöhung, ein. Über das Erleben dieses Festes durch Therese Neumann berichtet Pfarrer Naber unter dem 30. März 1928 (1,5) und unter dem 27. März 1931 (2,56; beide zusammengefaßt): Fest VII dol BMV. Freitagsleidensekstasen wie sonst. Da Fest Sieben Schmerzen, darf Theres nach dem Wort „Siehe deine Mutter!" Maria näher treten und über den Tod des Heilands hinaus auch noch die Herzdurchbohrung, Kreuzabnahme und Grablegung sehen.

Am Fest der Sieben Schmerzen Mariens, am Samstag den 15. September 1962, erlitt Therese Neumann, nachdem sie am Tage vorher noch als letzte uns berichtete Vision ihres Lebens den Triumph des Kreuzes, die Kreuzerhöhung, geschaut hatte, beim Aufstehen und Ankleiden jenen Herzinfarkt, der drei Tage darauf, am 18. September 1962, zu ihrem Tode führte. Dazwischen lag noch das Fest der Stigmatisation des hl. Franziskus. 36 Jahre lang hatte Therese ohne Speise und Trank gelebt. Vor ihrer letzten Kommunion am 18. September um ½11 Uhr hat sie etwas Wasser verlangt, ihr Mund sei so trocken. Darauf hat der sehr verwunderte Pfarrer Naber die hl. Hostie auf die Spitze eines Löffels gelegt, in welchem sich einige Tropfen Wasser befanden.

Die Hostie ist jedoch, lt. genauem, auf Tonband festgehaltenem Bericht Pfarrer Nabers an den Verfasser, in Form einer mystischen Kommunion, wie auch stets vorher in solchen Fällen, bei der Berührung mit dem Munde ohne jede Schluckbewegung in sie eingegangen und verschwunden. Pfarrer Naber wurde dann in den Beichtstuhl gerufen, die Haushälterin, Resl's Schwester Marie, ging in die Küche, das Essen zu bereiten, Therese selbst blieb allein. Ob sie wohl das „Mich dürstet" des Heilands am Kreuze und seine Verlassenheit noch durchkosten mußte? Zu der Stunde, in der sie den Todeskampf und den Tod Jesu zu schauen pflegte, ist sie – ein starker Klingellaut rief noch die Hausgenossen herbei – verschieden.

Pfarrer Naber meinte in der Unterredung mit dem Ver-

Kopftuch vom Karfreitag 1959 (aufgenommen 1963)

Das Tuch war in der Mitte gefaltet. Die oben dargestellte Hälfte lag auf dem Kopfe auf, die untere war nach außen gekehrt.

Ekstatische Kommunion am Ostermorgen (1936)

Therese sieht anstelle des Priesters mit der Hostie den Heiland selbst auf sich zukommen

fasser über den Tod der Therese, dieses Klingelzeichen hätte Theresens Schutzengel gegeben. Theres selbst sei seit dem Herzinfarkt völlig hilflos im Bett gelegen, hätte der Herzerkrankung und der unsagbaren damit verbundenen Schmerzen wegen hochaufgebettet und von der Wand abgewandt liegen müssen und sei so schwach gewesen, daß sie nichteinmal bei der mystischen Kommunion im ekstatischen Zustand in der Lage gewesen sei, die Hände hochzunehmen. Er halte es deshalb für unmöglich, daß sie selbst noch hätte klingeln können. Denn dabei hätte sie sich umdrehen und die Hände kraftvoll hoch erheben müssen, um den Drücker zu erreichen. Bei den außergewöhnlichen Hilfen, die er sonst schon seitens des Schutzengels der Therese erlebt habe, glaube er fest daran, daß dieser auch hier nochmals eingegriffen habe.

Ich, der Verfasser, halte nun auch eine andere Version für möglich. Als ich nämlich die Fotokopien der mir von Pfarrer Naber 1962 leihweise zur Auswertung übergebenen Tagebücher für dieses Buch nochmals sehr genau durcharbeitete, fand ich einen – von Pfarrer Naber wahrscheinlich vergessenen – Satz, den ich hier zitiere. Unter dem 5. Dezember 1930 schreibt er (N 2,10) ein: „Um Allerseelen ds. Jhs. war Therese der Heiland erschienen. Unmittelbar darauf erfüllte sie die Erinnerung daran mit solcher Freude, daß die Herzwunde sich öffnete und das Blut herausschoß, in einen großen, dicken Fleck Watte, den Theres wegen eines vorausgegangenen Sühneleidens für die sterbende ... noch auf der Wunde hatte. Theres zeigte mir bald darauf den Fleck. Er war wie übergossen und durchtränkt von ganz hellrotem Blute. Im erhobenen Ruhezustand hieß es damals, *in einer solchen Liebesaufwallung werde Theres einmal sterben.*"

Vielleicht durfte sie nach Durst und Verlassenheit der Todesstunde das „Es ist vollbracht" noch in der Liebesaufwallung seligen Schauens erfahren, das ihr die Kraft gab, ihre Angehörigen noch herbeizurufen.

Fest des kostbaren Blutes

(1. Juli, eingeführt von Papst Pius IX. 1849)

Hierüber berichtet Pfarrer Naber unter dem 1. Juli 1928 (1,24): Nach Mitternacht sieht Theres den Heiland das dritte Mal in seiner Todesangst auf dem Ölberg beten, wobei ihr Herz zu bluten beginnt. Um ¾6 Uhr früh schaut sie, wie dem Gekreuzigten das Herz von dem Soldaten durchbohrt wird. Ihr Herz blutet heute ungewöhnlich stark bis ungefähr 9 Uhr, da Theres die hl. Kommunion empfängt und dann den Heiland in Verklärung schaut.

Stigmenbluten und Nahrungslosigkeit

Quellen: Bericht Dr. med Seidl; G I, 276 ff; Dr. F. X. Mayr, Blutweinen und Stigmenbluten; Protokoll der eidlichen Vernehmung der Therese Neumann (Auszüge)

Die Passionsvisionen waren im Rahmen der Geschehnisse in Konnersreuth ein so zentrales Faktum, daß wir es nicht bei der Schilderung des Inhaltes dieser Schauungen bewenden lassen können, sondern im Zusammenhang damit auch dem Problem der naturwissenschaftlichen Unvereinbarkeit von großem Energie- und Substanzverbrauch ohne natürlichen Ersatz durch Speise und Trank nachgehen und die eine wie die andere Seite unter Zeugenschaft stellen müssen. Denn die Häufigkeit der Passionsvisionen – sie ereigneten sich, wie schon erwähnt, gegen siebenhundertmal zwischen der Stigmatisation und dem Tode der Theres Neumann – und ihre Besonderheit, nicht nur das geistige Auge sondern den ganzen Körper der Visionärin durch Miterleiden des Geschauten in Anspruch zu nehmen, haben naturgemäß Aufsehen in der ganzen Welt erregt und Hunderttausende von Besuchern im Laufe von mehr als drei Jahrzehnten nach Konnersreuth geführt. Es sprach sich herum und wurde durch die Presse allüberall bekannt, das Th. Neumann keinerlei Speise und Trank zu sich nehme, und man sah, daß sie neben den normalen physiologischen Ausscheidungen durch Atmung und durch den Kalorienverbrauch körperlicher Betätigung noch dazu bei den Freitagsleiden erhebliche Mengen an Blut verlor und auch durch Schweißausbrüche zwischen und nach den Leidensvisionen ihren Flüssigkeitsspiegel erheblich senkte. Dieser Gegensatz des Substanzverbrauchs einerseits und des Fehlens jeglicher Zufuhr andererseits war auf natürliche Weise nicht erklärbar und rief deshalb auch die Mediziner auf den Plan. Durchbrach es doch alle Naturgesetze, daß jemand, der bei den starken körperlichen Strapazen und enormen Blutverlusten jeder Passionsvisionenfolge einige Kilogramm abnimmt, ohne jegliche Nahrungs- und vor allem ohne Getränkeaufnahme innerhalb von 3 bis 4 Tagen nach dem Verlust sein normales Gewicht wieder erreicht. Um nun die Tatsache dieser natürlich nicht erklärbaren Funktionen gesichert feststellen zu lassen, hatte das Bischöfliche Ordinariat Regensburg mit Zustimmung der Therese Neumann und ihrer Eltern im Jahre 1927 eine fünfzehntägige strenge Überwachung durch zwei Ärzte und vier vereidigte Schwestern vornehmen lassen, die vom 14. mit 28. Juli stattfand. Dabei wurde festgestellt, daß Therese Neumann in dieser Zeit tatsächlich nichts an Speise und Trank zu sich genommen hat, daß aber ihr Gewicht, das bei Beginn der Untersuchung 55 kg betrug und während der beiden in die Untersuchungszeit fallenden Passionsvisionen jeweils um einige Kilogramm abgesunken war, am Ende der Überwachungszeit ohne jede

Nahrungs- und Getränkeaufnahme wieder das Ausgangsgewicht vom Beginn der Überwachung mit 55 kg erreichte. Medizinische und theologische Skeptiker wollten dieses Ergebnis nicht hinnehmen und kamen nach Konnersreuth, um sich bei Freitagsleiden von den Blutungen zu überzeugen. Einige von ihnen hatten, warum sei hier nicht behandelt, keine Gelegenheit, sich vom akuten Blutfluß zu überzeugen. Sie sahen nur angetrocknetes, stehendes Blut und berichteten über diese negativen Wahrnehmungen. Dies führte dazu, daß andere noch weitergingen, und der Theologieprofessor Michael Waldmann in Regensburg brachte es sogar fertig, die Verleumdung auszusprechen, Therese Neumann würde für ihre Freitagsvisionen mit Menstruationsblut präpariert. Da solche Behauptungen sogar in die Literatur übernommen wurden und davon ausgehend auch anderweitig herumgeisterten, scheint es angebracht, ja notwendig, wirkliche Zeugnisse der Beobachtung des Stigmenblutens anzuführen.

Die erste davon bringt der medizinische Bericht des von Regensburg offiziell mit der Überwachung von 1927 beauftragten Sanitätsrates Dr. med. Otto Seidl, Waldsassen, welcher zur Schlußuntersuchung noch Prof. Dr. Ewald, Erlangen, beizog. In dem 34 Schreibmaschinenseiten umfassenden Bericht, bei dessen Wiedergabe ich mich auf Auszüge aus dem Hauptkapitel III Beobachtungsergebnisse, Unterkapitel 1. Nahrungsaufnahme, 3. Gewichtsverhältnisse und 7. ekstatische Zustände und Blutungen beschränke, heißt es:

„1. Nahrungsaufnahme. Der Nahrungsaufnahme wurde während der ganzen Beobachtungsdauer die größte und angespannteste Aufmerksamkeit zugewendet. Die darauf gerichteten Punkte der Instruktion, die auf das Waschen, auf die Darreichung des Mundwassers etc. sich bezogen, wurden auf das strikteste eingehalten. Trotz der angestrengtesten Beobachtung konnte *nicht einmal* beobachtet werden, daß die Th. N., die keine Sekunde allein war, etwas zu sich nahm, oder irgendwie versuchte, etwas zu sich zu nehmen. Das Bett der Beobachteten wurde nicht nur beim Beginn der Beobachtung einer strengen Untersuchung unterzogen, sondern es wurde auch jeden Tag nicht etwa durch die Angehörigen, sondern durch die Schwestern gemacht. Weder ich noch die Schwestern können annehmen, daß in Bezug auf Nahrungsaufnahme ein Beobachtungsfehler unterlaufen konnte. Was überhaupt während der Beobachtungszeit in den Körper hineinkam war folgendes:

a) bei der täglichen Kommunion wurde ein kleines Partikelchen, ungefähr der achte Teil der hl. Hostie, gereicht. Selbst wenn ich annehme, daß in der Zeit vom 14. 7. bis 28. 7. ca. 3 Hostien genossen worden wären, so beträgt das Gesamtgewicht derselben nur 0,39 gr.

b) Um das Partikelchen der Hostie schlucken zu können, wurde ihr Wasser in der ungefähren Menge von je 3 ccm gereicht; die Gesamtmenge des gereichten Wassers in der Zeit vom 14. 7. früh bis 28. 7. früh betrug also ca. 15 x 3 ccm = ca. 45 ccm, das entspricht ungefähr der Menge von 3 Eßlöffeln Wasser.

c) Wie in der Instruktion vorgesehen war, wurde, so oft die Th. N. den Mund spülen wollte, von den Schwestern das vorgemessene Mundwasser gereicht, das benützte Wasser in eine Schale entleert und nachgemessen. Dabei differierte das Wasser vor und nach dem Gebrauche nur zweimal: Am 16. 7. (Gr. H. II W. 8)* ergab sich ein Defizit von 5 ccm. Die Schwester bemerkt dabei, daß beim Ausspucken „etwas daneben auf den Boden gekommen sei". Am 17. 7. nachts ergab

* Hinweis auf die von den Schwestern im Auftrag geführten, dem Bericht beigefügten Gruppenhefte. W = Wache

sich ein weiteres Defizit von 5 ccm. (Gr. H. II W. 10). Nach den übrigen Mundspülungen konnte ein meßbares Defizit nicht festgestellt werden.

3. Gewichtsverhältnisse. Das Gewicht der Th. N. wurde, um Fehlerquellen auszuschalten, ohne Schuhe und immer in der gleichen Bekleidung festgestellt. Am Mittwoch, den 13. 7. zeigte sie ein Gewicht von 55 kg, am Samstag, den 16. 7. war das Gewicht zurückgegangen auf 51 kg. Die Wägung ergab also einen Gewichtsverlust von 4 kg. Die am Mittwoch, den 20. 7. vorgenommene Wägung ergab ein Gewicht von 54 kg, also eine Gewichtszunahme seit der letzten Wägung von 3 kg. Die am Samstag, den 23. 7. vorgenommene Wägung ergab ein Gewicht von 52,5 kg, also eine Gewichtsabnahme von 1,5 kg. Die am Donnerstag, den 25. 7. vorgenommene Wägung ergab ein Gewicht von 55 kg, also eine Gewichtszunahme seit der letzten Wägung von 2,5 kg, das heißt, das am ersten Tag festgestellte Gewicht war wieder erreicht. Dieses Ergebnis ist das Überraschendste in der ganzen Beobachtungszeit. Daß das Gewicht bei den an den Samstagen vorgenommenen Wägungen das einemal einen Verlust von 4 kg, das anderemal einen Verlust von 1,5 kg zeigte, ist zurückzuführen auf die am vorhergehenden Tage erfolgte Ausscheidung von Urin, Blut, Erbrochenem, auf den jedenfalls außerordentlich gesteigerten Stoffwechselverbrauch während der ekstatischen Zustände und auf die nach den ekstatischen Zuständen auftretenden großen Schweißausbrüche. (Gr. H. I W. 6, Gr. H. II W 28). Daß aber das Gewicht ohne Nahrungs- und Flüssigkeitsaufnahme wieder eine Zunahme, das einemal von 3 kg, das anderemal von 2,5 kg zeigte, ist nach unserem physiologischen Gesetzen und Erfahrungen unerklärlich.
Es ist wohl richtig, daß, wie mir ebenfalls von klinischer Seite mitgeteilt wurde, nach physiologisch-chemischen

Beobachtungen Hungernde oft nicht dürsten, da beim Eiweißabbau (1/5 feste Substanz, 2/5 Wasser) so viel Wasser frei wird, daß es zur Lebenshaltung ausreicht. Aber dann muß die Eiweißeinschmelzung und damit der Eiweißverlust ein beträchtlicher sein, was bei der Th. N. wieder nicht zutrifft.

Zwei Einwendungen werden gegen die durch diese Beobachtungen festgestellten Tatsachen gemacht. Man wird zunächst bezweifeln, ob die Kontrolle durch katholische Schwestern streng und lückenlos genug war, um nicht der Th. N. die Zunahme von Nahrung oder Flüssigkeiten möglich zu machen. Ich muß ausdrücklich betonen, daß die Schwestern, wie aus den bei jeder Wache gemachten Eintragungen in den Gruppenheften hervorgeht, vollkommen unvoreingenommen und unter dem Druck des vom H. H. Ordinariat abgenommenen Eides ihren Dienst versahen und daß sie während und nach der Beobachtung ausdrücklich und wiederholt mir erklärten, daß es für sie vollkommen ausgeschlossen erscheine, daß die Th. N. während der Beobachtungszeit etwas zu sich hätte nehmen können.

Der zweite Einwand wird der sein, daß die Beobachtungszeit zu kurz sei, weil es doch erklärlich erscheinen könnte, daß eine Person, deren Stoffwechsel auf das Minimum eingestellt sei, wirklich 14 Tage hungern könnte, ohne eine wesentliche Gewichtsabnahme. Diesen Einwand muß man unter allen Umständen gelten lassen, wenn auch nicht übersehen werden darf, daß in der kurzen Beobachtungszeit die Abnahme und auch die Zunahme innerhalb jeder der zwei Beobachtungswochen festzustellen war. Die Stoffwechselverhältnisse müssen unter allen Umständen einer restlosen Klärung zugeführt werden. Am leichtesten wäre das möglich in einer Klinik, oder wenigstens in einem Krankenhause. Sollte der starrsinnige

Vater, der mir apodiktisch erklärte, die jetzige Untersuchung sei die erste, aber auch die letzte amtliche Untersuchung seiner Tochter, sich unter keinen Umständen hierzu bereit erklären, so müßte wenigstens darauf gedrungen werden, daß längere Zeit hindurch alle Stuhl- und Urinentleerungen und zwar in ihrer vollen Quantität mir überschickt werden müssen, damit ich sie der Untersuchung in einem Laboratorium zuführen könne."

Zwischenbemerkung des Verfassers: Es erhebt sich die Frage, mit welcher Berechtigung sich die Medizin anmaßen kann, eine unbescholtene Person, der man keinesfalls eine Lüge nachweisen kann, nach einem von ihr und ihrer Familie zugelassenen Test, der die volle Wahrheit der Enthaltung von Speise und Trank mit Ausnahme der täglichen hl. Kommunion erbrachte, weiterhin in eine Art verschärfte Quarantäne mit Untersuchungen und Experimenten künstlicher Ernährung usw. stecken zu wollen, nur deswegen, weil das Ergebnis der eben zu Ende gegangenen Untersuchung medizinisch nicht erklärbar ist. Es war doch vor der Überwachung medizinisch und biologisch festgestellt worden, daß ein Mensch ohne Nahrungs- und *besonders ohne jede Flüssigkeitsaufnahme* im Höchstfalle 11 Tage am Leben bleiben könne, und man hatte deshalb die Überwachung auf 15 Tage festgelegt. Therese Neumann, die mit der Einwilligung zu dieser Probe das Risiko des Todes auf sich genommen hätte, wenn sie sich ihrer Sache nicht sicher gewesen wäre, war nach diesen 15 Tagen genauso frisch, wie zu Beginn der Untersuchungen. Sie hatte also die auf Wunsch des bischöflichen Ordinariates vorgenommene Prüfung glänzend bestanden. Hätte der „starrsinnige Vater" in weitere Experimente gewilligt, so wäre wohl eingetreten, was Kardinal Preysing (Eichstätt und Berlin), der dringend vor einem Eingehen auf die Forderung weiterer medizinischer Untersuchungen warnte, vorausgesagt hatte, daß nämlich eine Klinik der anderen das Ergebnis nicht glauben und man immer wieder weitere Experimente verlangen würde. Vielleicht wäre das Experiment auch ein zweites oder weiteres Mal nicht gelungen? Vielleicht hätten die Visionen und Blutungen ausgesetzt oder es wären die Kräfte verfallen, namentlich wenn man als Experiment die Kommunion verweigert hätte. Schließlich mußte jeder, der Konnersreuth mit Wachsamkeit, aber auch mit Ehrfurcht begegnet war, der also mit der Zeit gelernt hatte, die dortigen Ereignisse unter anderen als rein naturwissenschaftlichen Aspekten zu sehen, auch an das spätere, anspruchsvolle Wort aus der Ekstase denken, das Pfarrer Naber einem vor der Türe mit anderen Besuchern wartenden Geistlichen bestellen mußte: „Da steht jemand draußen, der will etwas wissen, was schon gesagt worden ist. Geh hinaus und sage ihm, er braucht nicht hereinzukommen, der Heiland läßt nicht mit sich experimentieren." Dieser Pfarrer hatte nämlich Reliquien bei sich, die ein anderer Geistlicher schon einmal mit der Anfrage vorgelegt hatte, welche davon echt und welche unecht seien. Der Konfrater wollte sie nun ein zweites Mal vorlegen, um zu prüfen, ob die Beurteilung wieder ebenso ausfalle. Ein ähnlich stolzes Verhalten, wie es hier aus dem Ekstasewort spricht, nimmt Jesus in seinem Leben selbst ein: Den Pharisäern, die ein Zeichen von ihm als Erweis seiner Messiassendung verlangen, verweigert er es (Mt 12,38–40; Lk 11,29), diejenigen aber, die ihm vertrauensvoll folgen, dürfen seine Wunder schauen und miterleben. Der tieffromme, von Glaubenszweifeln nicht angefochtene Kronzeuge von Konnersreuth, Pfarrer Naber, beurteilt denn auch das Geheimnis der Nahrungslosigkeit aus mystischer Sicht. Er schreibt (2, 47): „Wenn man Theres fragt, wovon sie denn lebe, sagt sie einfach: ‚Vom Heiland'. Sie meint: von der hl. Kommunion. Es erfüllt sich da an ihr b u c h s t ä b l i c h das Wort des Herrn: Mein Fleisch ist wahrhaft eine Speise und mein Blut ist wahrhaft ein Trank."

Fortsetzung Bericht Seidl:

„7. Ekstatische Zustände, Blutungen. War die besondere Aufmerksamkeit der Schwestern während der ganzen Beobachtungsdauer in erster Linie der Nahrungsaufnahme zugewendet, so nahm an den Beobachtungsfreitagen die Entstehung der Blutungen, die Achtsamkeit auf jede, auch unbewußte Selbstverletzung, und der Ablauf der ekstatischen Zustände ihr ganzes beobachtendes Interesse in Anspruch. Die ekstatischen Zustände beginnen in der Nacht vom Donnerstag auf Freitag und dauern bis zum Freitag mittag. Sie währen längere oder kürzere Zeit und werden von längeren oder kürzeren Ruhepausen unterbrochen. Aus der Mimik des Gesichtes und den Bewegungen des Körpers, dem Ausstrecken der Arme und dem Ringen der Hände kann man das körperliche und seelische Miterleben der Th. N. an den Vorgängen, die sie schaut, erkennen. Die ekstatischen Bilder beziehen sich auf die

Szenen am Ölberg, auf die Geißelung, die Krönung, auf verschiedene Szenen auf dem Kreuzwege und endlich auf die Kreuzigung. Sie erscheint während der ekstatischen Zustände der Umgebung und der Welt vollkommen entrückt und unempfindlich zu sein für alles, was um sie herum vorgeht, erwacht auch während der Ruhepausen nicht vollkommen, aber doch so weit, daß man an sie Fragen stellen kann, die sie abgebrochen und in einer an die Sprache eines Kindes erinnernden Weise zu beantworten pflegt. Gewöhnlich erst am Spätabend des Freitags kommt sie wieder vollkommen zu sich.
Die an den beiden Beobachtungsfreitagen von den Schwestern und mir gemachten Einzelbeobachtungen seien im Folgenden zusammengefaßt.

a) Donnerstag, den 14. 7. bis Freitag, den 15. 7.

Nachdem sie bis kurz vor 11 Uhr nachts ganz munter von ihrer Kindheit und ihren Angehörigen erzählt hatte, erfolgte nachts 11.17 Uhr ganz plötzlich ein ruckartiges Emporschnellen des Körpers im Bett in eine sitzende Stellung, die Hände ausgestreckt, die Augen halb offen, halb geschlossen. Dauer 14 Minuten – nirgends ist noch von einer Blutung etwas zu merken. Unmittelbar danach kam ich mit dem Auto in Konnersreuth an.

11.43 Uhr Ekstase; aus dem linken Auge entleert sich mit einem Male, ganz *spontan* Blut, das sofort für einen Blutausstrich verwendet wird. Gleich darauf entleert sich das Blut aus dem rechten Auge.

12.10 Uhr Ekstase; das Blut fließt in vermehrtem Maße aus beiden Augen – Dauer 2 Minuten –.

12.32 Uhr Ekstase. Die Herzwunde fängt eben zu bluten an. Etwa fingerbreit vom linken Brustbeinrand entfernt, in ungefährer Höhe der vierten Rippe, sieht man einen ca. 3 cm langen, nicht ganz fingerbreiten, von rechts oben nach links unten gehenden wie ödematös durchtränkten Streifen, der die Ebene der übrigen Haut etwas überragt. Er erscheint wie von der obersten Epidermisschicht entblößt. Mit dem Vergrößerungsglase sieht man, wie Schweißtröpfchen ähnlich eine wässrige Flüssigkeit sich entleert, die bei Abfließen blutig sich färbt.

Von dem aus der Herzwunde sich entleerenden Blute wurde sofort ein Blutausstrich gemacht.
Von 11.17 Uhr bis 2.13 Uhr waren 18 Ekstasen; die erste dauerte 14 Minuten, die übrigen je 2 bis 5 Minuten.
Von 3.05 Uhr bis 6.45 Uhr waren 21 Ekstasen in der Dauer von je 3 bis 4 Minuten.
Von 7 Uhr bis 12.02 Uhr waren 21 Ekstasen in der Dauer von je 3 bis 8 Minuten, bei der Szene der Dornenkrönung gegen 8 Uhr trat kranzförmig Blut aus dem behaarten Teil des Kopfes. Um ½12 Uhr photographische Aufnahme.
Von 12.02 Uhr bis 12.56 Uhr war die große Ekstase, die also 54 Minuten dauerte. Um 12.56 Uhr sank sie in die Kissen zurück. Einige Zeit danach erfolgte ein starker Schweißausbruch. Die Th. N. machte im Laufe des Nachmittags einen sehr erschöpften Eindruck. Die Gesamtzahl der an diesem Freitag aufgetretenen ekstatischen Zustände betrug 52.

b) Donnerstag, 21. 7. bis Freitag, 22. 7.

11.17 Uhr zeigte sich wieder ganz spontan während einer Ekstase die erste Blutung aus den Augen.

11.27 Uhr Ekstase; Dauer 3 Minuten. Es begann die Blutung aus der Herzwunde.

12.15 Uhr Ekstase – Dauer 3 Minuten. Die Blutung sowohl aus dem linken, als aus dem rechten Auge wird stärker.

Von 7 Uhr bis 11.48 Uhr waren 25 Ekstasen (Dauer 2 bis 5 Minuten). Um 8 Uhr Blutung aus dem behaarten Kopfteil; um 11 Uhr photographische Aufnahme.
Die Gesamtzahl der an diesem Freitag zu beobachtenden ekstatischen Zustände betrug 53. Die Passionsekstase zeigte im allgemeinen den gleichen Ablauf wie vor 8 Tagen, das gleiche ruckartige Emporschnellen beim Beginn der Ekstase, die sitzende Stellung im Bette während der Ekstase, das gleiche Mienenspiel des Gesichtes, das Ausstrecken der Arme und das Ringen der Hände."

Bei dieser offiziellen Überwachung sind also sowohl Nahrungslosigkeit wie auch akute Stigmenblutungen durch den aufsichtführenden Arzt und durch vier vereidigte Schwestern festgestellt. Ein zweiter unbestechlicher Zeuge ist der als Historiker gründlich ausgebildete Staatsarchivrat, zu dieser Zeit dann als Chefredakteur der „Münchner Neuesten Nachrichten", der größten Zeitung Süddeutschlands, tätige Dr. Fritz Gerlich. Er berichtet (I, 276 ff.) ausführlich über das Stigmenbluten am Gründonnerstag und Karfreitag 1928 (Auszüge):
„Das Stigmenbluten am Karfreitag 1928. Am Gründonnerstag abends 10h27 wurde Therese Neumann in die erste Schauung gerissen. Sie dauerte bis 10h31. Die Stigmen waren runzelig erhoben. Sie sah Christus auf der Straße mit zehn Aposteln; Petrus und Johannes waren vorausgeschickt . . .
In der zwölften Schauung von 11h40 bis 11h43 sah sie das zweite Beten (auf dem Ölberg). Ihre Augäpfel begannen sich einzubluten. Die oberen Lider schoben das Blut auf das Unterlid. Nach 11h43, nach Beendigung der Schauung, fiel Therese Neumann wie immer in das Kissen zurück. Ein Blutstropfen trat in den rechten inneren Augenwinkel über. Aus dem linken äußeren Augenwinkel begann ein Tropfen herunterzurinnen.

In der dreizehnten Schauung von 11h49 bis 11h52 rann auch aus dem rechten Auge, und zwar vom inneren Augenwinkel, ein wässerigblutiger Tropfen herab.
Um 11h50 hatte sich das blutige Tränen so weit verstärkt, daß der erste Blutstropfen vom Gesicht auf die Nachtjacke fiel. Aus dem linken Auge drang ein zweiter Blutstreifen hervor. Plötzlich sagte sie: „Was krabbelt denn da an meinem Hals?" Es lief ihr nämlich ein Blutstropfen in den Hals.
Das Gespräch wurde durch die vierzehnte Schauung von 12h04 bis 12h05 abgebrochen, während der das Augenbluten sich verstärkte. Sie sah die Häscher kommen und Judas.
Um 12h07 war die Oberfläche des Stigmas der linken Hand noch trocken, wie eine Besichtigung mit Hilfe des elektrischen Nachtlichtes ergab.
Die sechzehnte Schauung von 12h18 bis 12h20 habe ich nicht erfragt. Denn meine Aufmerksamkeit wurde von der Wahrnehmung in Anspruch genommen, daß die Oberfläche des Stigmas des mir zugekehrten linken Handrükkens einen Riß bekam.
In der siebzehnten Schauung von 12h26 bis 12h27, während der sie die Fortführung Christi durch die Häscher sah, wie sich aus ihrer Befragung im Zustand des Eingenommenseins ergab, begann das Stigma des linken Handrückens zu bluten. An dem Rande nach dem Handgelenk zu begann die Oberfläche aufzureißen. In dem blutenden Teil war etwas wie eine Luftblase bemerkbar. Das Blut war dunkelrot.
Von 12h37 bis 12h38 hatte sie die achtzehnte Schauung. Das Stigma der rechten Hand blutete, und die Stigmen der Fußrücken bluteten ebenfalls.
Während der neunzehnten Schauung von 12h41 bis 12h43 machte sie mit den Händen eine kräftige Angriffsbewegung. Im nachfolgenden Zustand des Eingenommenseins

erzählte sie: „Es hat einer dem Heiland eine Schelln geben um nichts. Der Heiland hat was Scharfes g'sagt." Das Stigma des linken Handrückens war während dieser Zeit aufgeschwollen und glatt von schwarzer Blutfarbe, wenn man in dasselbe von oben hineinsah. Es war vor dem ersten Bluten noch rissig gewesen. Dann war es einheitlich offen, und es floß hellrotes Blut heraus und über den Handrücken. Sie stöhnte lange wegen ihrer Schmerzen an der Stelle der Herzwunde. „Da wird's so schwer."

Sie zeigte sich im nachfolgenden Zustand des Eingenommenseins sehr erschöpft und von der Hitze belästigt. Sie wollte ihren Kittel ausziehen und erklärte mir ich sollte jetzt fortgehen, damit sie ihren Kittel ausziehen könne. Ich wollte aber doch beobachten und dachte mir, ich könnte bei ihr den Eindruck, daß ich fortgegangen sei, dadurch erwecken, daß ich für einen Augenblick den Kopf drehte und ins Zimmer hinein sprach. Der Täuschungsversuch entging ihr nicht.

Die einundzwanzigste Schauung währte von 1h05 bis 1h08 am Morgen des Karfreitags. Christus wurde vor Kaiphas geführt, wie aus ihren Erzählungen im Zustand des Eingenommenseins zu entnehmen war.

In diesem nachfolgenden Zustand stöhnte sie immer wieder schmerzlich auf: „Heiland, i kann nimmer!" Während dieser Zeit begannen die Handstigmen erneut zu bluten. Dabei war zu bemerken, daß deren Oberfläche sich etwas senkte, wenn das Blut herabfloß.

1h37 trat ein erhobener Ruhezustand auf. Sie sprach mit der gewohnten Frische und erzählte, der Heiland stärke sie jetzt. In diesem Gespräch kam sie auch auf meinen oben geschilderten Versuch, sie zu täuschen, zurück und machte mir ernste Vorhaltungen. Ich sollte doch derartige Versuche lassen. Ich wüßte doch und hätte es genügend erlebt, daß ich alles zu sehen bekäme, was zu sehen sei. „Sieh mal", so sagte sie, „der Heiland nimmt's genau.

Wenn du mit einer Lüge die ganze Welt gewinnen könnt'st, was hätt'st dann davon? Was ist denn die Welt wert?"

Dann riet sie uns, auszurasten. Wir seien zu müde von der Fahrt; wir sollten um sieben Uhr wiederkommen. Wir verließen darauf ihr Zimmer. Die Müdigkeit infolge der mehr als achstündigen Autofahrt und des jetzt bereits dreistündigen schärfsten Beobachtens, dem nach dem Eintreffen in Konnersreuth keine Ruhe vorausgegangen war, machte sich geltend. So bin ich ihrem Rat gefolgt.

Ich bin am anderen Morgen nicht um 7 Uhr im Zimmer der Therese Neumann gewesen. Ich war froh, daß es mir bis 8h25 gelang.

Ich traf sie im erhobenen Ruhezustand. Aus den Augen und Händen floß stark frisches Blut. Die Stigmen der Hände waren ebenfalls frisch blutig. Um das Stigma selbst war ein Blutkranz angetrocknet.*

* Angesichts solcher unbestechlicher Augenzeugenberichte ist es, will man nicht versessene Einseitigkeit annehmen, völlig unverständlich, wenn in einem sich wissenschaftlich nennenden Werk am Ende des Kapitels „Die Echtheitsfrage" (Hanauer S. 94/95) zu lesen ist: „Kein einziger Beobachter kann den Beginn von Blutaustritt aus irgend einer Wunde bezeugen. Lediglich das wollen einige gesehen haben, daß sich Bluttränen gebildet haben; aber auch hier bleiben viele Fragen offen. Der Verdacht auf künstliche Nachhilfe ist nur zu begründet, es muß sogar angenommen werden, daß sich Therese die Haut aufgekratzt hat und daß die dann vorhandenen Wunden künstlich zum Bluten gebracht worden sind." Im selben Ordinariatsarchiv, aus dem Hanauer seine Materialien ausgesucht hat, befindet sich auch der Bericht Seidls über die im bischöflichen Auftrag vorgenommene 15tägige Überwachung, dem die oben zitierten Angaben über die Blutungen und Gewichtsverhältnisse entnommen sind (Bestand Th. Neumann, Fasz. Nr. 102, Bericht v. Sanitätsrat Dr. Otto Seidl, Waldsassen, August 1927, und der 4 Mallersdorfer Schwestern). Oft zitiert Hanauer Gerlich, wenn er diesen Blutzeugen unserer Kirche angreifen zu können glaubt. Es ist also kein Zweifel, daß er auch dessen Buch besitzt. Der eklatante Widerspruch seiner Worte zu diesen Aussagen richtet sein Werk.

Jetzt am Karfreitagvormittag im erhobenen Ruhezustand hielt sie mir auf meine Bitte die linke Hand zu genauer Beobachtung hin. Ich machte die Anwesenden, nämlich den Pfarrer und den Professor Wutz, aufmerksam und sagte zu ihnen, ein nicht ganz genaues Betrachten möchte zu dem Eindruck kommen, als ob ein Epithelhäutchen unter der Blutfläche sei. Wenn man aber genau zusehe, zeige sich das gleiche, was ich schon in der Nacht bemerkt zu haben glaubte: dieses gespannte Häutchen reiche in den Rissen vom äußeren Rand des übergeflossenen und angetrockneten Blutes bis zum eigentlichen Stigma. Von da an sehe man in der Fortsetzung des Risses nach innen zum Mittelpunkt des Stigmas nur mehr tief hinein in rotes Blut. Jetzt, wo Therese Neumann die Hand ruhig hinhalte, so daß man sie zum Tageslicht hinwenden könnte, sei mir kein Zweifel, daß ich heute nacht bei Lampenlicht auch richtig gesehen hätte. Die beiden Herren bestätigten mir meine Beobachtung. Ich konnte mich nicht enthalten, zu sagen, das Stückchen glattgespannter Haut des Hofes um das Stigma, das wir wahrnähmen, scheine das von anderer Seite beobachtete Epithelhäutchen unter dem Stigmenschorf zu sein.
Während dieser Beobachtung und Besprechung lag Therese Neumann – wie gesagt – im erhobenen Ruhezustand mit geschlossenen Augen schweigend da; ein leises Lächeln spielte um ihren Mund. Sie ließ mit ihrer linken Hand alles machen, was zur Herstellung der besten Beobachtungsbedingungen nötig war, und ließ sie mir auch ruhig zu immer wiederholter Nachkontrolle. Als ich aber dieser Vermutung Ausdruck gab, fing sie plötzlich zu sprechen an und sagte, ich hätte richtig gesehen. Das, was ich beobachtet hätte, hätte Dr. Seidl als neugebildetes Epithelhäutchen unter dem Stigmenschorf gedeutet. Auf Frage erklärte Therese Neumann: Bei der Herzwunde könnte man die gleiche Wahrnehmung machen. Doch

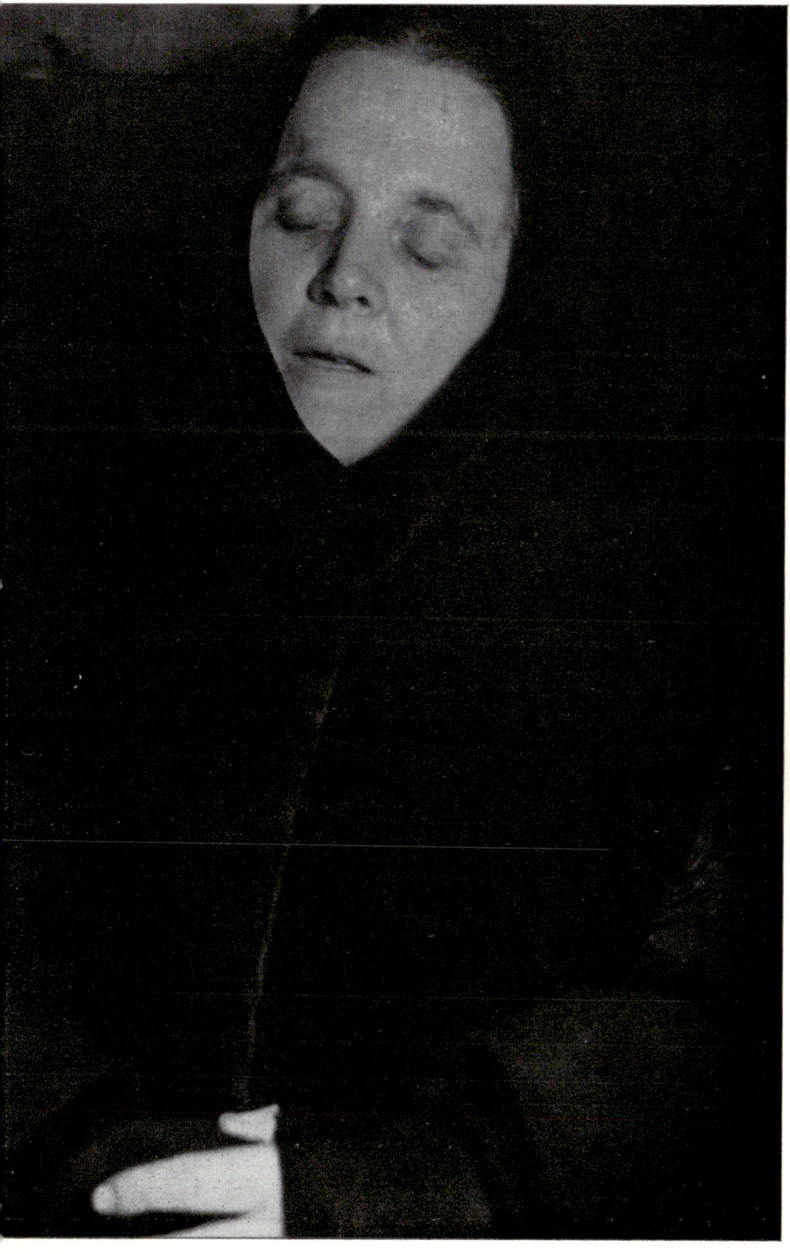

Im Zustand des „Gebetes der Ruhe"

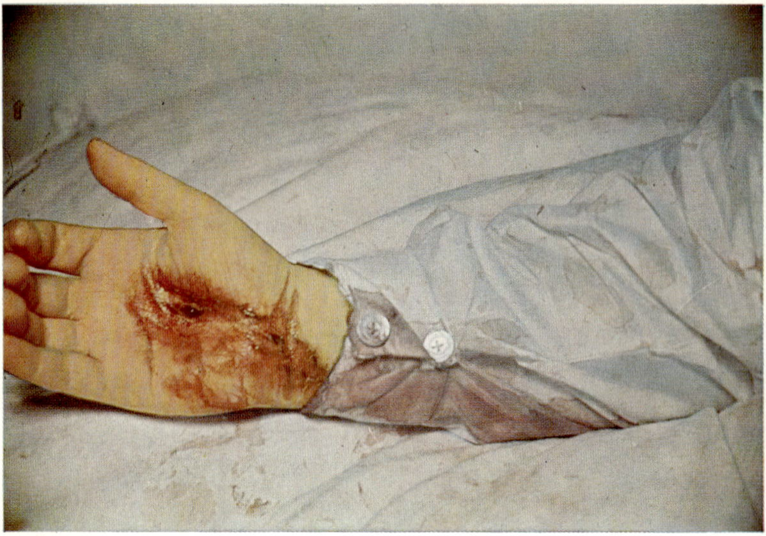

Innenseite der rechten Hand nach einer Passionsvision

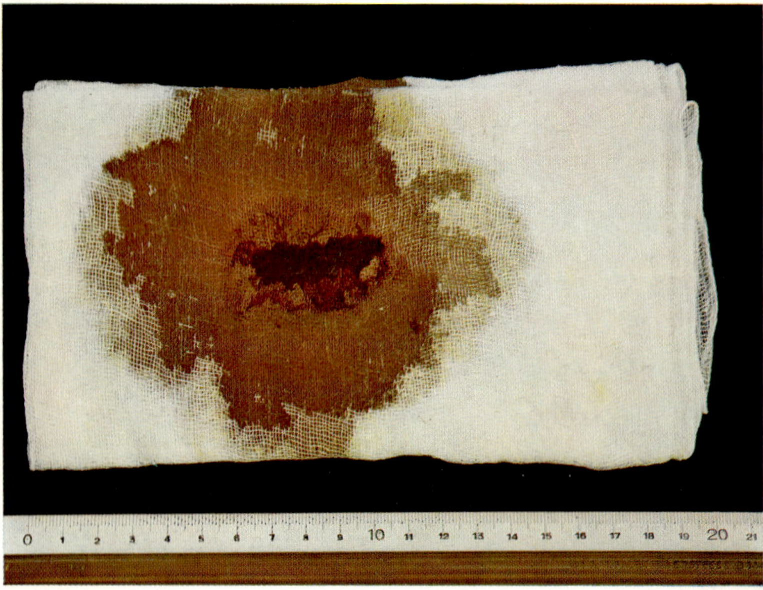

Mullkompresse, die während einer Passionsvision auf das Herzstigma gelegt war

habe ich die Herzwunde bisher nicht zu sehen erbeten. Da an diesem Karfreitag sich viele Besucher eingefunden hatten, verbot sich für den Vormittag jene Form der Beobachtung, die ich in der Nacht durchführen konnte ... 1h51 mittags dieses Karfreitags ging die große Schauung des Kreuzestodes zu Ende. Das Blut aus den Stigmen der inneren Handflächen – wann diese zu bluten begannen, habe ich nicht beobachten können – hatte zusammen mit dem aus den Stigmen der Handrücken Streifen gebildet, die unter dem Handballen, also auf der Seite des kleinen Fingers, zusammengelaufen waren. Die oberen Handstigmen waren trocken und von Rissen durchzogen; in dem stärksten Riß war vom äußersten trockenen Blutkranz bis zum Rand des eigentlichen Stigmas wieder die Haut sichtbar. Dann sah man in dunkles Blut von gleicher Farbe wie das Stigma selbst. Die Beobachtungen zu den verschiedenen Zeiten deckten sich also . . .
Nach der Kreuzestodschauung habe ich ein erneutes Bluten der Stigmen nicht mehr beobachtet. Die Blutmenge, die den Stigmen entflossen war, war so beträchtlich, daß die Ärmelenden der weißen Nachtjacke, nämlich kleine Gitterspitzen, dick mit Blut getränkt waren. Ob außerdem noch Blut abgetropft ist, weiß ich nicht."

Diese beiden von an Exaktheit nicht zu übertreffenden Beobachtern ausgestellten Zeugnisse hätten spätere Besucher, die akutes Bluten verschiedener Umstände wegen selbst nicht beobachten konnten, doch wirklich abhalten müssen, die schon erwähnten Verdächtigungen auszustreuen, Therese Neumann würde während der Pausen zwischen den Visionen mit eigenem oder fremdem Blut für die Besucher hergerichtet.
Diese Verleumdungen wurden von dem o. Professor für Biologie an der Phil. theol. Hochschule Eichstätt Franz X. Mayr in einem langen Bericht „Blutweinen und Stig-

menbluten bei Therese Neumann von Konnersreuth, zur Abwehr gegen Hilda Graef" gebührend und eindeutig zurückgewiesen. Ich entnehme daraus folgendes:

„In dem Buche von Hilda Graef 'The case of Therese Neumann' (Cork 1950) spielt ein Bericht eine sehr große Rolle, den Professor Dr. Paul Martini im Jahre 1928 für das Bischöfliche Ordinariat Regensburg niederschrieb. Die Vorgeschichte und der wesentliche Inhalt dieses Berichtes sind kurz folgende.
Am Donnerstag, den 22. März 1928, kamen Bischof Michael Buchberger von Regensburg, der erst 10 Tage vorher, am 12. März, inthronisiert worden war, Weihbischof Hierl von Regensburg, Dr. Killermann, Professor für Biologie, und Dr. Stöckl, Professor für Physik, beide an der Phil.-theol. Hochschule Regensburg, sowie Professor Dr. Martini nach Konnersreuth.
Gleich nach ihrer Ankunft in Konnersreuth am Donnerstag nachmittag besuchten die Herren für kurze Zeit die Eltern Neumann und Therese und begaben sich sodann in ihre Herberge. Während der Nacht kamen sie zurück, um den Eintritt der Blutungen zu beobachten. Leider aber waren die Augen nach Martinis Bericht bereits ‚voller Blut', als die Herren erschienen.
Zwischen den Visionen hatte Therese, die über große Hitze klagte, einigemale das Bedürfnis, sich Kühlung und Erleichterung zu verschaffen. Dabei hat sie, wie Martini schreibt, ‚ihre Decke zwei- oder dreimal so hochgehoben, daß man nichts mehr von ihrem Kopf sehen kann'.
Merkwürdig ist, daß Martini immer nur dann frisches Blut im Gesicht und an den Wunden der Therese beobachtete, wenn eine der oben erwähnten Erleichterungen oder ein Verlassen des Raumes vorausgegangen war ‚Der Umstand', so schreibt er, ‚daß die Beobachter zwei- oder dreimal herausgebeten wurden, gerade in den Augenblik-

ken, als augenscheinlich ein neues Blutströmen die Wunden bedeckte, erweckt den Verdacht, daß während dieser Zeit etwas geschah, das die Beobachtung zu scheuen hatte.' Und das Ergebnis seiner Beobachtungen ist: ‚Es folgt hieraus:

1.) ich war nicht in der Lage, einen Beweis für den spontanen Fluß des Blutes aus der Haut zu finden, und
2.) eine Reihe von Tatsachen fielen mir auf, die es mir zur Pflicht machen, eine sehr kritische Haltung gegenüber den Phänomenen zu bewahren.'

Weiterhin: ‚Meine Überlegungen versuchen nur, klar zu machen, daß man die Möglichkeit einer ‚frommen Täuschung' aus psychologischen Gründen nicht ausschließen kann.'
Die ‚fromme Täuschung', die Martini für möglich hält, könnte natürlich nur darin bestehen, daß Therese oder ihre Mutter die Blutungen durch irgendwelche Manipulationen in Szene setzen oder verstärken, um damit ein erbauliches Schauspiel zu geben und die eigene Ehre bzw. die der Familie zu fördern.

Hilda Graef ist in der Lage, uns noch genauere Angaben darüber zu machen, wie wir uns die ‚fromme Täuschung' vorzustellen haben. Professor Martini teilt mit, daß um 11.30 Uhr Professor Killermann von den Eltern die Erlaubnis bekam, etwas Blut auf ein Stückchen Watte zu nehmen. Hierzu bringt Hilda Graef (S. 64) als Fußnote folgende Anmerkung: ‚Kommentar von Professor Waldmann in einem Brief an mich vom 27. 2. 49:
Die Beobachtungen von Professor Martini zusammen mit Monsignore Buchberger, Weihbischof Hierl, Dr. Killermann und den anderen Herren, waren und sind nach meiner Meinung von der größten Wichtigkeit für den Geschichtsschreiber von Konnersreuth. Mir scheint es sicher, daß Theresens Mutter bei diesen ‚Blutungen' nach-

geholfen hat. Nicht allein wegen der Beobachtungen von Professor Martini und Professor Killermann, sondern auch, weil Killermann das Blut, das er mitgenommen hatte, untersuchen ließ, wobei sich herausstellte, daß es nicht gewöhnliches, sondern Menstruationsblut war.'

Man muß diese Zeilen ein paarmal lesen, um sich davon zu überzeugen, hier wird von Professor Dr. Michael Waldmann in Regensburg tatsächlich und in vollem Ernst behauptet: Das Blut, das Prof. Killermann vom Freitagsleiden der Therese Neumann am 23. 3. 28 mitgenommen hat, ist nicht gewöhnliches, sondern Menstruationsblut. Da gibt es nunmehr nur 2 Möglichkeiten: Entweder ist diese Behauptung wahr oder nicht. Ist sie wahr, so haben wir hier einen unerhörten Betrug vor uns. Dann verwenden Therese und ihre Mutter Menstruationsblut, um echte Stigmenblutung vorzutäuschen. Es wäre eine schamlose Verhöhnung des Leidens Christi, von dem echte Stigmatisation ein Abbild ist. Könnte Gott einer Person, die solch einen Betrug durchführt oder geschehen läßt, noch außerordentliche Gnadengaben geben, wie echte Visionen, mystische Vereinigung, Nahrungslosigkeit usw.? Dann wären auch all die anderen außerordentlichen Erscheinungen Schwindel und Täuschung und das jetzt schon seit so vielen Jahren.

Wenn es sich wirklich so verhält, und Prof. Waldmann von der Wahrheit seiner Behauptung überzeugt ist, warum hat er dies nicht schon früher bekanntgegeben und hat nicht öffentlich mit allem Nachdruck vor der Schwindlerin gewarnt? Warum setzt H. Graef diese so wichtige Entdeckung nur verschämt in einer Fußnote ihren Lesern vor?

Man muß daraus schließen, daß beide doch nicht so ganz überzeugt sind von der Wahrheit dieser Behauptung. Und wenn sie nun aber nicht wahr ist, wenn das Blut der Freitagsleiden wirklich echtes Stigmenblut ist, dann liegt in

obiger Behauptung doch eine unverantwortliche Verleumdung. Wir sehen, es ist aller Grund vorhanden, den Sachverhalt mit größter Sorgfalt nachzuprüfen.
Prof. Killermann war so freundlich, über die Untersuchung des Blutes in einem Brief an Dr. med. J. Mittendorfer-München vom 27. 7. genaue Auskunft zu geben. Von Pfarrer Naber erhielt er 2 Blutproben, da aber diese eingetrocknet waren, nahm er mit Einverständnis der Eltern frisches Blut mit Watte von der Augengegend ab. Bei der mikroskopischen Untersuchung fiel ihm auf, daß die roten Blutkörperchen nicht zu finden waren. Daraufhin ließ er die „frische" Probe durch seinen Freund, den Anthropologen Prof. Dr. Birkner in München zu Prof. Dr. Merkel ins Gerichtlich-medizinische Institut der Universität München bringen, ohne aber die Herkunft des Blutes mitzuteilen.

Der Bericht von Prof. Merkel vom 16. 4. 28 lautet nach Angabe Killermanns:

> „Es handelt sich um Blut und zwar Menschenblut; der Mangel an nachweisbaren Blutkörperchen ist eigentümlich. Menschenblut ohne nachweisbare Blutkörperchen ist das Menstrualblut, das aber meist glycogenhaltige Epithelzellen aus der Scheide enthält. – Diese konnten in der vorgelegten Probe nicht nachgewiesen werden: das Fehlen der Blutkörperchen scheint mir eine interessante Eigentümlichkeit zu sein – ist nicht normal!"

Wie man sieht, handelte es sich bei der Probe um Menschenblut, an dem zwei Eigenschaften besonders bemerkenswert waren:

1. Es zeigte einen eigentümlichen Mangel an nachweisbaren Blutkörperchen. Darin glich es nach Prof. Merkel dem Menstrualblut;

2. das untersuchte Blut enthielt keine glycogenhaltigen Epithelzellen aus der Scheide, die dem Menstrualblut eigen sind.

Was ist zu diesem Befund zu sagen?

Die Blutprobe wurde um 11.30 Uhr abgenommen. Therese befand sich um diese Zeit zweifellos nicht in einer Schauung sondern in dem sog. Zustand der kindlichen Eingenommenheit, in dem die Stigmen niemals bluten. Das Blut, das unter den Augen abgenommen wurde, kann also nur von einer vorausgehenden Schauung stammen. Erfahrungsgemäß besitzt das Blut, das bei Therese aus den Augen und aus den Stigmen austritt, die volle normale Gerinnungsfähigkeit. So konnte das Blut unter den Augen schon weitgehend geronnen sein, wobei bekanntlich die Blutkörperchen zwischen den sich ausscheidenden Fibrinfasern festgehalten werden. Was Prof. Killermann mit seiner Watte auftunkte, ist sicherlich nur rotgefärbtes Blutserum gewesen.
Prof. Merkel hat ganz recht, wenn er betont, daß solch ein Blut nicht normal ist. Bluttränen sind eben nichts Normales, ja, sie sind noch viel weniger normal als Menstrualblut.
Hat sich denn Herr Waldmann überhaupt gefragt, woher sollen denn die großen Mengen von Menstrualblut kommen, die an jedem Leidensfreitag nötig wären. Wie in Gerlich (II, S. 132) zu lesen ist, hat Therese seit Sommer 1918 (abgesehen von einer etwas späteren, die nach Einnahme eines Medikamentes erfolgte) keine Menstruation mehr. Und von der Mutter Neumann, die 1949 starb, bezeugen ihre Angehörigen, daß bei ihr die Menses unmittelbar nach der Geburt ihres jüngsten Sohnes, also bereits 1912 aussetzten. Wer soll also das Blut gespendet haben? . . . auch wenn die Menge des an den Karfreitagen austretenden Blutes nur ungefähr 1 Liter betragen sollte,

jedenfalls ist der Blutverlust ein ganz enormer, wie sich auch an den blutgetränkten Wäschestücken, die Therese an den Leidensfreitagen benützt hatte, jederzeit nachprüfen läßt. Die Menge des bei einer Menstruation entleerten Blutes beträgt aber nur 30 bis 50 ccm. Darnach kann sich jeder ausrechnen, welche Schar junger Frauen nach Waldmann an dem „Schwindel von Konnersreuth" beteiligt sein müßte, wobei zu bedenken ist, daß die Stigmenblutungen nicht nur monatlich sondern vielfach wöchentlich erfolgen. Es ist tief traurig, feststellen zu müssen, mit welch entsetzlicher Leichtfertigkeit und Oberflächlichkeit ein Hochschullehrer Behauptungen ausspricht, die die Ehre unbescholtener Mitmenschen aufs schwerste kränken und die Wahrheit in einer so ernsten Frage völlig entstellen.

Und nun zum Martini-Bericht! Wie wir oben erfahren haben, schreibt er von der Möglichkeit eines ‚frommen Betruges'. Sollte er dabei wie Waldmann an die Verwendung von Menstrualblut gedacht haben, so gilt das gegen Waldmann Gesagte auch hier. Ebenso scheidet nach den Untersuchungen von Prof. Merkel und anderen jeder Betrug mit Tierblut vollständig aus. Also könnte für ein Täuschungsmanöver nur Menschenblut in Betracht kommen, das aus einer Wunde geflossen ist. Sollte dieses Blut etwa von einem anderen Menschen stammen, der sich immer wieder aufs neue verwundet, um das nötige Blut zu liefern, oder sollte es sich gar um künstlich präpariertes Blut handeln, etwa um Transfusionsblut-Konserven, wie sie in manchen großen Krankenhäusern heutzutage aufbewahrt werden? Niemand wird im Ernste an so etwas glauben können. Soll es sich nun aber doch um Betrug handeln, so bleibt nur die eine Möglichkeit, daß bei Therese die Wunden nicht spontan, also nicht von selbst bluten, sondern daß sie sich selbst verwundet, bzw.

während der Freitagsleiden schon bestehende Wunden immer wieder so weit aufreißt, daß das gewünschte Blut zum Vorschein kommt. Abgesehen davon, daß ein solches Verhalten völlig dem allgemein anerkannten Charakter der Therese widersprechen würde, wäre ein derartiger Schwindel bei der ständigen Kontrolle, der Therese besonders an den Leidensfreitagen unterliegt, längst ans Tageslicht gekommen. Auch würden solche Wunden, die künstlich beigebracht, erweitert oder offen gehalten werden, niemals über Stunden hin langsam fortbluten, niemals jahrelang so unverändert bleiben, wie es bei den Wunden der Therese der Fall ist, sie würden im Gegensatz zu diesen die Tendenz haben zu heilen, zu eitern oder irgendwie sich zu verändern. Auch bei schwerster Hysterie müßten sich künstliche Wunden ganz anders verhalten als bei Therese Neumann.
Wir sehen also, auch Prof. Martini hat sich viel zu wenig überlegt, was er schrieb. Schon derartige einfache Überlegungen hätten ihm sagen müssen, daß bei Therese wirklich echtes Blutweinen und echtes Stigmenbluten vorliegen muß."

Schließlich sei noch Professor Dr. med Ewald, seinerzeit Dozent an der Universitätsklinik Erlangen, das Wort gegeben. Er war gegen Ende der Überwachung der Therese Neumann (13. Juli 1927, 20 Uhr bis 28. Juli 1927, 11 Uhr) nach Konnersreuth gekommen, um zusammen mit Dr. Seidl eine genaue Abschlußuntersuchung durchzuführen. Es sei am Rande erwähnt, um einem evtl. Vorurteil vorzubeugen, die Überwachung sei zu einseitig von katholischer Seite durchgeführt worden, daß Dr. Ewald evangelischer Konfession war. Dr. Ewald veröffentlichte – ohne Zustimmung der betroffenen Person, womit er nachträglich das ihm ursprünglich entgegengebrachte Vertrauen verlor – in der Münchner medizinischen Wochenschrift

Nr. 46 aus dem Jahr 1927 (Seite 1981 ff.) die Ergebnisse der Überwachung und Untersuchung und schrieb bezüglich der Blutungen:

„Ich will daher noch einmal zusammenfassen, was mich veranlaßt, einen Betrug bei der Stigmatisierten des vorliegenden Falles für ausgeschlossen zu halten:

1. Wurde durch mikroskopische Untersuchungen festgestellt, daß es sich bei Therese Neumann tatsächlich um das Ausfließen von Blut handelt.
2. Wurde der spontane Beginn der Blutungen von mehreren Ärzten, zum Teil mit der Lupe, beobachtet.
3. Ist das Ausmaß der Blutung ein solches, daß es durch einen künstlichen Eingriff nicht gut herbeigeführt worden sein könnte, ohne daß bei der so häufigen Wiederholung der Blutungen erkennbare Narben zurückgeblieben wären, zum Beispiel an den Bindehäuten der Augen.
4. Handelt es sich bei der Herzwunde nicht um eine Ausscheidung reinen Blutes, sondern um eine blutig-seröse Flüssigkeit, wie sie durch künstliche Verletzung schwerlich dürfte erzeugt werden können.*
5. Fehlt jede Neigung zur Eiterung, wie sie bei oft wiederholter künstlicher Herbeiführung der Blutungen sicher nicht zu vermeiden gewesen wäre.
6. Spricht diese Änderung der Handstigmen um den Ek-

* Bezüglich der in Punkt 4 des Ewaldschen Berichts hervorgehobenen Besonderheit, es sei aus der Herzwunde nicht reines Blut, sondern blutig-seröse Flüssigkeit ausgetreten, sei auf das Johannes-Evangelium verwiesen (Jo 19,33–34): „Als sie aber zu Jesus kamen und sahen, daß er schon gestorben war, zerschlugen sie seine Gebeine nicht, sondern einer von den Soldaten stieß mit der Lanze in seine Seite, und sogleich floß Blut und Wasser heraus." Nämlich geronnenes Blut und Serum, weil eben Jesus beim Lanzenstich bereits tot war und das Blut sich zersetzt hatte.

stasentermin herum für eine spontane somatische Zustandsveränderung an diesen Stellen.

7. Das darf man wohl auch anführen, ist die Überwachung der Kranken durch 14 Tage eine so gründliche gewesen, daß es denkbar unwahrscheinlich erscheint, daß es zu willkürlich erzeugten, von der Umgebung nicht bemerkten Verletzungen gekommen wäre."

*

Durch eidesstattliche Zeugnisse, die zum Teil schon früher, besonders aber in letzter Zeit (1971) gesammelt wurden, wird noch eindeutig belegt, daß die 1927 festgestellte Nahrungslosigkeit der Therese Neumann bis zu ihrem Tode, also von 1926 bis 1962, angedauert hat. Professor Dr. Carl Sträter SJ, Regensburg, hat von Bischof Dr. Rudolf Graber den Auftrag, zur Entscheidung, ob ein Informativ-Prozeß über Therese Neumann eröffnet werden soll oder nicht, alles Material zu sammeln und alle noch lebenden Zeugen, die nähere Beziehungen zu Theres Neumann hatten, einzuvernehmen und deren Aussage nach dem Hinweis auf die Bedeutung eines Eides zu protokollieren. In Durchführung dieses Auftrages weilte P. Sträter im Juni 1971 einige Tage in Konnersreuth. Auf die von ihm an die Bevölkerung von Konnersreuth und Umgebung gerichtete Aufforderung, die in Konnersreuth angeschlagen und von der Kanzel verkündet, auch in der Lokalpresse bekannt gemacht wurde, es möchten sich die melden, die irgendwie Nachteiliges gegen Therese Neumann auszusagen hätten, sei es gegen Stigmatisation, Nahrungslosigkeit oder überhaupt gegen die Moral, ist niemand gekommen. Dagegen kamen viele zu ihm, die von Guttaten oder erfahrener Hilfe zu berichten wußten. P. Sträter besuchte in diesen Tagen auch die noch lebenden

Geschwister und Verwandten der Theres Neumann und erhielt von ihnen ohne Ausnahme die eidesstattliche Erklärung, daß sie ihre Schwester, Tante etc. nie von 1926 bis zu ihrem Tode irgendetwas zu essen oder trinken gegeben hätten, daß sie sie nie etwas hätten essen oder trinken sehen, daß sie nie etwas beobachtet hätten, was auf irgendwelche Ausscheidungen aus Blase und Darm hätte schließen lassen. Ungefähr gleichlautende eidesstattliche Erklärungen waren auch schon von den Eltern vor deren Tod für die Zeit von 1926 bis zum Datum der Unterschrift abgegeben worden und liegen in Regensburg vor.

Theres Neumann selbst gibt bei ihrer eidlichen Einvernahme vor der kirchlichen Kommission im Januar 1953 auf die Fragen zum Kapitel IV. Nahrungslosigkeit an: „Vollständig nahrungslos, ohne jedes Bedürfnis für Speise und Trank, lebe ich seit Weihnachten 1926; in der Zeit von Weihnachten 1926 bis September 1927 nahm ich die hl. Gestalt bei der Kommunion mit einem Löffelchen Wasser. Seit dieser Zeit ist auch dies weggefallen; ein förmlicher Ekel und Widerwillen dagegen war bei mir schon seit 6. August 1926 (vgl. Tagebuchnotiz N 2,46,47, hier wiedergegeben Seite 174 f.) vorhanden. Nach meiner Überzeugung und meinem Wissen lebe ich vom sakramentalen Heiland, der in mir nach Aussagen von Augenzeugen und meiner Erfahrung bis kurz vor der nächsten Kommunion verbleibt. Nach Auflösung der sakramentalen Gestalten befällt mich Schwächegefühl und stärkeres leib-seelisches Verlangen nach der hl. Kommunion."

Mit dieser unter Eid erfolgten Erklärung der Stigmatisierten selbst sei das Thema Stigmenbluten und Nahrungslosigkeit abgeschlossen.

Grabesruhe des Herrn

(Karsamstag)

Zu Lebzeiten der Therese Neumann, auch noch in ihrem letzten Lebensjahr, war es in der kirchlichen Liturgieausübung gebräuchlich, die Gründonnerstags- und Karfreitagsliturgie am Morgen abzuhalten, und auch die Liturgie der Osternacht bereits am Karsamstag früh zu feiern. Die Gläubigen konnten am Gründonnerstag, am Karfreitag jedoch nicht, aber wieder am Karsamstag kommunizieren. Wer den Widerspruch nicht mitmachen wollte, am Karsamstag früh das Alleluja mitzusingen und hernach wieder vor dem hl. Grab zu beten, mußte sich an den Feiern einiger Vorkämpfer des seit dem Konzil üblichen Ablaufes, wie Romano Guardini oder klösterlicher, hauptsächlich benediktinischer Kollegien beteiligen, die die Auferstehungsliturgie des Karsamstags in die Osternacht verlegten. Ich erwähne das für die jüngere Generation, die diese älteren Formen nicht mehr miterlebt hat.

So sehr nun die Visionen und sonstigen Ereignisse in Konnersreuth liturgiegebunden waren, in diesem Falle wichen sie ab und nahmen gewissermaßen die heutige kirchliche Regelung voraus, die sich dem tatsächlichen Ablauf von Tod und Auferstehung Jesu anpaßt. Therese Neumann schlief gewöhnlich am Karsamstag, fast den ganzen Tag kaum ansprechbar, den Tag durch bis zum Ostermorgen. Sie war nur mit Mühe dazu zu bewegen, daß sie sich waschen ließ.

Jedoch hatte sie gewöhnlich gegen Abend noch eine interessante Vision. Sie ist auf Tonband in ausgedehntem Wechselgespräch festgehalten. Ich gebe sie gekürzt wieder. Therese erzählt im eingenommenen Zustand:

In der Nacht geht der Mann, der zum Ichtrauminet (Pilatus) gegangen war, derjenige dem der Garten und das

Grab gehört, in das sie den Heiland gelegt haben – Th. beschreibt dazwischen ausführlich Aussehen und Marmorauskleidung des schönen Grabes – auf der Straße dahin. Es begegnen ihm Männer, die um den Heiland gewesen waren, und fragen ihn lebhaft aus. Man kennt den Mann und die Leute nur, wenn sie unter den brennenden Feuertöpfen, denen auf gabeligen Pfählen, stehen bleiben, so dunkel ist es schon. Da kommen plötzlich Leute aus dem Tempelbezirk daher, die mit den anderen in Streit kommen. Man merkt sofort, daß sie nichts Gutes im Sinne haben. Deshalb laufen alle, die gut laufen können, davon. „Man kann direkt sagen, sie sind ausgerissen." Nur dieser ältere Mann konnte nicht so schnell laufen, und auf ihn vor allem haben es die anderen abgesehen. Und so wird er gefangen.

Sie führen ihn dann zur Mauer und durch ein Tor, und dann an der Mauer entlang bis zu einem Turm. Dort stoßen sie ihn hinein und versperren den Eingang. „Was die wohl im Sinne haben, der kommt nimmer raus. Er sieht so müde aus, wird auch hungrig sein, denn er hat noch keine Zeit gehabt zum Essen; und er wird Angst gehabt haben. Er reut (dauert) mich so." Er steht nun da und betet und streckt die Hände zum Himmel hinauf. „Was bleibt einem denn anderes als zu beten, wenn man in solcher Lage ist!"

Auf einmal steht da oben auf dem Mauerring des offenen Turmes ein lichter Mann und ruft ihn an „Arimathäi" oder so ähnlich. Er spricht noch etwas herunter und läßt auf den erstaunten Mann ein langes Tuch herab. Das knüpft dieser weisungsgemäß um sich und krallt sich mit beiden Händen fest". Und mit den Füßen hilft er an der Mauer, die aus ziemlich grobem Steinwerk besteht, nach, während der lichte Mann oben ihn hochzieht. So kommt er auf die Zinne, die kaum höher als die breite, zum Daraufgehen gebaute Mauer ist, und steigt

hinaus. Da ist der lichte Mann mitsamt dem Tuch verschwunden.
Josef von Arimathäa – wir haben längst erkannt, um wen es sich handelt – hält nun Umschau, um sich in der Nacht zu orientieren und zu versichern, daß ihm niemand unerwünscht begegnet. Er geht dann auf der Mauer, unter Hinüberwechseln auf verschiedene Abschnitte, bis zu einem Punkt, wo er eine Abstiegsmöglichkeit weiß, „in der Gegend des Hauses, in welcher der Heiland denen die Füße gewaschen hat". Die Anhänger Jesu dort vermutend, geht er hin und klopft fest. Nach längerem Zögern von drinnen und Absicherung, wer der nächtliche Gast sei, wird er eingelassen und alle freuen sich lebhaft über seine Rettung. „Ist das jetzt gut ausgangen, gell!" – Ende der Vision. Bei der Erzählung einer späteren Vision kommt die Einlassung, daß diese Gefangennahme und Befreiung des Joseph von Arimathäa nicht am Passahfest (Samstag), sondern schon an dessen Vorabend, also in der Nacht von Freitag auf Samstag erfolgt sei.

Gerlich (1, 232) berichtet über Karsamstag, den 7. April 1928 folgendes: Seit Freitag abends 10 Uhr ungefähr lag Therese Neumann in tiefem Schlaf, der – soweit Pfarrer Naber weiß – nur am Vormittag für einige Zeit von dem erhobenen Ruhezustand unterbrochen wurde. Die Kommunion empfing sie der Schlafversunkenheit wegen heute nicht. Der Heiland werde vom Donnerstag her bis zum Ostersonntag sakramental in ihr bleiben, hatte sie vorausgesagt.
Pfarrer Naber berichtet über die Kartage, 2., 3. und 4. April 1931 in seinem Tagebuch (N 2, 57): „Theres empfängt am Gründonnerstag bei der hl. Kommunion eine ganze hl. Hostie, obwohl sie, wie schon zuletzt in der Fastenzeit, vor dem Empfang den Heiland nicht schauen

darf. Diese geht in sie ein ohne Schluckbewegung. Charfreitag und Charsamstag kommuniziert sie nicht. Die sakramentale Gegenwart des Heilands in ihr dauert an bis in den Ostersonntag hinein. Die Visionen vom Essen des Osterlammes bis zur Grablegung, der tiefe Schlaf bei Theres während der Grabesruhe des Heilands wie früher schon."

Über besondere Vorkommnisse am Karsamstag, 4. April 1942, die die vorausgegangenen Aufzeichnungen bestätigen, berichtet Prof. Mayr: „Am Karsamstag machten Pfarrer Naber, Dompfarrer Kraus aus Eichstätt und ich abends etwa um 8 Uhr Besuch bei Therese. Wir fanden sie im Bett sitzend und über Brechreiz klagend. Von Zeit zu Zeit stellte sich Würgen ein und sie erbrach ein wenig schaumigen Schleim, sowie nach ihrer Angabe auch etwas Galle auf ein Tüchlein, das sie in der Hand hielt. Während wir mit ihr plauderten und sie beobachteten, kam sie plötzlich in Schauung. Sie sah Joseph von Arimathäa gefangen in einem Turmverließ und seine Befreiung durch einen Engel. Als die Vision und der auf diese folgende Zustand der kindlichen Eingenommenheit bereits vorüber war, stellte sich wieder der Brechreiz ein, der während der Ekstase ausgesetzt hatte. Plötzlich, als das Würgen besonders heftig war, stieß sie einen Ruf des Schreckens aus und hielt die Hände mit dem Tüchlein vor den Mund, der halb geöffnet war. So gut es eben ging, ohne den Mund zu schließen, lallte sie dabei in klagendem Ton die Worte: ‚Der Heiland, der Heiland.' Dann streckte sie die Zunge etwas vor, um uns zu zeigen, was geschehen war. Auf der Zunge lag ein weißer Körper von der Form und Größe einer kleinen Hostie, doch gequollen und schmiegsam. Es konnte kein Zweifel sein: Er war dies die hl Hostie, die Therese am Gründonnerstag morgens bei der hl. Kommunion empfangen hatte. Sie war also drei Tage und zwei Nächte lang unversehrt geblieben und war jetzt infolge des Brechreizes nach oben in den Mund gestiegen. Therese war nun völlig ratlos, wie sie diesem für sie so schmerzlichen Zustand abhelfen könne. Merkwürdigerweise unternahm sie nicht den geringsten Versuch zu schlucken, dagegen machte sie Bewegungen, als ob sie mit den Fingern nach der hl. Hostie greifen wolle, so daß Pfarrer Naber zur Vorsicht ihre Hände ergriff und festhielt. Dann mahnte er sie zur Ruhe und forderte sie auf, den Heiland zu bitten, daß er wieder in sie eingehen möge. Therese kam sofort dieser Aufforderung nach und begann mit rührender Gebärde nach Art der Kinder mit aufgehobenen Händen zu bitten. Plötzlich wurde sie ruhig, der Mund schloß sich, freilich nur für kurze Zeit, die Hände legten sich kreuzweise auf die Brust und das Gesicht nahm einen seligfriedlichen Ausdruck an, wie es immer beim erhobenen Ruhezustand der Fall ist. Als sie den Mund wieder öffnete, konnte man deutlich sehen, daß die hl. Hostie verschwunden war. Von einer Schluckbewegung hatten wir nicht das geringste bemerken können. Die hl. Hostie war also wieder auf dieselbe Weise wie immer bei der ekstatischen Kommunion in den Körper zurückgekehrt. Der erhobene Ruhezustand dauerte einige Zeit. Während desselben wurde dem Herrn Pfarrer mitgeteilt, daß nun ein so heftiger Brechreiz nicht mehr erfolgen werde, was auch tatsächlich der Fall war. Bei dem Würgen scheint es sich um ein Sühneleiden gehandelt zu haben.

Die auf der Zunge liegende hl. Hostie konnten wir ganz genau beobachten. Während des Vorganges war Thereses Bruder Ferdinand ins Zimmer gekommen und auch er konnte die gleiche Beobachtung machen wie wir.

(Dieser Bericht wurde von mir noch während der Osterferien 1942 angefertigt, Herrn Pfarrer Naber vorgelesen und von diesem als inhaltlich völlig zutreffend begutachtet.)"

DER AUFERSTANDENE

DIE OSTERVISIONEN

Quellen: N 1,8; 2,58; G 1,234 ff.; Witt 2,27; TB (Die Dialektworte sind bis auf einige zitierte Ausnahmen in die hochdeutsche Sprache umgesetzt, doch wurde dabei möglichst die Ausdrucksweise der Therese Neumann beibehalten); Gespräche der Therese Neumann mit dem Verfasser

Die Auferstehung

Beginn der Visionen: Ostersonntag 5 Uhr morgens. Die seit Karfreitag mehr oder minder Schlafende wird plötzlich hochgerissen. Sie findet sich visionär vor das Heilige Grab in Jerusalem versetzt. Davor stehen die römischen Wachtsoldaten, ziemlich ermüdet. Ein strahlender Morgen bricht an; eben will die Sonne aufgehen. Theres erschrickt, schaut nach oben und – strahlt vor Freude. Was ist geschehen: Während die Erde erzittert, kommt der Heiland mit verklärtem Leibe aus der Felswand heraus; der Stein vor dem Grabe fällt, von einem „lichten Mann"((Engel) berührt, zur Seite hin um; ein zweiter lichter Mann schwebt in das Grab hinein, während der andere sich auf den Stein setzt. Die Wächter stürzen „täumelnd" auf ihr Angesicht, nur einer kann sich an seinem „Spieß" fangen und wieder aufrichten; es ist der, der dem Heiland die Seite durchbohrt hat. Theres Neumann sieht den Heiland durch die Luft hinüberschweben zur Stelle der Kreuzigung. Dorthin ist seine Mutter am frühen Morgen, einer inneren Weisung folgend, gegangen (lt. Pfarrer Naber eine Äußerung im erhobenen Ruhezustand). Im Zustand der Eingenommenheit sagt Theres – sie hat das nicht gesehen, das ist nur ihre Meinung laut Aufzeichnung: „Wird wohl mit den anderen Frauen hingegangen sein und dann gesagt haben ‚Geh, laßt mich ein bissel allein'." Theres ist dem schwebenden Heiland visionär gefolgt („es war ja nicht weit", sagt sie) und sieht die Begegnung mit der Mutter, die mitten in ihrer tiefen Betrübnis plötzlich den verklärten Heiland erblickt. Er sagt einige Worte zu seiner staunenden Mutter und ist dann entschwunden.

Die Schilderung der auf die Fragen von Pfarrer Naber wiedergegebenen Einzelheiten ist ergreifend. Er sagt: Resl, erzähl uns doch alles der Reihe nach. Sind nicht zuerst die lichten Männer gekommen und haben den Stein weggewälzt, und ist dann der Heiland herausgekommen? Therese: Das läßt sich nicht der Reihe nach sagen. Erdbeben, der Heiland durch die Felswand oben heraus, die lichten Männer dagewesen, der Stein weg –, das war alles eins. Naber: Ja ist denn der Heiland nicht aus dem Grabeingang herausgekommen? Therese: Da hätte er sich ja „vürebe-ign me-in" (vorbeugen müssen), das hat er doch nimmer nötig gehabt, er ist oben durch die Felswand ganz aufgerichtet herausgekommen. Naber: Dann hättest Du ja hinaufschauen müssen. Therese: Das habe ich auch getan. Und wie der Heiland gestrahlt hat! Wie aus lebendigem Licht, und doch hat man gekannt, daß er aus Fleisch ist und seine „We-i" (Wehe = Wundmale) haben besonders geleuchtet. Jedes hat eine eigene „Helln" (Helligkeit) gehabt. Und sein Gewand war auch wie aus Licht, aber nicht gerade herunterfallend, sondern wie in der Mitte abgebunden. Naber: Hast du denn die Herzwunde auch leuchten sehen, wenn er ein Gewand angehabt hat? Therese: Ja was glaubst du denn: das Gewand war doch nicht „aus so am bazzatn Stoff, wie unsa Vadda a Montur zamnaht" (aus so einem patzigen Stoff, wie unser Vater – er war Schneider – einen Anzug zusammennäht), sondern licht und nicht von dieser Welt, und da hat die Herzwunde hell durchgeleuchtet. Ach, war das schön! Der lichte Mann, der hat den Stein „anglangt (berührt), und da ist der davon wie ein Papier". War das alles mächtig!

Die Frauen am leeren Grab

Zweite Vision: Therese Neumann befindet sich wieder vor dem Grab, die Männer liegen auch noch herum, bis auf den einen, der auch noch einen benommenen Eindruck macht. Da kommt das „Moidl" (Mädchen = Magdalena) und noch drei Frauen. Sie fürchten sich bei dem Anblick, der sich ihnen bietet. Es sieht grauenerregend aus, „wie die Manner so verdraht umeinanderliegen" (so verdreht herumliegen) und das Grab offen steht. (Der lichte Mann, der sich auf den Stein gesetzt hatte, ist nicht mehr da). Die Frauen zögern näherzutreten. Aber Magdalena und eine andere, „eine lange", fassen bei der Stille ringsum Mut, und sie gehen dann vorsichtig, einige Gefäße, Magdalena auch ein Lichtlein schützend unter ihrem Umhang mit sich tragend, an den Wachen vorbei. (Die beiden anderen Frauen bleiben heraußen.) Mit erheblichem Kraftaufwand schieben sie das noch geschlossene innere „Türl" zurück und schauen hinein. (Man übersehe nicht: Die innere, metallene Tür des Grabes – Therese sagte nach den Karfreitagsvisionen bei der Grabschilderung sie sei „rot, wie von Kupfer gewesen" –, zu deren Bewegung die Kraft zweier Frauen ausreicht, ist noch verschlossen, obwohl der Heiland – wie oben geschildert – auferstanden ist. Der schwere Stein aber, den sie allein nicht bewegen können, ist ihnen aus dem Weg geräumt.) Magdalena geht ein paar Schritte vor, sieht den Heiland nicht, jedoch einen lichten Mann, der ein paar Worte spricht. Sie rennt sofort erregt hinaus, ruft den Frauen draußen noch etwas zu und läuft dann, so schnell sie kann, den Berg hinauf und dann durch die ganze Stadt bis zu dem Haus, in dem sich die „Manner vom Heiland" (Apostel und Jünger) eingesperrt hatten. Theres folgt ihr (visionär). Magdalena muß fest und mehrmals an das Tor schlagen und rufen. Endlich macht ihr der „gunge Mô" (junge Mann, Johannes) und der, der „greint (geweint) hat, wie ihn der Heiland angschaut hat" (Petrus) auf. Sie erzählt rasch ihr Erlebnis, aber die Apostel glauben es ihr nicht. Doch machen sich Petrus und Johannes eilends auf den Weg zum Grab.

Petrus und Johannes am Grab

Dritte Vision: Therese ist wieder vor dem Grabe. Der Mann, der dem Heiland die Seite durchstochen hatte und hernach seinen Leichnam zum Grabe hatte tragen helfen (Longinus) geht in das Grab. Er sieht den lichten Mann nicht, wundert sich über das leere Grab, berührt die Tücher, geht hinaus und läßt die drei anderen Frauen hinein. Sie sehen die zwei lichten Männer am Kopf- und Fußende stehen, wo der Heiland gelegen hatte. Die Engel reden kurz mit ihnen, dann eilen die Frauen, offenbar immer noch voller Furcht, wieder hinaus.
Bald darauf war Johannes, der schneller als Petrus hatte laufen können, am Grabe angekommen. Die Wachen liegen immer noch wie tot herum; von Longinus ist im Gespräch hier nicht die Rede. Johannes schaut in das leere Grab, geht aber nicht hinein. Therese meint in der Eingenommenheit „Warum hat er sich wohl nicht hineingetraut" Naber: „Er wollte wohl auf den Älteren warten und ihm den Vortritt lassen" Therese: „So wird's wohl sein "–. Da Petrus vor dem Garten angekommen ist, erscheint ihm plötzlich kurz und wortlos der Heiland und blickt ihn an. Diese Begegnung hat Petrus offensichtlich sehr bedrückt, nach der Verleugnung im Hof. Johannes springt ihm entgegen und zieht ihn am Arm durch das

Tor des Gartens zum Grab hin. Dort läßt ihn Johannes an sich vorbei und geht nach ihm in das Grab. Petrus berührt die Tücher und überzeugt sich, daß sie leer seien. Sie liegen so da, „wie wenn was außakrochen war" (wie wenn etwas herausgekrochen wäre), nicht durcheinandergebracht, nicht zusammengeklebt, aber zusammengefallen; nur das Tuch, mit dem der Kopf eingebunden gewesen war, liegt gesondert. Petrus nimmt die Tücher an sich und steckt sie unter seinen Mantel. Die lichten Männer sind nicht zu sehen. Johannes (dem wohl Petrus inzwischen von der Erscheinung erzählt hatte) geht noch im Garten und in der Nähe herum und „hat gspitzt" (herumgeschaut), ob er den Heiland nicht irgendwo sehen könne. Dann gehen sie eilends wieder zu den anderen Aposteln zurück, aber nicht durch das große Stadttor, sondern durch das kleine. Longinus geht dann auch weg; später vermutlich auch die anderen Wachen, nachdem sie zu sich gekommen waren. Denn bei der nächsten Vision werden sie nicht mehr gesehen.

Jesus erscheint Magdalena und den Frauen

Vierte Vision: Magdalena, die wohl inzwischen noch andere verständigt hatte – vielleicht hatte sie, meint Theres, die Mutter gesucht – kommt zurück, weint und schaut nochmals in das Grab hinein. Da erblickt sie wieder die zwei lichten Männer, und einer von ihnen spricht zu ihr. Sie geht sehr traurig hinaus in den Garten und weint und sucht. Da sieht sie im Sonnenschein einen Mann daherkommen in hellem Gewand. Magdalena kennt ihn nicht (Theres Neumann auch nicht), redet ihn fragend an und schlägt weinend die Hände vor dem Angesicht zusammen. Da – „auf einmal ist der Mann der Heiland worn" (geworden), so strahlend und schön, wie er aus dem Grabe gekommen war, und sagt „Marjam!" Magda-

lena stürzt auf die Knie und ruft „Rabboni!" Sie will zum Heiland hin, aber er hebt eine Hand in leiser Abwehr und weist mit der anderen zum Himmel, wobei er einige sehr gütige Worte zu ihr spricht. Theres hat davon „Abba" sich gemerkt. Und unmittelbar nach diesen Worten „is er weg gwen" (entschwunden gewesen). Magdalena läuft dann nochmals zu den Frauen, die noch im Garten sind, schaut erneut in das Grab und „is dann grennt und grennt" (gerannt), wieder dem großen Ort zu. Wohin, hat Therese nicht mehr gesehen.
Fünfte Vision: Die anderen drei Frauen suchen nun, im Garten umhergehend, auch herum. Auf einmal ist der Heiland da, nicht auf dem Boden, sondern „höcherer" (höher, also in der Luft schwebend). Die Frauen fallen nieder und wollen seine Füße umfassen, aber der Heiland hält sie zurück. „Er hat es so mit der Hand gmacht" – Theres erhebt eine Hand mit der Handfläche nach außen – „und zu den Weibern was Gutes gsagt und schon is er wieder furt gwen (fort gewesen). Nacha (nachher) san die Weiber zum Grab gangen und ham vor Freud gweint. Jetzt ham sie sich nimmer gfürcht, denn die grodn Manna (geraden Männer = Soldaten) warn a nimmer da." Theres kommt immer wieder auf den Heiland zurück und beschreibt, wie schön er gewesen sei. Alle Wunden vom Karfreitag seien geheilt und nicht mehr zu sehen gewesen, nur die Wundmale an Händen und Füßen und am Herzen hätten hell geleuchtet, wie oben beschrieben. Ob wir wohl auch einmal so schön werden, fragt sie und meint dann: Je näher wir zum Heiland hindürfen, desto mehr werden wir halt auch von dem Licht, das von ihm ausgeht, erfaßt werden und mitleuchten. Und der Heiland ist so überall, daß jeder nah zu ihm hinkommen kann, wenn er nur selber ernsthaft will. Sie erzählt dann noch, daß ihr die Wundmale heute „gar nicht weh tun". Dieser Zustand dauerte alljährlich die ganze Oster-

woche hindurch. – Einmal (1928) forderte sie den Pfarrer im Zustand der Eingenommenheit auf, heute auf der Kanzel immer nur zu sagen: Der Heiland ist gut, der Heiland ist gut, auch wenn ihn die Leute für närrisch hielten. – Soweit die Visionen des Ostermorgens.

Ich erinnere mich noch genau eines Besuches mit Theres Neumann in der Wallfahrtskirche Kappl, die nahe bei Konnersreuth liegt. Diese Kirche ist der Heiligsten Dreifaltigkeit geweiht und hat infolge ihres einzigartigen Kleeblattgrundrisses drei annähernd halbrunde Konchen, von denen eine Gott Vater, die andere dem Sohne und die dritte dem Heiligen Geiste gewidmet ist. Das Fresko der vorderen Kuppel zeigt die Huldigung der geistlichen und weltlichen Stände an Gott Vater, das linke Kuppelfresko die Auferstehung Jesu, und das rechte die Wirkung der Gnadengaben des Heiligen Geistes. Bei der Betrachtung des Auferstehungsgemäldes sagte nun Therese Neumann zu mir: „Mein Gott, was ist das alles gegen die Wirklichkeit! Sind halt nur armselige Farben! Wenn man dagegen den Heiland wirklich aus dem Grab hat herauskommen sehen, so ganz selbst aus lebendigem Licht, mit seinen noch heller strahlenden Wunden, dann kann man so etwas gar nicht mehr anschauen."

Am Mittag des Osterfestes war Therese gewöhnlich visionär nach Rom versetzt und sah die Zeremonie des Papstsegens urbi et orbi. Darüber wird in einem späteren Abschnitt berichtet.
Bei der Wiedergabe dieser Vision kommt Therese aber immer wieder auf die Visionen des Morgens zurück, wie schön es da gewesen sei und welch schöne Zeit sich der Heiland ausgesucht habe. Und wie „des Moidl und der gung Mo grennt san, daß der andere gar net nachkommen is."

Ein junger Mann und ein erheblich älterer kommen aus dem großen Ort (Jerusalem) heraus. Sie gehen und gehen und sind recht traurig. Therese hat sie früher schon beim Heiland gesehen (Jünger). Während sie so dahingehen und bedrückt miteinander reden, kommt von der Seite ein anderer Mann, den sie nicht kennen, „aber für einen besseren halten" und nach einer Begrüßung in die Mitte nehmen. (Therese kennt ihn auch nicht.) Im Gespräch mit dem Fremden werden sie ganz lebhaft und erzählen und wundern sich über die Reden des Mannes. („Der Heiland wird gschmunzelt habn" sagt Therese nach der Vision.) Sie gehen an einem netten kleinen „Örtl" vorbei bis zu einem höheren, alleinstehenden Haus. Da halten sie an und wollen hineingehen. Doch der Fremde will sich verabschieden und weitergehen. „Da ham sie ihn gebettelt, er soll doch bleiben. Ham schon a Weil betteln müssen." Auf das hin geht er mit hinein. Naber: „Hast Du auch gebettelt?" R.: „No, bettelt net, aber ich hab es schon gern gsehn, daß er mithineingangen ist." Es geht schon auf die Nacht zu. Drinnen reden sie mit einem Mann; dieser bringt etwas zu essen und zu trinken. Man merkt, sie haben Hunger: es war ein weiter Weg, auf dem sie „hohe Stecken" benutzt hatten. Die vorgelegten Speisen bestehen aus Brot in Form von eirunden, flachen Fladen von ziemlich heller Farbe, die längs und quer „geriefelt" sind, und aus Fischen. Mit aufgebogenen gelblichen Messern (Messing?) trennen die Gäste Stücke von den Fischen ab, die sie ebenso wie die Brote mit den Händen essen. Zuletzt bringt der Wirt Honigwaben. Der Fremde ißt nicht viel, tut aber doch etwas mit. Auf einmal steht er auf – Therese erkennt ihn immer noch nicht –, hält die Hände über das Brot, blickt zum Himmel auf, nimmt das Brot, segnet es und spricht etwas darüber. Dann bricht er es und gibt es ihnen. „Und in diesem Augenblick haben sie – und ich auch – erkannt, daß es der Heiland ist. Er ist so schön geworden, wie aus dem Grab heraus, und plötzlich hat man auch die Wundmale hell leuchten sehen. Die waren vorher nicht zu sehen. Er ist genau so schön geworden, wie da, als er aus dem Grab heraus zur Mutter hinübergeschwebt ist. Er hat auf dem Weg auch schon einen weißen Rock angehabt, nicht einen braunen, aber der hat ausgesehen so wollweiß, wie man sie eben dort hat. In diesem Augenblick aber ist der Rock wieder aus Licht gewesen, heller als Schnee in der Sonne. Doch der Heiland hat sich unmittelbar darauf vom Boden erhoben und war dann verschwunden." Therese bedauert die zurückgebliebenen Jünger: „Die hätten doch jetzt reden mögen mit ihm. Weißt du, wann ihnen das Licht aufgegangen ist? Wie sie den Heiland in sich gehabt haben. Der Heiland hat das genau so gemacht, wie neulich des nachts; da hat er doch auch selber ausgeteilt" (sie meint die Apostelkommunion vom Gründonnerstag).

Gemäß dieser Vision wäre also das Brotnehmen, -segnen, -brechen und -austeilen an die Emmaus-Jünger eine echte zweite Kommunionspendung, die Jesus selbst vollzogen hat. Und im Augenblick der Kommunion konnten ihn die Jünger erkennen. So ist wohl auch der Evangelist Lukas zu verstehen, wenn er sagt: „Er nahm das Brot, segnete und brach es und gab es ihnen. Da wurden ihre Augen aufgetan .. " (Lk 24,30) und etwas später „.. . daß sie ihn beim Brotbrechen erkannt hätten" (24,35). Denn in der Zeit, in der Lukas sein Evangelium niederschrieb, hatte sich in der urchristlichen Gemeinde bereits der Ausdruck „Brotbrechen" als Bezeichnung für die Bereitung und Spendung des Heiligsten Altarsakramentes eingebürgert. Theres Neumann kommt im weiteren Gespräch nochmals darauf zurück und sagt: Das war doch genauso, wie wenn

man in der Kirche den Heiland erhält; und in dem Augenblick, als sie ihn in sich hatten, hat er sich „kenna loua" (erkennen lassen, zu erkennen gegeben). Das war schön; das hab ich den Männern gegönnt.
Die Vision geht weiter: Die Jünger sind von dem Erlebnis so sehr beeindruckt und freudig erregt, daß sie alsbald den Wirt rufen und mit ihm verhandeln. Der Ältere hat einen geschnürten Beutel umhängen; sie bezahlen, rollen ihre Mäntel auf und brechen sofort auf, um eilends nach Jerusalem zurückzuwandern. Alle Müdigkeit scheint vergessen. Therese sieht sie noch eine Zeitlang wandern, dann endet die Vision.

Jesus erscheint im Abendmahlsaal

Anschließende Vision: Nachdem die beiden Jünger lang dahingewandert, kommen sie in den großen Ort (Jerusalem) und zu dem Haus, in welchem sich die Apostel aufhalten (mit dem Abendmahlsaal). Diese hatten sich immer noch eingesperrt, weil sie, wie Therese sagt, meinten, sie würden gefangengenommen „wie der, der neulich in den Turm gesperrt wurde" (Josef von Arimathäa, nach der Grablegung, vgl. den Bericht über den Karsamstag). Die Jünger „krachen und krachen" (klopfen heftig) und geben sich durch Rufen zu erkennen. Da kommen Petrus und Johannes heraus und lassen sie ein. Sie sperren sofort wieder zu. Im Saal herrscht eine ernste, trübe Stimmung. Man hat gebetet und von Rollen abgelesen und wollte das, was einzelne berichtet hatten, nicht glauben. Da kommen nun diese zwei und erzählen voll Freude und Begeisterung ihre Erlebnisse. „Das ist doch das erste, daß man so etwas gleich erzählen will; deshalb sind sie ja gleich umgekehrt und auf dem Heimweg so gelaufen. Und jetzt – haben die anderen das nicht geglaubt. Schrecklich. Warum haben die das nicht geglaubt? Man muß doch einem Menschen glauben, wenn er etwas erzählt." Petrus war etwas verlegen. Warum wohl, fragt sie. Hat er selber noch nicht recht geglaubt, was er erlebt hatte? Die zwei erzählen voller Eifer und die anderen belächeln sie und glauben das wäre Einbildung. „Und während ich so sehe, wie sie miteinander hecheln, auf einmal ist der Heiland da! Mußt aufmerken, wie ich sage: auf einmal ist der Heiland da. Nicht, er ist gekommen: er ist da. Nicht auf dem Boden, etwas höher. Schel*a*m lach*o*n *a*na lat*e*ro (Friede sei mit euch, ich bin es)" vermag Therese als seine Begrüßungsworte – phonetisch aufgezeichnet – wiederzugeben. Welches Erstaunen! Welche Freude! Und immer noch Zweifel. Ist das nicht ein Gespenst? Sie wagen kaum ihn anzusprechen. Doch richten sie ihm ein „Kanapeerl" (Liegesitz) her und laden ihn ein, sich zu ihnen zu setzen. Er setzt sich wirklich nieder. Aber sie wollen immer noch nicht recht glauben, „sie haben gemeint, es ist etwas nicht richtig", und bringen ihm deshalb zu essen. Und der Heiland nimmt etwas davon und ißt, damit sie sehen, daß er essen kann. Nicht, daß er Hunger gehabt hätte. Dann redet er länger ernst mit ihnen. Auf einmal steht er auf, erhebt sich etwas vom Boden, sagt etwas, mächtig, „und dann hat er es so gemacht: h, h," – Therese haucht stark – „hat sie angehaucht, zum Himmel aufgeschaut, nochmals etwas gesagt, dann die Hände über alle gebreitet. Da ist etwas Mächtiges geschehen, das habe ich gespürt. (Einsetzung des Bußsakramentes. V) Hernach sagt er noch extra etwas zu ihnen, das hat nicht mehr dazugehört, das war nicht mehr so mächtig, ich hab es gespürt (vielleicht einen Abschiedsgruß. V) Und dann ist er verschwunden gewesen, nicht gegangen, er war einfach weg. Von den zwei anderen hab ich gesagt: sie sind fortgegangen, aber vom Heiland sage ich: er war weg. Das war schön, viel schöner als da, wie die zwei so traurig auf dem Weg gegangen sind und dann den Heiland so hergearbeitet (wörtlicher Ausdruck. V) haben. Auf etwas Hartes kommt etwas Schönes. So ist es immer." Pfarrer Naber frägt dann noch, wieviele Apostel im Saale waren, sie möge sich genau besinnen. Therese Neumann zählt auf ihre Weise „einer und noch einer und noch einer" usw. bis zehn, wobei man ihr ansieht, wie sie sich bemüht, die Gesehenen von Angesicht zu Angesicht zu erfassen. Der Pfarrer fordert sie nochmals auf, und sie zählt wieder bis zehn. Auf die Frage: Ja war nicht noch einer dabei, antwortet sie: Ich kann nicht mehr herausbringen. Pfarrer Naber frägt deswegen sehr nachdrücklich, weil in der Heiligen Schrift bei Lukas (24,33) steht: „Sie (die zurückkehrenden Emmaus-Jünger) fanden die Elf versammelt." Laut Johannes (20,24 ff.) fehlte aber bei dieser ersten Erscheinung im Abendmahlsaal noch Thomas. Auf eine Frage im erhobenen Ruhezustand erhielt Pfarrer Naber dann die Antwort, Abschreiber hätten die Bezeichnung die Elf hineingebracht. Vielleicht, das ist die Vermutung des Verfassers, war es später üblich geworden, das „Rumpfkabinett" der Apostel (nach Ausscheiden des Judas) bis zur Wahl des Matthias ohne Rücksicht auf augenblickliche Vollzähligkeit als „die Elf" anzusprechen.

Jesus erscheint der Mutter und Johannes

Überraschend und ergreifend wie die Erscheinung vor der Mutter am Ostersonntag, weil ebenfalls in keinem Evangelium darüber berichtet wird – ebensowenig wie über die am dritten Sonntag nach Ostern, von der wir noch hören werden – ist eine Vision in der Osterwoche: Therese sieht die Mutter Jesu mit Johannes in Jerusalem den Weg gehen, auf dem Jesus zur Kreuzigung schreiten mußte. Sie gehen ihn in trauriger Erinnerung nach und sprechen da und dort davon, was sich hier ereignet hat, beten also gewissermaßen den ersten Kreuzweg. „Mitleidsvollst küssen sie insbesondere dort, wo der Heiland das 3. Mal gefallen, den Boden" (N 2,58). Da erscheint ihnen plötzlich der Heiland, wieder im vollen Glanze der Auferstehung, blickt sie liebreich an und spricht zu ihnen. Große Freude spiegelt sich im Antlitz Mariens und bei Johannes – für den Beobachter im Antlitz Theresens, wie vorher die tiefe Mittrauer.

Jesus und Thomas

Quellen N 1,10; V

Diese zweite Erscheinung Jesu im Abendmahlsaal sah Therese Neumann jeweils am ersten Sonntag nach Ostern, für welchen Zeitpunkt sie auch Johannes in dem an diesem Tag verlesenen Evangelienausschnitt (20,24–29) berichtet „Acht Tage darauf waren seine Jünger wieder drinnen im Hause und Thomas war bei ihnen". Dieser hatte bei der ersten Erscheinung Jesu am Abend des Auferstehungstages gefehlt. Als er zurückgekommen war und ihm die Apostel von der Erscheinung Jesu erzählten, sagte er die berühmten Worte, die ihn in der Geschichte zum Zweifler stempelten und bei Therese Neumann im Zustand der Eingenommenheit ihm die Bezeichnung „der Netglaubnwollerer" (nicht glauben Wollende) eintrugen: „Wenn ich nicht an seinen Händen das Mal der Nägel sehe und nicht meinen Finger in das Mal der Nägel und meine Hand in seine Seite lege, glaube ich es nicht." Durch den in der Vision getreulich nacherlebten Bericht des Johannesevangeliums bekundet Jesus seine ständige Allgegenwart, auch wenn er nicht sichtbar ist, dadurch, daß er sofort nach dem Friedensgruß ohne weiteren Wortwechsel auf die in seiner – materiellen – Abwesenheit gefallene Äußerung des Thomas mit der Aufforderung eingeht, seine Wundmale zu berühren.

Inhalt der Vision: Therese befindet sich wiederum visionär im Abendmahlsaal, sieht elf Apostel, die sich immer noch eingeschlossen halten, und plötzlich steht der Heiland mitten unter ihnen. Wieder sagt sie „er war da, nicht, er ist gekommen". Wieder hört sie den Gruß „Schelam lachon" (Friede mit euch), worauf sich der Heiland sogleich an Thomas wendet. Seine Gesten, er zeigt mit einer Hand auf die andere und dann auf seine Herzwunde, lassen den Sinn seiner Worte erschließen. Thomas fällt daraufhin auf die Knie und spricht mit einem um Verzeihung bittenden Blick ein paar Worte („Mein Herr und mein Gott"), worauf der Heiland nochmals ernst zu ihm redet. Damit endet die Vision.

Jesus erscheint gleichzeitig an zwei Orten

Vision am 3. Sonntag nach Ostern

Quelle N 1,11, aufgezeichnet am 29. April 1928

Der Inhalt dieser Vision ist nicht in den Evangelien verzeichnet. Wohl führt Paulus im ersten Korintherbrief (15,5–8) noch einige Erscheinungen Jesu, darunter eine vor „mehr als 500 Brüdern", nach der Auferstehung an, die nicht in den Evangelien berichtet sind; aber die in dieser Vision von Theres Neumann geschauten Erscheinungen befinden sich auch unter den von Paulus angeführten nicht. Sie nehmen vielleicht deswegen unser Interesse besonders in Anspruch, weil der Heiland darin ungefähr gleichzeitig an zwei verschiedenen Orten erscheint. Therese sieht folgendes (Aufzeichnung von Pfarrer Naber): Am dritten Sonntag nach Ostern abends gegen 9 Uhr erscheint der auferstandene Heiland wiederum im Abendmahlsaal, wo zehn Apostel (Johannes fehlt) und gegen vierzig Jünger zu Tische sitzen und Fische und Honigkuchen essen; auch der Heiland tut wiederum mit.

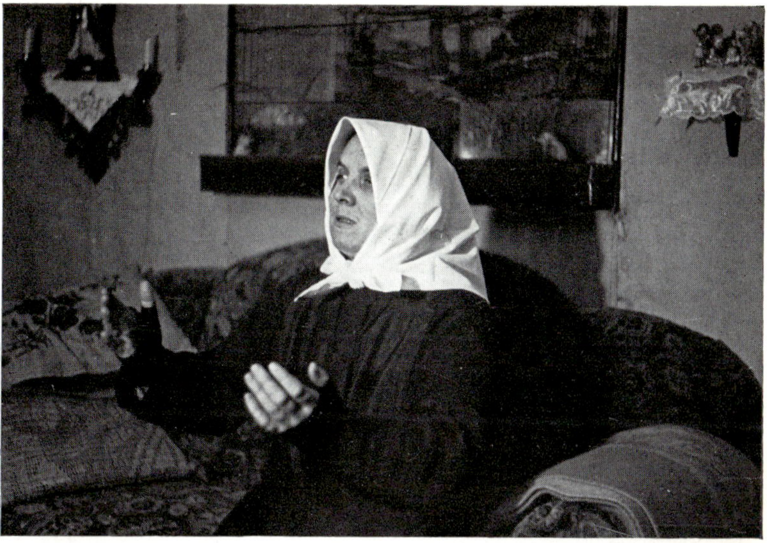

Szenen aus der Pfingstvision. Oben: Aufmerksames Hinhören auf die in deutscher Sprache vernommene Predigt (Wiederholung des Pfingstwunders!) des hl. Petrus. – Unten: Freude an der großen Schar der Getauften

Aufnahmen in ihrer Stube in Konnersreuth 1934

Auf dem Totenbett

18. bis 22. September 1962

Die Schauung geht über in folgende: Der Heiland erscheint seiner Mutter, dem Johannes, der Magdalena, der anderen Maria und der Salome an dem Stadttor, bei welchem Jesus die weinenden Frauen angeredet hatte. Nach der Erscheinung eilen die Genannten zum Abendmahlsaal und alle erzählen sich gegenseitig freudig erregt das soeben Vorgefallene. Diese Erscheinungen fanden ungefähr am 20. Tage nach der Auferstehung statt.

Erscheinungen am See Tiberias und auf dem Berg in Galiläa

Nach den in der zuletzt berichteten Vision erfolgten Erscheinungen müssen wohl die Apostel, den bei der Auferstehung gegebenen Weisungen folgend, – allerdings nur für kurze Zeit, denn am 40. Tag nach der Auferstehung, bei der Himmelfahrt Jesu, sind sie wieder in Jerusalem – nach Galiläa gegangen sein. Denn es fanden die von Johannes (21,1 ff.) und Matthäus (28,16 ff.) berichteten Erscheinungen statt.

Theres Neumann sieht beide Begebenheiten an den Tagen, an welchen die betreffenden Evangelienabschnitte verlesen werden, die von Tiberias also am Mittwoch und die auf dem Berg am Freitag nach Ostern.

Tiberias: Sieben Männer („Der Waschlschneider – Petrus –, der Netglaubnwollerer – Thomas –, der Lange – Bartholomäus, auch Nathanael genannt –, der gung Mo – Johannes – und no oaner und no oaner und no oaner") fischen und fangen nichts. Sie finden einen Mann am Ufer, den sie nicht kennen – auch Therese kennt ihn nicht –, leisten aber, wohl in einer gewissen Ahnung, doch seiner Aufforderung, nochmals hinauszurudern, Folge und fangen eine Menge Fische. Sie erkennen dann Jesus, der ihnen Brot und gebratenen Fisch reicht. Therese sieht über den verlesenen Abschnitt des Evangeliums hinaus, wie Jesus dreimal Petrus etwas frägt und dieser ihm antwortet. (Die dreimalige Frage „Liebst Du mich", worauf Petrus das oberste Hirtenamt mit den Worten „Weide meine Schafe" übertragen wird und ihm anschließend sein Tod angedeutet wird). N 1,8; 2,60.

Berg in Galiläa: Theres sieht die elf Apostel auf einem Berg („in Galiläa, wohin sie Jesus beschieden hatte" Mt 28,16). Der Heiland ist plötzlich da, die Apostel fallen freudestrahlend und mit vorgestreckten Armen, wie anbetend, auf die Knie. Ein paar von ihnen zögern und schauen etwas mißtrauisch drein, bis der Heiland mit dem Friedensgruß in ihre Mitte tritt. Er spricht mächtig zu ihnen und breitet über sie die Hände aus („Mir ist alle Gewalt gegeben im Himmel und auf Erden. Geht darum hin und machet alle Völker zu Jüngern, indem ihr sie tauft auf den Namen des Vaters und des Sohnes und des Heiligen Geistes, und indem ihr sie lehrt, alles zu halten, was ich euch aufgetragen habe. Seht ich bin mit euch alle Tage bis an das Ende der Welt" Mt 28,18–20).

Ende der Ostervisionen

Christi Himmelfahrt

Quellen: N 1,14; 2,63 – G 1,248 – W 2,34 – Kaspar a. a. O. S. 104 – TB – V

„Am schönsten war es, wie der Heiland von seiner Mutter Abschied genommen hat. Mit ihr hat er ganz zuletzt gesprochen" so beginnt die verweinte Therese Neumann die Erzählung dieser Vision, nachdem sie aus dem visionären in den eingenommenen Zustand gekommen ist. Mit Mühe und auf Umwegen bringt man sie dazu, der Reihe nach zu erzählen. (Der Inhalt ist hier in hochdeutscher Sprache mit dialektischen Einschaltungen gekürzt wiedergegeben. V) Namentlich ihr Bruder Ferdinand, der die Tonaufnahme machen will, dringt sehr in sie mit Einzelfragen, und sie wehrt sich und nennt ihn neugierig. Pfarrer Naber sagt beruhigend „Resl, das ist doch nicht Neugier, sondern Interesse". Resl, in der Richtung zur Stimme ihres Bruders hin sprechend, weil er immer wieder zur Reihenfolge mahnt und sich den Sprüngen widersetzt, sagt: „Du bist so begriffstützig, du bräuchtest den Lichterer (Erleuchter, im eingenommenen Zustand ihr Ausdruck für den Heiligen Geist)." Ferdinand: „Ja, das wär gut."

Erste Vision: Sehr früh am Morgen, gegen 4 Uhr, befinden sich die Apostel und die Mutter Jesu in dem großen Haus, in welchem das Abendmahl gehalten worden war. Auch andere Männer und Frauen sind in dem Hause anwesend, aber in anderen Räumen. Man ist beim Frühmahl, es brennen noch die Schnabellämpchen. Plötzlich ist der Heiland bei verschlossenen Türen unter ihnen. Sie erschrecken zunächst. Er sagt (phonetische Aufzeichnung lt. TB): Sal*e*m cho(n) *a*na lat*e*ro (oder lat*e*ru). Man richtet ihm einen Polsterliegesitz zurecht und stellt ihm etwas zu essen hin, wovon er ein wenig zu sich nimmt. Er spricht dann noch länger mit ihnen (vielleicht neben den Weisungen und Verheißungen, die er ihnen noch gibt – vgl. Apg 1 –, auch davon, daß er sie nun endgültig in seiner menschlichen Gestalt verlassen werde, weil die Apostel anscheinend noch eine Reihe von Personen verständigen lassen, die sich hernach dem Gang anschließen. Vermutung des Verfassers.)

Zweite Vision: Therese sieht den Heiland mit allen aus dem Hause und anderen noch Hinzugekommenen dahingehen, über den Bach, dann weiter in der Richtung zum Hause des Lazarus (also gegen Bethanien zu). „Aber nur in die Richtung, nicht zum Hause selber." Nach einer

Weile biegt man nach links ab, hinauf auf den Berg. Der Heiland hat einen strahlend weißen Rock an. Alle gehen barfuß. Auch der Heiland geht, er schwebt nicht, und er redet mit allen.

Dritte Vision: Oben auf dem Berge spricht der Heiland zuerst nochmals zu allen, dann zu den Aposteln und zuletzt zu seiner Mutter, die er besonders liebevoll noch anblickt. Dann hebt er die Hände halb nach oben und schwebt nach rückwärts gegen Osten zu in die Höhe. „Hinter seinem Rücken ist gerade die Sonne aufgegangen. Das war ein schönes Bild: Die Wunden haben geleuchtet und seine Kleider haben schneeig geglitzert. Auch die Herzwunde sah man durch das Kleid hindurch leuchten. Und dahinter die Sonne rot und feurig, ach war das schön. Und dann hat er auch mich noch gut angeschaut. Ganz langsam ist er hinaufgeschwebt und hat dabei seine Hände dann herunterwärts gehalten. Dann ist eine schöne weiße Wolke gekommen, und dann habe ich nichts mehr gesehen." Resl, die schon während der Vision geweint hatte, weint auch wieder beim Erzählen. „Plötzlich waren dann zwei lichte Männer (Engel) da und haben zu allen etwas Freundliches gesagt. Und dann waren sie wieder weg."
Anschließend sieht Therese noch die Verehrung der Spuren: Der Apostel Johannes schaut liebevoll auf die Stelle des Bodens, von welcher der Heiland emporgeschwebt ist. Es fällt ihm auf dem Stein etwas auf und er macht die anderen darauf aufmerksam: Die Fußspuren des Heilands haben sich in den Stein eingeprägt. Auf eine Zwischenfrage, ob es denn nicht Magdalena gewesen sei, die diese Spur zuerst bemerkt hat, antwortet Therese klar, es sei der „gung Mô", also Johannes, gewesen. „Dann ist die Mutter hin und das Moidl, und dann alle anderen und sie haben die Spur geküßt. Der eine Fuß war mehr ausgedrückt als der andere."

Im weiteren Gespräch kommt man dann nochmals auf den Abschied zu sprechen, und Therese wiederholt, der Heiland habe zuerst „zu allen geredet, dann zu denen, die immer um ihn waren (Apostel) und zuletzt zu der Mutter. Die Mutter hat dann geweint" (bei diesem Anblick sind auch Therese während der Vision Tränen in die Augen getreten). Sie jammert „Ach, wenn doch der Heiland dablieben wär, was hat man denn von dem Loch!" (dem Abdruck im Felsen; Auffassung im kindlichen Zustand der Eingenommenheit.)
Sie hat unter den Anwesenden neben der Mutter und der sie begleitenden Magdalena, neben den Aposteln und einigen Jüngern auch eine ganze Reihe von ihr bereits bekannten Personen bemerkt. Vor allem erwähnt sie, weil ihr das ganz neu ist, „die Frau, die dem Heiland helfen wollte und ihrem Mann etwas Funkelndes geschickt hat (die Frau des Pilatus, vgl. Passionsvisionen); auch der Lebendigworer (Lazarus) und der, der den Heiland einigstochn hat (Longinus) waren dabei und die drei, die ihn zusammengewickelt haben". Mit dem nochmaligen Hinweis auf das herrliche Bild: der verklärte Heiland vor der aufgehenden Sonne endet die Beschreibung der Himmelfahrtsvisionen (vgl. Mk 16,19/20; Lk 24,49-53; Apg 1, 4-14).

DAS PFINGSTFEST

Quellen: N 1,15 – G 1,248 – W 2,35 – Mayr – TB

Die erste Aufzeichnung über die Pfingstvisionen bringt kurz Gerlich aus dem Jahre 1927. Sie sind in der längeren Niederschrift von Pfarrer Naber aus dem Jahre 1928 ebenso voll aufgegangen wie die – pastoral ausgedeuteten – Berichte von Witt. Pfarrer Naber, der sich jeden Kommentars enthält, notiert unter dem 27. Mai 1928: „27. Mai (Pfingstsonntag). Um ungefähr ½9 Uhr sieht Theres die zwölf Apostel (Matthias erkennt sie sofort als neu hinzugekommenen) mit Maria und einer größeren Anzahl anderer im Abendmahlsaale versammelt und beten. Plötzlich erhebt sich ein gewaltiges Sturmesbrausen, eine große Feuerzunge erscheint oben an der Decke des Saales, die sich dann in dreizehn kleinere Zungen auflöst, die sich über die Häupter Mariens und der Apostel verteilen. Dann hört Theres die Apostel in verschiedenen Sprachen reden und schließlich Petrus draußen vor dem Saale an die Zusammengekommenen in deutscher Sprache eine kraftvolle Predigt halten. Hernach sieht sie draußen vor der Stadt an einem ummauerten Teich taufen und die Hand auflegen. Um ½11, 12 und ½2 Uhr sieht sie immer noch taufen. Um 3 Uhr sieht sie das Taufen sich dem Ende zuneigen und Petrus und Johannes zum Tempel gehen. Sie schaut, wie der Lahmgeborene an der schönen Tempelpforte geheilt wird, wie er dann mit den beiden Aposteln im Tempel jubelt, während die Feinde der Sache Christi ergrimmen und die zwei Apostel schließlich fesseln und ins Gefängnis bringen lassen. Der geheilte Lahmgeborene bringt die ganze Nacht vor dem Gefängnisse zu. Zweimal während der Nacht darf Theres die Apostel im Gefängnis sehen. Sie beten."

In dem etwa 25 Jahre später aufgenommenen Tonbandbe-

richt kommen noch viele interessante Einzelheiten heraus, die der folgende Auszug gekürzt wiedergibt. Es sind am Abend des Pfingstsonntags zur letzten Vision des Tages mehrere Personen um Therese Neumann versammelt, denen sie auf Befragen den Inhalt der verschiedenen Pfingstvisionen erzählt. Sie beginnt:
„Das ist jetzt nicht schön ausgangen, und war so schön angangen" – sie sah zum Schluß die Gefangennahme von Petrus und Johannes –, „wie in der Früh Licht und Feuer gekommen ist in diesem Haus und wie die von da drinnen so mutig geredet haben, und dann den ganzen Tag getauft, und jetzt hat man zwei eingesperrt."
Wir wollen aber nun die Ereignisse des Tages, die Therese in mehreren Visionen – nach ihrer Zählweise sind es sechs – gesehen hat, in der Reihenfolge des Ablaufes ordnen und in der Ausdrucksweise der Therese, jedoch nicht dialektisch, wiedergeben. Manche Ergänzungen zu einer Beschreibung sind durch Zwischenfragen der Zuhörer bedingt.
Am Morgen gegen ½9 Uhr sieht Therese die Mutter Jesu und zwölf Apostel – einen davon hat sie bisher nur unter den Jüngern gesehen, es ist der neugewählte Apostel Matthias – in einem Raum des Abendmahlhauses. Auch noch andere Frauen sind da, aber in einem anderen Raum. Auch Jünger sind im Hause. Bei den Aposteln aber ist nur die Mutter. Alle haben gebetet. Da kommt plötzlich mit einem fürchterlich brausenden Sturm und donnerähnlichem Getöse helles Licht und Feuer von oben in den Raum, in dem die Apostel mit der Mutter sich aufhalten. Das Feuer verteilt sich in dreizehn Flammen, die über den Häuptern lebendig brennen, aber nichts anbrennen. „Aus dem großen Feuer in der Mitte sind kleinere geworden, die man in länglichen, nach oben flackernden Flammen (Feuerzungen) eine Zeitlang über den Köpfen hat brennen sehen. Sturm und Feuer waren eins." Die

Apostel sehen gegenseitig die Flammen über ihren Häuptern, aber sie schauen nicht erschrocken aus, nicht mehr furchtsam, nicht mehr traurig, sondern voller Mut und Tatkraft.
Da das Sturmesbrausen in der ganzen Stadt hörbar ist, sich aber nur um dieses Haus abspielt, strömen sehr viele Menschen zusammen. Therese frägt, ob es wohl ein Festtag ist, weil sie so viele fremdaussehende und fremdgekleidete Menschen in der Schar sieht. Pfarrer Naber bestätigt es ihr (das achttägige Pfingstfest, fünfzig Tage nach dem Passahfest, war auch im alten Testament ein Hochfest, das Erntedankfest und zugleich Gedächtnisfest der Gesetzgebung auf dem Sinai). Petrus ging dann, als die Leute immer mehr wurden, hinaus „denn sonst wären die Leute hereingekommen" und redete die Versammelten mit mächtiger Stimme an. Therese hört seine Worte in deutscher Sprache, – das Sprachwunder des Pfingstfestes „ein jeder hörte sie in seiner Muttersprache", das sich hier nach 2.000 Jahren wiederholt –, die hier exakt nach dem Tonband wiedergegeben sind. Es ist allerdings zu bedenken, daß sie von Therese Neumann nicht etwa beim Anhören, sondern erst hernach im Zustand des Eingenommenseins aus dem Gedächtnis nachgesprochen sind, so daß Gedächtnislücken oder auch Wortveränderungen nicht auszuschließen sind. Sie gibt die Petrus-Rede, wie folgt, in hochdeutsch wieder, während ihre Zwischenbemerkungen im Dialekt kommen.
„Ihr Männer von Juda, alle Bewohner von Jerusalem, vernehmet diese Worte. Wir sind nicht betrunken, es ist erst die dritte Stunde. Es geht das Wort Joëls in Erfüllung ‚in den letzten Tagen spricht Gott, will ich ausgießen meinen Geist über alles Fleisch, euere Kinder werden weissagen, sie werden Gesichte sehen, die Alten werden Traumerscheinungen haben, selbst über meine Knechte und Mägde gieße ich in jenen Tagen meinen Geist und sie werden

weissagen.' Dann hat er ausgsetzt. Dann hat er wieder angfangt. ‚Ich werde im Himmel oben und unten auf der Erde Zeichen und Wunder tun, die Sonne wird sich in Finsternis wandeln und der Mond in Blut, bevor der erhabene und große Tag kommt. Aber alle, die meinen Namen anrufen, werden gerettet.' Wieder ausgsetzt. Denn da haben die Leute geredet und waren aufgeregt. Er hat sehr laut gesprochen. Ein paar Mal hat er die Haare, die ihm der noch stark wehende Wind ins Gesicht trieben hat, zurückstreifen müssen. Wieder angfangt: Ihr Männer von Israel, Gott gibt Zeugnis für Jesus von Nazareth durch die vielen Machterweise, Zeichen und Wunder, die er unter uns getan. Nach Gottes Ratschluß und Vorsehung wurde er zwar ausgeliefert – jetzt kimmt was, was er machtig gsagt hat, – und ihr habt ihn durch die Hände der Gottlosen gepeinigt, ans Kreuz geschlagen und getötet. Da ham sich einige druckt, wie er das gsagt hat. Gott aber weckte ihn zum Leben. Der Tod konnte ihn nicht in seiner Macht halten. Schon David sagt von ihm ‚Den Herrn habe ich immerfort vor meinen Augen, er steht zu meiner Rechten, daß ich nicht wanke.' So hat er gredt, ich versteh fei net, was das alles bedeutet. Ich hab mir da auch nicht alles mirkn (merken) können. Meine Brüder, hat er dann wieder gsagt, laßt mich offen und frei von unserem Erzvater David reden. Er ist gestorben und seine Hülle befindet sich unter uns bis auf den heutigen Tag. Sein prophetischer Geist und die bewußte Verheißung, die Gott ihm mit einem Eide gegeben, daß er einen seiner Nachkommen auf seinen Thron erhebe, ließen ihn schauen die Auferstehung Jesu. Dieser ist's, der nicht im Tode bleiben, noch sein Geist die Verwesung schauen sollte. Dann hat er wieder gewartet und machtig weitergsprochen: Nachdem er erhöht worden ist und Gott ihm den verheißenen Geist gab, hat er diesen wieder ausgegossen, wie ihr seht und hört. Und wir sind Zeugen,

daß Gott den von euch gekreuzigten Jesus von Nazareth zum Herrn und Messias gemacht hat. Da war zwischenhinein noch was und auch zum Ende noch was, das weiß ich nimmer genau. Dann hat er wieder gesagt: Ein jeder lasse sich taufen und so die Gabe des Heiligen Geistes empfangen. Dann hat er noch eine Weile geredet, aber so, daß ich das nicht habe verstehen und auch nicht begreifen können. (Nicht mehr in deutscher Sprache hörbar.) Damit endet die Wiedergabe der Petrus-Rede.
Dann sind sie hinuntergegangen, Petrus, und alle anderen mit ihm. Da hat der, der gesagt hatte gan*a*pa mag*e*ra (einer der Apostel, der Judas bei der Gefangennahme zugerufen hatte: „Lump, Verräter") etwas Flüssiges gehabt und so was weißes wie Salz, aber nicht locker, sondern „zusammenpappt" (wohl Salzstein). Unten hat er die Hände über den Teich gehalten und hat das Wässerige hineingeschüttet und den weißen Brocken hineingeworfen. Zwischenfrage: War der Teich weit weg? Antwort: Nicht weit, man geht hinunter über den Berg, auf dem das Haus ist, dann ein Stück seitlich, dann unten hinaus und da ist der Teich so gemacht, daß man einsteigen kann, mit Staffeln, ähnlich der Stelle, wo der Heiland getauft worden ist, da waren auch solche Stufen. Und als der andere das Wasser und das weiße in den Teich getan hatte und die Hände darüber ausgebreitet, hat Petrus angefangen, da habe ich aber gar nichts mehr verstehen können. Auf der einen Seite des Teiches und auf der anderen Seite sind große Hallen. Und was ist in diesen Hallen: „Lauter weiße Monturen (Gewänder) mit schwarzen Bandln um den Hals, an den Ärmeln, und unten herum. So wie Hemden. Weiß, eigentlich wollgelb, und schwarz eingesäumt." Alle, die getauft waren, haben ein solches Kleid bekommen. So ging es lange Zeit dahin. Da hat man genau gekannt, wer getauft ist und wer noch nicht. Die Getauften sind dann mit diesen Gewändern

herumgelaufen. Zwischenfrage: Wer hat die Kleider verteilt? Antwort: Die, die nicht alleweil beim Heiland waren (Jünger). Die anderen, über die das Feuer gekommen ist, die sind nicht getauft worden, die haben getauft. Nicht nur Petrus, sondern alle, die das Feuer „kre-igt ham" (bekommen haben). Die Jünger wurden als erste getauft. Schalen waren schon da, die Leute wurden dann eingetaucht und dabei noch Wasser über sie hinuntergeschüttet. Um Mittag, da war es sehr heiß, hat Petrus wieder gesprochen, aber in seiner Sprache. Er war immer beim Teich und sie haben alle immer getauft. Zwischenfrage: Hast du welche gekannt? Antwort: Ja, viele. Den Lebendigworer (Lazarus) und die aus seinem Haus, die lange Schwarze (Martha), das Moidl vom Grab (Magdalena) und no oine, die war so sonderbar, net dumm aber a bißl eigen und no oiner, der 'n so gholfen hat (Hausverwalter oder Diener). Auch die, die dem Heiland auf dem Weg das Tuch gereicht hat (Veronika) mit zwei Madln und das Weib, das dem Heiland in der Nacht hat helfen wollen, die dem etwas Funkelndes geschickt hat (Pilatus-Frau), die auch schon bei der Himmelfahrt dabei war. Dann den, der vom Pferd gesprungen ist und gerufen hat amen, amen und noch was dazu („Wahrlich, wahrlich, hier stirbt Gottes Sohn", der Hauptmann, der das römische Kommando befehligte) und den, der dem Heiland die Seite durchstochen hat (Longinus) und Soldaten von denen, die Ordnung gehalten haben, viele. Groß und klein wurden getauft, auch Kinder waren dabei. Zwischenfrage: Woher hatten denn die die vielen weißen Kleider? Antwort: Das weiß ich nicht, die sind da in den Hallen gewesen, die waren nicht neu. Vorher einmal hatten die Leute bei einem Fest auch diese weißen Kleider angelegt. Vormittag und auch am Nachmittag hat es keinen Widerspruch gegen die Taufen gegeben. Wohl aber gegen Abend. Petrus und Johannes waren am Nachmittag, während die anderen Apostel weitertauften, zum Tempel hinaufgegangen. Da gehen runde (wohl in einem Kreissegment angeordnete Stufen. V) Treppen hinauf. Und da ist ein schönes Tor mit funkelnden Platten, herrlich! Da sitzen Leute zum Betteln. Da war einer dabei, der hat sich nicht helfen können. Der hat auch gebettelt und ein „besonders Gscheitseinwöllerer" hat ihm in die Betteltasche gespuckt. Als Petrus und Johannes vorbeigehen, sagt Petrus etwas zu ihm. Er hat geschaut, dann hat Petrus zum Himmel aufgeblickt, gebetet, und auf einmal hat der Kraft bekommen und ist aufgesprungen. Alles hat gestaunt und der hat seinen Hut, oder was es war, mit allem Geld „hingeschmissen" und sich um nichts mehr gekümmert, sondern ist mit Petrus in den Tempel gegangen. Gerade hinein, dann durch die vielen hohen Säulen durch und in einen schönen langen Gang mit einer schönen holzgeschnitzten Decke. Da waren viele mit den weißen Röcken und schwarzen Bandln, die heute getauft worden waren. Und andere standen an den Säulen, auch mit den weißen Gewändern, die sind dann mit Petrus gelaufen. Es hat dann Johannes etwas gesprochen, aber in der Hauptsache hat Petrus geredet, mächtig. Aber in der heimischen Sprache, ich habe das nicht verstanden. Die Pharisäer und Schriftgelehrten haben eine Wut bekommen, weil die Leute alle auf Seiten der Apostel waren. Dann sind sie gegangen und mit anderen (Tempelhütern?) wiedergekommen und haben die Apostel gebunden fortgeführt, schrecklich! Dann hat der Kittelschneider (Kaiphas) etwas angeschafft und sie einsperren lassen. Auf Zwischenfrage: Nicht einzeln sondern zusammen in einer Zelle, sie konnten schon reden miteinander. Sie haben sich nicht gefürchtet. Der Geheilte hat im Tempel fest zu ihnen gehalten, und ich hab ihn dann vor ihrem Kerker gesehen.

Inzwischen waren die anderen Apostel noch am Teich

und tauften. Da kamen dann auch solche, die widersprochen haben. Aber da draußen hatten diese Leute, die sonst im Tempel Ordnung halten, kein Recht. Nur drinnen durften sie Petrus und Johannes festnehmen. Therese bedauert nun nochmals, daß der schöne Tag so ungut hinausgegangen ist und frägt: „Was wird wohl mit ihnen geschehen, die lassen sie nimmer heraus." Man tröstet sie und sagt es sei doch „der Lichterer" bei ihnen, der werde ihnen schon helfen.

In der Folge stellt nun Resl, zurückkommend auf die Petrus-Predigt, einige Fragen: „Wer ist Joël?" Man antwortet ihr: Ein Prophet aus dem Alten Testament. „Und was heißt Erzvater David?" Antwort: Das ist der König David. „Warum Erzvater? Laßt mich offen und frei vom Erzvater David reden, was das ist? Und was ist: Seine Hülle befindet sich bei uns bis auf den heutigen Tag?" Antwort: Sein Leib oder seine Gebeine, so wie wir Reliquien haben. „Aha, und was ist es mit seinem prophetischen Geist und seiner Verheißung, die Gott ihm eidlich gegeben?" Antwort (Kurat Söllner): Der hat schon vom Heiland vorausgesehen, Jahrhunderte voraus, daß ihm der Tod nichts anhaben kann.

Die Diskussion geht dann nochmals um die weißen Gewänder und Resl bemerkt dazu, sie habe schon viele zur Taufe gebracht und werde nun in Zukunft auch „schwarze Bandln um die weißen Taufkleider nähen lassen" (ich habe aber nie gehört, daß sie das getan hätte, in den vielen Fällen, in denen sie aus ihrem großen Familienkreis heraus ebenso wie von Konvertiten als Taufpatin erbeten wurde. V) Auch geht das Gespräch noch um das Gebet der Apostel vor dem Pfingstfest. Als man darauf zu reden kommt, daß es neun Tage zwischen Himmelfahrt und Pfingstsonntag sind und daß diese neun Vorbereitungstage wohl der Ursprung der Novenengebete seien, erzählt Therese, daß sie eigentlich ständig solche neuntägige Andachten verrichte, immer eine anschließend an die andere, manchmal auch zwei ineinanderlaufend, wenn es die Festtage gerade ergäben. Zur Zeit habe sie eine besonders „zum Lichterer" (zum heiligen Geist) angefangen.

Ende der Visionen des Pfingstsonntags

Pfingstmontag

Quelle: N 1,17

28. Mai 1928. Um 6 Uhr früh sieht Theres Petrus und Johannes und den geheilten Lahmgeborenen vor dem Hohen Rate. Die Verhandlung endet mit der Freilassung der beiden Apostel, die, eine Strecke weit von dem Lahmgeborenen gefolgt, nach dem Abendmahlsaale gehen, wo sie von den anderen zehn Aposteln freudig begrüßt werden. Dann wird gebetet, wobei wieder Sturmesbrausen vernehmbar ist, hernach wird das hl. Abendmahl gefeiert wie am Gründonnerstag, nur daß jetzt Petrus an der Stelle des Heilands ist und die Apostel viel verständiger und andächtiger sind. Zuletzt wird noch eine gewöhnliche Mahlzeit gehalten.

Pfingstdienstag

Quelle: N 1,17; 2,74

29. Mai 1928. Um ungefähr ½9 Uhr morgens sieht Theres das in der Epistel vom Pfingstmontag Berichtete: Petrus ist in einem heidnischen Haus (beim Hauptmann Cornelius, der ihn zu sich gebeten hatte) und spricht zu den Hausangehörigen und Eingeladenen. Auch seine sechs Begleiter sind dabei. Während er noch spricht, merkt er, daß alle vom hl. Geiste erfüllt sind, die Heiden genauso, wie seine jüdischen Begleiter. Und er läßt deshalb auf

deren Wunsch die ganze Familie des Gastgebers und die von ihm eingeladenen Freunde taufen. (Zum näheren Verständnis lese man nach Apg Kapitel 10. V)
Unter dem Pfingstdienstag, den 26. Mai 1931 berichtet Pfarrer Naber als Vision, Petrus und Johannes seien nach Samaria gegangen. (Die Samaritaner waren durch Philippus bereits getauft.) Petrus und Johannes legen den Getauften die Hände auf, und es kommt der hl. Geist auf sie herab. Simon Magus bietet ihnen Geld an (er will die priesterliche Gewalt kaufen), wird aber von Petrus scharf abgewiesen (vgl. Apg 8,5-25; ein Ausschnitt davon bildete die Epistel des Pfingstdienstag).

Fest der Heiligsten Dreifaltigkeit

(1. So. n. Pfingsten)

Quelle N 2,75

31. Mai 1931. Theres sieht das Festtagsevangelium (das zum Teil dasselbe wie am Freitag nach Ostern und dort beschrieben ist – Mt 28,18-20 – V): Jesus erscheint den Aposteln auf dem Berg in Galiläa und gibt ihnen den Missions- und den Taufauftrag „Im Namen des Vaters und des Sohnes und des Heiligen Geistes".

Fronleichnamsfest

Quellen: N 1,18; 2,75

Einträge von Pfarrer Naber:
Am Fronleichnamsfest, dem 7. Juni 1928, früh 6 Uhr, schaut Theres die Einsetzung des hlst. Altarsakramentes mit der vorausgehenden Fußwaschung und dem nachfolgenden hohepriesterlichen Gebet des Heilands.
Im Hochamt sieht sie den Heiland bei der Wandlung aus einer Schar in lichten Wolken ihn umschwebender, sin-

gender Engel auf die Erde herabkommen und bis zur Kommunion vor ihren Augen bleiben.

Theres Neumann hatte schon eine neuntägige Andacht und steht heute in der Mitte einer zweiten solchen um die Gnade, eine richtige Kniebeugung vor dem Allerheiligsten machen zu können; der Fußwunden wegen hatte sie das nämlich nicht gekonnt. Heute kann sie nun wieder eine Kniebeugung bis zum Boden machen.

Fronleichnam, 4. Mai 1931: Theres schaut die Fußwaschung und Einsetzung des hlst. Altarsakramentes. Sie hebt hervor, wie der Heiland zu Judas bei der Fußwaschung so liebevoll gesprochen.

Der Diözesanbischof Dr. Rudolf Graber am Grabe zwischen G. R. Naber und seinem Nachfolger Pfarrer Schuhmann

Von Jahr zu Jahr mehren sich die Dank-Votivtafeln am Grabesrand

Ehrung durch die Heimat:
Der Marktplatz von Konnersreuth wurde Therese-Neumann-Platz benannt und darauf ein Theresienbrunnen (Hl. Theresia von Lisieux) errichtet

ASSUMPTA

MARIAE HIMMELFAHRT (15. August)

Quellen: N 1,35; G 1,262; W 2,40; TB; V

Vorbemerkung: Die nachstehenden Aufzeichnungen gehen auf Beobachtungen und Befragungen der Theres Neumann durch den Verfasser in ihrem Zimmer im Elternhaus zu Konnersreuth zwischen und nach den Visionen am 15. August 1947 zurück. Die Aufzeichnungen wurden im September 1950 Pfarrer Naber und Therese Neumann vorgelesen und von beiden in manchen Punkten ergänzt und berichtigt. Die Darstellung gründet sich, namentlich im Vorbericht, auch auf andere Visionen zu anderen Festen des Kirchenjahres und auf Aussagen im erhobenen Ruhezustand und zieht auch die Aufzeichnungen lt. Quellenangaben heran. Die von vornherein unwahrscheinliche Angabe von Witt, zwei Engel hätten die Grabtüre geöffnet, Maria herausgeführt und dann das Grab offen stehenlassen, wird durch alle anderen Quellen und durch eigenes Befragen der Therese Neumann durch den Verfasser widerlegt. Wie sollte auch ein verklärter Leib noch durch materielle Schranken behindert sein, wenn sogar ein nicht verklärter wie der des Petrus durch Berührung eines Engels von Ketten befreit und durch verschlossene Tore geführt werden kann, ohne daß eine mehrfache Doppelwache etwas davon bemerkt (Apg 12,1-19)!
Ausdrücklich sei darauf hingewiesen, daß die Visionen des 15. August nicht etwa erst mit der Bekanntgabe des Dogmas „Maria, leiblich in den Himmel aufgenommen", welche 1950 erfolgte, auftraten, sondern schon bei Beginn der historischen Visionen der Therese Neumann mehr als 20 Jahre vorher.

Maria, die Mutter Jesu, hatte nach der Himmelfahrt Jesu Christi einige Jahre mit Johannes in Jerusalem verbracht, der dort und in der Umgebung wirkte. Dann zogen sie miteinander nach Ephesus. Nach weiteren Jahren, in denen sich dort die Urkirche ausbreitete, erhielten sie ein schönes Haus, einige hundert Meter südwestlich der Stadt, geschenkt, das sie fortan während einer Reihe von Jahren bewohnten.*

Maria empfängt nun eine Offenbarung, daß sie nicht mehr lange leben werde, und spricht deshalb den Wunsch nach einer Reise nach Jerusalem aus, um dort nochmals die Wirkens- und Leidensstätten Jesu zu sehen und zu verehren. Johannes geht mit Freuden auf diesen Wunsch ein und begleitet sie auf die Reise. In Jerusalem treffen sie überraschend auch die anderen Apostel an. Sie waren alle dort zusammengekommen.

Vielleicht hatten sie sich, doch das ist nur Vermutung, nicht Vision, soweit sie in und um Jerusalem wirkten, durch Botschaften zu dem Apostel-Konzil, das etwa im Jahre 49 oder 50 stattfand, zusammenbestellt, vielleicht auch waren die in weiter entfernten Gegenden Wirkenden

* Diese Darstellung widerspricht wohl der vom hl. Epiphanias (gestorben 403) ausgesprochenen und seit dieser Zeit in der kirchlichen Tradition feststellbaren Meinung, Maria hätte Palästina nach dem Tode Jesu nie verlassen. Aber warum sollte sie sich, die doch durch ihren sterbenden Sohn dem hl. Johannes als Mutter gegeben worden war und von diesem mit größter Verehrung und innigem Dank als solche angenommen wurde, wieder von ihm getrennt haben? Und warum man den Aufenthalt des hl. Johannes in Ephesus erst auf die Zeit nach dem Tode Mariens verlegen sollte, ist nach bisheriger Quellenforschung wohl kaum zu beweisen. Jedenfalls ist es unsere Chronistenpflicht, die Visionen der Therese Neumann, so wie sie sich durch Beobachtung und Befragung darstellen, genau aufzuzeichnen und sie dann theologischer Forschung zu überlassen.

gleichfalls wie Maria und Johannes auf Antrieb des Heiligen Geistes nach Jerusalem gereist. Pfarrer Naber meint, der Heiland hätte wohl in seiner Güte die Gelegenheit dieser Zusammenkunft dazu benutzt, den Aposteln die Möglichkeit zu geben, die Mutter nochmals zu sehen und ihren Tod und ihre Auszeichnung vor allen anderen Menschen mitzuerleben.

Mariens Tod

Erste Vision: Therese sieht Maria und die Apostel in einem Saale versammelt, den sie von früheren Visionen her kennt: Es ist der Nebenraum des Abendmahlsaales, in dem seinerzeit die heiligen Frauen während des Abendmahles beisammen waren und sich im Gebet auf das Passah-Fest vorbereiteten. Die Apostel sind viel älter geworden, aber Therese erkennt sie alle. Sie vermißt Jakobus (der durch Herodes etwa im Jahre 44 bereits enthauptet worden war. V) und Thomas. Dagegen befindet sich bei ihnen auch der temperamentvolle Paulus, den Therese auch von anderen Visionen her kennt, und ein weiterer Mann, den die Apostel als ihresgleichen behandeln, den sie aber nicht kennt und in keiner anderen Vision gesehen hat. Nach Meinung von Pfarrer Naber dürfte dies der heilige Barnabas gewesen sein (vgl. Apg 9,27; 11,22-30; 13,1-16; 15). Die Apostel sitzen, oder besser gesagt liegen, so wie es damals üblich war, unmittelbar um Maria herum. Sie ruhen auf gepolsterten Möbelstükken, die nach einer Seite schräg aufwärts eine Lehne haken, aber keine Rückenlehne. Auch noch andere von den früheren Jüngern und andere unbekannte Männer und Frauen bemerkt Therese, „aber sie saßen mehr außen herum". Von den Frauen war ihr keine bekannt. In der Apostelreihe saßen keine Frauen.
Sie reden von Jesus. Maria wird dadurch freudig erregt

und zugleich von Sehnsucht und größter Liebe zu ihm bewegt: Plötzlich wird sie ganz schwach und blaß und sinkt zurück. Johannes fängt sie auf und sie stirbt, den Kopf an die Brust dieses ihres „zweiten Sohnes" gelehnt, in seinen Armen. Im selben Augenblick sieht Therese Mariens Seele als lebendige, aber unkörperliche Lichtgestalt dem Körper entsteigen. Es erscheint, mit lächelndem Blick, in hellstem Lichte, der Heiland und nimmt die Seele in Empfang, worauf die Lichtgestalten ihrem Blicke wieder entschwinden. Die Apostel stehen traurig um den entseelten Leichnam. Johannes schließt der toten Gottesmutter die Augen und den Mund und küßt sie auf die Stirne, die rechte Wange und den Mund, was dann auch die übrigen Apostel und die Frauen tun, Alle, auch die Apostel weinen. Therese nimmt an der Trauer lebhaften Anteil und es laufen ihr während der Vision Tränen über die Wangen. Während sie nachher im Zustand der Eingenommenheit das erzählt, gerät sie wieder in den Zustand der Schauung, es folgt die zweite Vision, die Beisetzung des Leichnams.

Grablegung

Zweite Vision: Der Leichnam wurde von Frauen zur Beisetzung hergerichtet, gesalbt und mit Binden umwickelt, wobei scharf riechende Kräuter mit eingebunden wurden. Petrus und Jakobus (d. J.) gehen hinaus in das Tal des Baches Cedron und sehen sich nach dem Grabe um, in das Mariens Leichnam gebracht werden soll. Es ist in den aus dem Tal ansteigenden Felsen geschlagen, und zwar so, daß sein Eingang nicht senkrecht (wie beim Grabe Christi), nicht waagrecht (wie beim Grab des Lazarus), sondern schräg liegend eingehauen ist. Man steigt dann erst ein paar Stufen hinab (bei Lazarus viel mehr, bei Christus keine), dann geht die Grabkammer in einen waagrechten

Schematische Querschnitte
der Gräber Mariens (links) und des Lazarus (rechts)

Stollen über. Das Grab hat keinen Vorraum, wie das des Heilands, sondern nur eine über dem Eingang liegende, schiefe Türe. Noch am selben Tage, einem Samstag, wird der Leichnam dort beigesetzt und das Grab versiegelt. Die Angabe „Samstag“ stammt nicht aus dem Erfahrungs- und Schauungsbereiche der Therese, sondern wurde auf Befragen im erhobenen Ruhezustand gemacht. Auch die bei den weiteren Visionen gemachten Wochentagsangaben gehen auf diese Quelle zurück. Der Tod Mariens war am selben Tage, aber ziemlich früh am Morgen erfolgt. Die morgendliche Zeit erkennt Therese während der Schauung aus dem Sonnenstand und dem Strahleneinfall, da sie diesen Saal auch zu anderen Tageszeiten (Abendmahl) gesehen hatte.

Assumptio

Die folgende dritte Vision ist die schönste und ergreifendste, die Hauptvision des Mariä-Himmelfahrts-Festes. Therese sieht sich vor das Grab Mariens versetzt. Es ist früher Morgen (Sonntag); niemand ist weit und breit zu sehen. Plötzlich kommt Licht von oben: Zwei Engel schweben mit der Lichtgestalt der Seele Mariens herab. Therese erkennt den einen: Es ist der, „der gesagt hat ‚Schelam lich Mirjam‘“, also der Verkündigungsengel Gabriel, den anderen kennt sie nicht (nach Angabe im erhobenen

Ruhezustand ist es der Schutzengel Mariens gewesen). Die drei Lichtgestalten schweben, ohne durch die verschlossene Tür irgendwie behindert zu sein, in das Grab hinein. Sie kommen sofort wieder, aber Maria ist nicht mehr eine durchsichtige Lichtgestalt, sondern kommt mit ihrem nun wieder lebendigen, verklärten Leibe heraus, strahlend und mit einem Gewande aus Licht umkleidet. Es ist nicht zu beschreiben; am nächsten kommt man, wenn man sagt, es glänzt wie frischer Schnee in der Sonne. Doch sagt das noch viel zu wenig. Der Kopf und die Hände sind frei und körperlich, auch die Füße sind ein klein wenig zu sehen. Die Herrlichkeit und die Freude der Erscheinung teilt sich auch der Seherin mit, und auch die Anwesenden können in etwa daran teilnehmen, da sie ein wie sonst nie zu beobachtendes, strahlendes menschliches Antlitz sehen dürfen. Die Engel führen Maria, sie mit einer Hand unter dem Arme stützend, mit der anderen ihren Rücken berührend, und tragen sie in die Höhe. Dieses Tragen ist jedoch sicher mehr als Ehre denn als Notwendigkeit anzusehen; denn irgend eine Schwere befindet sich offensichtlich nicht mehr in dem Leibe Mariens (der ja auch durch die geschlossene Türe des Grabes herauskam).* Der Blick Theresens folgt den Gestalten, plötzlich steigert sich der Freudenausdruck in ihrem Angesicht bis zur höchsten Möglichkeit. Es erscheint von oben her Christus in unbeschreiblichem Glanze mit dem himmlischen Hofe: ungezählten Engeln und Heiligen. Der Heiland schwebt Maria entgegen, neben ihm, unkörperlich, aber zu erkennen, der heilige Joseph. Beim Zusammentreffen übernimmt der Heiland mit dem heiligen Jo-

* Es entspricht auch dem Gedanken der „Assumptio" der Aufnahme in den Himmel, während wir bei Christus von „Ascensio", der Auffahrt aus eigener Kraft sprechen. Der wohl unterscheidende lateinische Ausdruck ist hier wesentlich genauer als unser deutscher Sprachgebrauch, der beide Feste „Himmelfahrt" nennt.

seph an Stelle der Engel selbst die weitere Begleitung, um sie, bei deren Fiat sich Himmel und Erde vermählten, nun unter dem Jubel der seligen Scharen, die zu Hunderten, in unirdischer Schönheit singend und musizierend, den Heiland begleiten, als Königin des Himmels und der Erde einzuführen.

In einer bei den sonstigen Visionen bei weitem nicht in diesem Ausmaß zu beobachtenden Bewegung nimmt Therese Anteil an diesem herrlichen und freudigen Geschehen. Sie springt auf und ruft, „mit, mit" und streckt den emporschwebenden Gestalten die Hände nach, sich auf die äußersten Spitzen der Zehen erhebend, so daß man unwillkürlich schaut, ob sie denn noch auf dem Boden stünde. In der Tat wird durch eine Reihe von absolut glaubwürdigen Zeugen, darunter Priester, ausgesagt, daß sie, als sie sich bei dieser Vision im Jahre 1938 im Steyler Kloster in Tirschenreuth befand, ein Stück mit emporgenommen worden sei und einige Zeit in der Luft geschwebt habe. Am 24. 9. 1950 traf ich in Konnersreuth einen Augenzeugen dieses Vorfalles, Herrn Dost aus Hildesheim, der sich für die Wahrheit verbürgte. Therese sei etwa 15–20 cm vom Fußboden erhöht gewesen und habe in diesem freischwebenden Zustand eine Zeit lang verharrt. Ich selbst habe im Jahre 1947 einen Abstand vom Boden nicht beobachten können.

Ein anderes Begebnis muß im Zusammenhang mit dieser Vision erzählt werden: Am 7. Juli 1940 hatte Therese bei der Rückkehr von der Primiz des Konvertiten-Priesters Paul Lütten – früher evangelisch, Gymnastiklehrer in Hamburg – von Wolferstadt nach Eichstätt einen Schlaganfall erlitten (linkshirniger Schlaganfall in drei Schüben am 7., 10. und 13. Juli – Blutung in die innere Kapsel –, der die ganze rechte Körperseite lähmte. Laut Testat des betreuenden Münchner Arztes Dr. Josef Mittendorfer). Das rechte Bein war gelähmt, der Arm hing herab, das rechte Auge konnte nicht mit dem linken mitgehen, sondern stand immer geradeaus, was Schielen und starke Erschwerung des Sehens mit sich brachte, der rechte Mundwinkel hing unbeweglich herab, die Zunge war behindert, so daß Therese nur schwer verständlich lallen konnte. Neun Tage hatte sie mehr oder weniger bewußtlos dahingedämmert. Bei der Vision am Mariä Himmelfahrtstage 1940 geschah nun nach Theresens eigenen Worten folgendes:

„Als die Mutter mit den Engeln dem Grabe entschwebt war, lächelte sie mich an, schwebte auf mich zu und hielt ihre rechte Hand links über meinen Kopf. Da ging's, obwohl ich sonst während der Vision von außen her nichts spüre, von da aus wie ein ganz starker elektrischer Schlag nach rechts in den Körper. Ich erhob meine Hand, um die Hand der Mutter zu ergreifen." Pfarrer Naber erzählt dazu: „Für uns alle war es rührend zu sehen, wie sie während der Vision plötzlich zusammenzuckte und sofort freudig mit dem bisher gelähmten rechten Arm gegen die linke Kopfseite griff. Auch der Mundwinkel stellte sich sofort wieder gerade und sie konnte hernach völlig normal sprechen. Das Auge bewegte sich während der weiteren Vision mit, sie konnte aufstehen und gehen. Wir hatten alle eine überaus große Freude." Nach den Visionen ist Therese sofort ohne Führung in die Kirche gegangen.

Dieser Vorfall wurde mir auch – in persönlicher Rücksprache – durch den genannten Arzt bestätigt, der den Schlaganfall unmittelbar nach dem Eintritt elf Tage lang sorgfältig, aber in Bezug auf die Lähmungen vergeblich, behandelt hatte und der auch bei dieser plötzlichen Heilung zugegen war. Es waren auch noch weitere Zeugen anwesend, auch Priester, darunter der Regensburger Domprediger P. Leo Ort, der dem Verfasser selbst schon diesen Vorfall erzählt hatte.

Es ist glückliche Fügung, daß Ferdinand Neumann mit seinem Aufnahmegerät gerade zu dieser Vision im Jahre 1940, also dem Jahre der plötzlichen Heilung, kommen konnte. Resl sagt darin noch: „Auch das We-i an der rechten Hand (Schmerzempfindung infolge des Handstigmas) ist gleich wieder kommen, von dem hab ich nix mehr gspürt ghabt." Ergreifend ist es, aus dem Tonband zu hören, wie alle, besonders Pfarrer Naber, vor Freude zugleich weinen und lachen, wie sich also gewissermaßen das „Weinen vor Freude" mit dem „Lachen vor Freude" überlagert.
Die Visionen sind mit der dritten Schauung noch nicht abgeschlossen. Mitten in den Freudekundgebungen über die eben erlebte, dritte Vision richtet sich Therese plötzlich wieder empor. Ihre Hände fahren bis in etwa Schulterhöhe und sie sieht folgende vierte Schauung:

Die Apostel im leeren Grab

Der beim Tode Mariens noch fehlende Apostel Thomas* ist inzwischen auch noch in Jerusalem eingetroffen (Montag). Er ist betrübt, daß er zu spät kam, und will die Mutter Gottes wenigstens im Grabe noch einmal sehen. Es vereinbaren deshalb alle Apostel, nochmals gemeinsam zum Grab zu gehen. Therese sieht sie dann zum Grab kommen und das unverletzte Siegel prüfen (Dienstag früh). Erstaunt blicken sie sich nach Entsiegelung und Öffnung der Türe im Grabe um. Sie finden keinen Leichnam mehr. Lediglich die Binden, in die Maria gewickelt gewesen war, liegen noch auf ihrem Platze, und zwar genau so, wie wenn sie noch einen Leichnam einschlössen. Therese, lächelnd, nimmt den Zeigefinger und tupft zwei-

* In der Tonaufnahme der „Netglaumwöllerer" (nicht glauben Wollende) genannt (vgl. Ostervision „Jesus und Thomas").

mal nach unten. Sie hat es, wie sie hernach im Zustande der Eingenommenheit erhählte, einem der Apostel nachgemacht, der mit seinem Zeigefinger die noch gewickelt stehenden Binden an zwei Stellen niedergetupft hat, um sich und die anderen von der Leere der Hülle zu überzeugen. Die Binden waren wohl durch die Salben verklebt und auch durch die miteingewickelten Kräuter gestützt, so daß sie ohne äußere Einwirkung nicht zusammenfielen; das Entsteigen des Leibes Mariens ist als solche Einwirkung nicht anzusehen, denn der nun nicht mehr irdischen Gesetzen unterworfene Leib wurde durch die Umwicklung ebenso wenig behindert wie durch Fels und Türe. Die Apostel machen einander auch auf einen unirdischen Wohlgeruch aufmerksam, der sich im Grabe befindet. Therese gibt das Empfinden dieses Wohlgeruches während der Vision durch entzücktes, kräftiges Einziehen der Luft mit sich leicht blähenden Nasenflügeln kund. Ihre Handbewegung und ihre Mienen weisen immer wieder nach oben, wohin sich auch der Blick der Apostel richtet. Diese verlassen nach längerer Zeit und eifrigem Reden erfreut das Grab, offensichtlich überzeugt, daß den Umständen nach (versiegeltes Grab, unversehrte Tuchwickelung, Wohlgeruch) Maria leiblich dem Grabe entstiegen und in den Himmel aufgenommen worden sei.

Der Verfasser fügt an: Sie geben diese Überzeugung als Tradition an die Kirche Christi weiter, die sie durch die Jahrhunderte treu bewahrt und im Heiligen Jahr 1950 mit der Eingliederung in die marianischen Dogmen besiegelt.

ENDE DES ERSTEN BANDES

ZUM ZWEITEN BAND

Der Verfasser sieht sich des bisherigen Umfanges wegen veranlaßt, die Darstellung der Visionen der Therese Neumann an dieser Stelle zu unterbrechen und die weiteren Visionen, deren Inhalt nachstehend angegeben ist, in einen zweiten Band einzugliedern. Er möchte auch, nachdem im Jahre 1972 so vieles skrupellos kontra Konnersreuth geschrieben worden, allerdings auch nicht ohne starkes Pro-Echo geblieben ist, die Veröffentlichung dieses Bandes nicht länger hinausschieben. Dies würde aber unvermeidliche Folge sein, wenn er auch den Inhalt der weiteren Visionen noch in diesen Band einbeziehen wollte. Denn so, wie die Bearbeitung dieses Bandes nicht nur das Jahr der eigentlichen Ausarbeitung und Niederschrift 1972 sondern auch schon Jahre der Vorbereitung und Sammlung vorher in Anspruch genommen hat, wird es auch mit dem zweiten Band gehen, weil der Verfasser nach wie vor seine Arbeitskraft hauptberuflich in anderer Tätigkeit einzusetzen hat. Da aber die Vorarbeiten nicht nur den ersten Band umfassen, dürfte die Herausgabe des Anschlußbandes in ein bis zwei Jahren möglich sein.

JOHANNES STEINER

INHALTSANGABE DES ZWEITEN BANDES

ZU DEN ABBILDUNGEN

Der Bilderteil dieses Buches will ebenso wie der Textteil der Dokumentation dienen. Es wäre denkbar, daß der eine oder andere Betrachter, namentlich derjenige, der Konnersreuth kritisch gegenüberstand, den Einwand bringt, Theres Neumann habe sich entgegen der Behauptung, daß sie allen Kameraleuten aus dem Wege ging, also doch fotografieren lassen. Es ist ein großer Unterschied, ob jemand, vielleicht weil er publicity nicht ungern sieht oder sogar anstrebt, sich den Reportern stellt, oder ob er im Familien- oder Freundeskreis bei besonderen Anlässen Aufnahmen zuläßt. Und wenn im Hinblick auf spätere Dokumentation geistliche Berater Therese Neumann zuredeten, sie möge gelegentlich auch Aufnahmen in ihren ekstatischen Zuständen dulden, gegen die Zusicherung, daß keinesfalls, solange sie lebe, davon Gebrauch gemacht werde, so war das gewiß keine Pietätsverletzung, so wenig, wie man heute die Aufnahme und Bildübertragung kirchlicher Handlungen als solche empfindet. Von Störung kann noch weniger die Rede sein, weil Therese in der Ekstase für Außeneindrücke unempfindlich war. Man möge auch bedenken, daß sie alljährlich gegen hundert Visionen erlebte, ungeachtet der etwa dreißig Leidensvisionen. Für die Zeit von 1926 bis 1962 ergibt das über 4000 Visionen. Demgegenüber fallen die wenigen, bei denen Aufnahmen gemacht wurden, nicht ins Gewicht. Der Unvoreingenommene wird es dankbar begrüßen, daß auf diese Weise das edle Geschehen, das die Umwelt der Theres Neumann erleben durfte, der Mit- und Nachwelt im Bilde zugänglich und erhalten wird.

Im folgenden Abbildungsverzeichnis und Nachweis ist jeweils als erstes die Buchseite neben der Abbildung angegeben, Aufnahmen des Bruders Ferdinand Neumann sind mit den in Klammern angefügten Buchstaben FN, die Aufnahmen des Verfassers mit JS gekennzeichnet.

neben
Seite

rungslosigkeit der Therese durch vier vereidigte Mallersdorfer Schwestern gemacht. Man erkennt aus der widerwilligen Miene Pfarrer Nabers im Hintergrund, daß er den Teleobjektiv-Schützen bemerkt hat.

65 Therese Neumann 1952. Resl bat den Verfasser bei einem Besuch um eine Aufnahme für die damals pflichtweise eingeführten Kennkarten. (JS)

192 Oben: Therese Neumann während einer Vision, aufgenommen im Arbeitszimmer von Professor Franz X. Wutz, Eichstätt. Dort hielt sie sich gewöhnlich nach Ostern einige Wochen auf, weil ihre Schwester Ottilie dem Professor den Haushalt führte und außerdem zwei ihrer Brüder, die das Gymnasium in Eichstätt besuchten, dort wohnten. Dort konnte sie auch im Hause ihre sonst schwarze Kleidung mit Kopftuch durch alltägliche ersetzen. – Unten: Im Erholungsschlaf nach der Vision. (Beide FN)

193 Vision der Auferweckung des Lazarus. Oben: Interessierte Teilnahme am Geschehen. – Unten: Nach Entfernung der Grabverschlußplatte entströmt dem Grab der Verwesungsgeruch; Therese empfindet ihn und hält sich die Nase zu. (FN)

208 Oben: Therese Neumann sieht die Kreuzigung. Alle Stigmen bluten, die Jacke zeigt Blut von den Geißelungswunden, das Kopftuch von den Wunden der Dornenkrönung und aus den Augen ist Blut seit der Vision des Betens am Ölberg geflossen. – Unten: Wie tot zurückgesunken nach der Vision des Todes Jesu. (Beide FN)

209 Oben und unten: Weitere Szenen aus der großen Passionsvision, bei welcher Therese Neumann nicht nur audiovisionell sondern auch körperlich mitleidend beteiligt war. (FN)

224 Kopftuch vom Karfreitag 1959 (Farbaufnahme 1963, JS). Es zeigt die Blutung aus den großen neun von der Dornenkrone herrührenden Kopfwunden auf dem gefaltet gewesenen Tuch.

225 Ekstatische Kommunion am Ostersonntag im Anschluß an die Ostervisionen (1936). Therese sah bei solchen Kommunionen an Stelle des Priesters (hier Pfarrer Naber) den Heiland selbst auf sich zukommen. Die konsekrierte Hostie ging ohne Schluckbewegung beim Auflegen auf die Zunge in sie ein. (FN)

240 Therese im Zustand des „Gebetes der Ruhe". Dieser Zustand, in welchem die Seele nicht mehr denkt, sondern in Gott ruht, trat an den Hauptfesttagen der Kirche beim Besuch des Pfarrgottesdienstes von der Wandlung bis zur Kommunion des Priesters ein. (FN)

241 Oben: Das Handinnenstigma nach den Passionsvisionen. (FN) – Unten: Eine Mullkompresse, die während der Passionsvision auf dem Herzstigma gelegen hatte. Die eigentliche Herzwunde zeigt sich mit einer Breite von ca. 33 mm an (geronnenes Blut), während die weitere Ausdehnung auf die Kapillarität der Mullbinde zurückzuführen ist. Aufgenommen 1963 nach dem Tode der Therese. (JS)

272 Pfingstvisionen. Oben: Therese horcht angespannt auf die in deutscher Sprache (Pfingstwunder!) vernommene Predigt des hl. Petrus. – Unten: Sie spiegelt die Freude über die vielen Taufen in ihrem Antlitz wider. (FN)

273 Therese Neumann auf dem Totenbett. Sie war im ehemaligen väterlichen Arbeitszimmer im Elternhaus vom 18. bis 22. September 1962 aufgebahrt, wobei man ihr ein Kopftuch aus einer Passionsvision aufgebunden hatte. (FN)

288 Oben: Der Diözesanbischof Dr. Rudolf Graber am Grabe zwischen Geistlichem Rat Josef Naber und Ortspfarrer Josef Schuhmann. – Unten: Votiv-Danktafeln aus mehreren Nationen am Grabesrande der Therese Neumann. (JS)

289 Ehrung der Therese Neumann durch ihre Heimat: Der Marktplatz in Konnersreuth wurde Therese-Neumann-Platz benannt und darauf zu Ehren der Heiligen, der Therese ihre Heilung und ihre innere Führung verdankt, der „Theresienbrunnen“ (Theresia v. K. Jesu) errichtet.

LITERATUR

Aus der sehr umfangreichen Literatur über Konnersreuth sind nachstehend nur die Quellen aufgeführt, die zur Bearbeitung dieses Buches heranzuziehen waren. Weitere Angaben finden sich bei Steiner (siehe dort) und – bis 1950 – ziemlich vollständige, auch von Zeitschriftenaufsätzen, bei F. X. Huber (siehe dort).

a) spezielle

Aretin, Freiherr, Erwein von, Die Sühneseele von Konnersreuth. Gröbenzell 1956

Boniface, Ennemond, Therese Neumann, die Stigmatisierte von Konnersreuth. Wiesbaden 1958 und 1963

Ewald, Dr. med., Die Stigmatisierte von Konnersreuth. München 1927

Fahsel, H., Konnersreuth. Tatsachen und Gedanken. Berlin 1931

Gerlich, Dr. Fritz, Die Stigmatisierte Therese Neumann von Konnersreuth. München 1929, 2 Bände

Graef, Hilda C., Konnersreuth. Der Fall Therese Neumann. Einsiedeln 1953
Hanauer, Joseph, Gottes-Werk oder Menschen-Machwerk?, Bubach 1967. – Ders., Konnersreuth als Testfall, Kritischer Bericht über das Leben der Therese Neumann, München 1972
Huber, Franz Xaver, Das Mysterium von Konnersreuth. Karlsruhe 1950
Hynek, K. W. Dr. med., Das lebendige Ebenbild des Gekreuzigten. Prag 1928. – Ders., Konnersreuth im Lichte der ärztl. und psycholog. Wissenschaft. Prag 1932. – Ders., Zur Abwehr. Karlsruhe 1938
Kašpar, Dr. Karl, Erzbischof Prag, Eindrücke über Konnersreuth. Karlsruhe o. J.
Panzer, Albert, mehrere Artikel in der Zeitung „Der Neue Tag", Weiden, aus diversen Jahrgängen
Rinser, Luise, Die Wahrheit über Konnersreuth. Einsiedeln 1954
Seidl, Dr. med. Otto, Ärztlicher Bericht vom Jahre 1927 über Therese Neumann aus Konnersreuth, Bischöfl. Zentralarchiv, Regensburg, Bestand Th. Neumann, Fasz. Nr. 102
Seitz, Dr. Anton, Das Stigmatisationsproblem von Konnersreuth in Wahrheit und Klarheit. Karlsruhe 1939
Spiegl, Anni, Leben und Sterben der Therese Neumann von Konnersreuth, Eichstätt 1963
Steiner, Johannes, Theres Neumann von Konnersreuth, ein Lebensbild nach authentischen Berichten, Tagebüchern und Dokumenten, München 1963, 6. Aufl. 1971
Teodorowicz, Dr. Josef, Erzbischof, Konnersreuth im Lichte der Mystik und Psychologie. Salzburg 1936
Witt, Leopold, Die Leiden einer Glücklichen. Waldsassen 1927. – Ders., Konnersreuth im Lichte der Religion und Wissenschaft. Waldsassen 1929

b) allgemeine

Benz, Ernst, Die Vision, Erfahrungsformen und Bilderwelt, Stuttgart 1969
Biot, René, Das Rätsel der Stigmatisation. Aschaffenburg 1957
Emmerich, Anna Katharina, Das bittere Leiden unseres Herrn Jesu Christi. Aschaffenburg 1950
Görres, Josef von, Die christliche Mystik, Regensburg 1837
Höcht, Johannes Maria, Träger der Wundmale Christi. Wiesbaden 1951
Nigg, Walter, Große Heilige, Zürich 1952
Poulain, August SJ, Handbuch der Mystik. Freiburg 1925
Rahner, Karl SJ, Visionen und Prophezeiungen. Freiburg 1958
Schmid, Josef, Synopse der Evangelien, Regensburg, 4. Aufl. 1964
Tanquerey, Adolphe-Alfred, Grundriß der aszetischen und mystischen Theologie, in deutsch bei Desclee, Paris 1935

INHALT

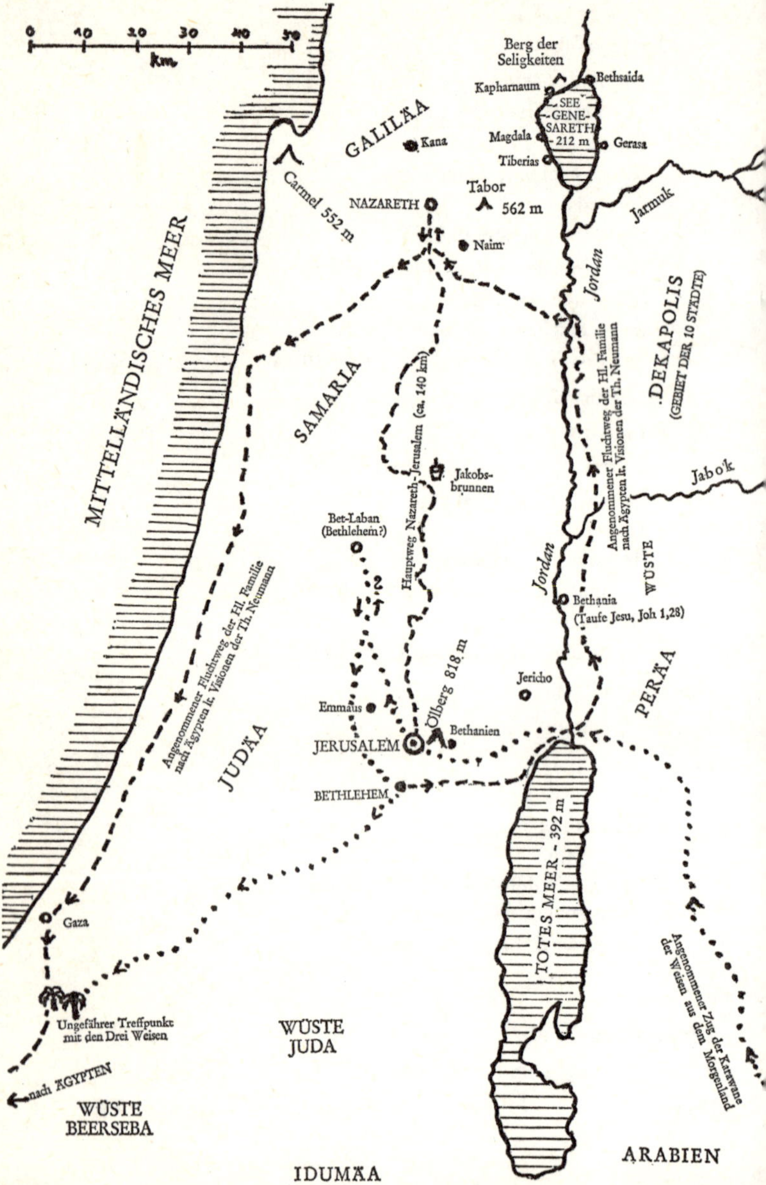
0 10 20 30 40 50
km
MITTELLÄNDISCHES MEER
GALILÄA
Kana
Carmel 552 m
NAZARETH
Tabor
562 m
Naim
Berg der Seligkeiten
Kapharnaum
Bethsaida
SEE GENESARETH - 212 m
Magdala
Gerasa
Tiberias
Jarmuk
Jordan
DEKAPOLIS
(GEBIET DER 10 STÄDTE)
SAMARIA
Hauptweg Nazareth–Jerusalem (ca. 140 km)
Jakobsbrunnen
Jabok
Angenommener Fluchtweg der Hl. Familie nach Ägypten lt. Visionen der Th. Neumann
WÜSTE
Bet-Laban (Bethlehem?)
Jordan
Bethania
(Taufe Jesu, Joh 1,28)
Ölberg 818 m
Jericho
PERÄA
Emmaus
JERUSALEM
Bethanien
JUDÄA
BETHLEHEM
TOTES MEER - 392 m
Gaza
Ungefähr Treffpunkt mit den Drei Weisen
Angenommener Zug der Karawane der Weisen aus dem Morgenland
WÜSTE JUDA
nach ÄGYPTEN
WÜSTE BEERSEBA
IDUMÄA
ARABIEN